湟中区高素质农牧民培训教材——种养殖技术

赵永德　祁玉梅　主编

中国农业科学技术出版社

图书在版编目（CIP）数据

湟中区高素质农牧民培训教材．种养殖技术／赵永德，祁玉梅主编．--北京：中国农业科学技术出版社，2022.8
ISBN 978-7-5116-5862-3

Ⅰ.①湟…　Ⅱ.①赵…②祁…　Ⅲ.①种植-农业技术-职业培训-教材②养殖-农业技术-职业培训-教材　Ⅳ.①S

中国版本图书馆 CIP 数据核字（2022）第 145915 号

责任编辑	申　艳
责任校对	马广洋
责任印制	姜义伟　王思文

出 版 者	中国农业科学技术出版社
	北京市中关村南大街 12 号　　邮编：100081
电　　话	（010）82106636（编辑室）　　（010）82109702（发行部）
	（010）82109709（读者服务部）
网　　址	http://www.CASTP.cn
经 销 者	各地新华书店
印 刷 者	北京地大彩印有限公司
开　　本	185 mm×260 mm　1/16
印　　张	15.5
字　　数	370 千字
版　　次	2022 年 8 月第 1 版　2022 年 8 月第 1 次印刷
定　　价	60.00 元

《湟中区高素质农牧民培训教材
——种养殖技术》

编委会

主　任　钟　毅
副主任　李胜明　　卢世军

主　编　赵永德　　祁玉梅
副主编　王全才　李成彪　张焕邦　侯延成　施生炳
编　委　（排名不分先后）
农艺部分：
王开芳　王吉福　王　杉　巴三姐　李生彪
李文玲　李长春　张亚静　张丽萍　和中秀
胡建焜　胡英忠　耿生玲　焦润菊　薛源源

蔬菜部分：
马玉芳　王建邦　王显花　张玉虎　严玉行
邵晓晓　蔡云魁

畜牧养殖及饲草种植部分：
王　军　闫占云　张洪鑫　吴国林　陈光宏
杨永清　杨永奎　芦光元　尚月军　胡辉忠
谢云发

农机安全部分：
王守豪　陈国顺　高卫虎　蔡邦国

人工影响天气基本常识部分：
卢永莲　李玉成

序　言

　　习近平总书记考察青海时的重要讲话精神和"打造绿色有机农畜产品输出地"的重大要求，为青海省"三农"工作指明了方向，提供了依据。为巩固拓展脱贫攻坚成果同乡村振兴有效衔接，农牧民教育培训工作要紧紧围绕农业稳产增产、农牧产业兴旺、农民稳步增收、农村稳定安宁这条主线，聚焦全产业链技能水平提高，注重培育质量效果提升，加快培养青海高原农业农村现代化亟须的高素质农牧民。将乡村人才队伍建设与乡村振兴战略紧密结合，扎实有序推进农民教育培训工作，有效提高农民科技文化素质，培养造就一支"有文化、懂技术、善经营、会管理"的高素质农民队伍，为全面推进乡村振兴、加快农业农村现代化提供坚实人才保障。

　　教育培训是提升农牧民生产经营水平、提高农牧民素质最直接和最有效的途径，西宁市湟中区农业技术推广中心高度重视，在如何提升培育质量效果上下功夫。在青海省农业广播电视学校的指导下，挑选多名具有多年实践工作经验的农牧专业技术人员联合编写了一本适合当地农牧民的培训教材《湟中区高素质农牧民培训教材——种养殖技术》。此书紧贴当地农牧民生产实际，有利于当地高素质农牧民在培育过程中学习掌握科学先进的种养殖技术，指导专业化生产，提升种养质量水平。

　　《湟中区高素质农牧民培训教材——种养殖技术》一书的编写，标志着湟中区农牧民培训工作上了一个新台阶，丰富了青海省高素质农牧民培育教材资源。

青海省农业农村科技指导发展服务中心

2022 年 7 月

前　　言

　　培育一批"有文化、懂技术、善经营、会管理"的现代高素质农牧民，是推进乡村人才振兴、构建现代农业生产体系、推动农业农村高质量发展的关键因素。近年来，湟中区农牧民培训工作扎实有效，以科技下乡、田间课堂、观摩学习、线上培训等方式，多渠道、多方面开展农牧业科技培训，受到广大农牧民朋友的热烈欢迎，高素质农牧民培训已成为全区农牧民提升综合素质的有效途径。农牧业人才在转变生产方式、提高生产水平、促进农业科技成果转化应用等方面发挥了领头雁、主力军作用，传统农牧业正在向现代农牧业方向转变，在打造绿色有机农畜产品输出地工作中做出了突出贡献。

　　科学技术是第一生产力，为进一步提高农牧民科技文化素质，及时将实用、高效的农牧业生产技术推广到千家万户，让科学技术在生产实践中发挥作用，结合湟中区地域特点、种养殖结构、区域优势和农牧民普遍关注的热点难点问题，我们组织了农技、畜牧、农机等领域的专业技术人员，在深入调研的基础上，结合多年工作经验和专业知识，总结提炼了实用、易于掌握和操作的农牧业生产基础知识，整理编写了《湟中区高素质农牧民培训教材——种养殖技术》一书。该书涵盖了小麦、油菜、马铃薯、蚕豆等主要大田作物和常见蔬菜种植技术，生猪、肉羊、牦牛饲养管理技术，饲草种植技术，以及农机安全生产、人工影响天气基本常识等内容。本教材为农牧民在种养殖过程中提供基础理论知识和基本技能，适用于高素质农牧民、基层专业技术员培训和从事农牧业生产者自学之用。

　　如何围绕绿色有机农畜产品输出地建设开展技术培训工作，对农业科技工作者提出了新的要求，我们也在不断的学习中积累经验和成果，以便更好地服务于农牧业生产。因此，书中难免有不足之处，敬请广大读者提出宝贵意见，以便再版时加以改正。

编　者

2022 年 7 月

目　　录

第一章　小麦种植技术

第一节　概述

一、概况

（一）小麦生产的重要性

小麦是世界各国最重要的粮食作物之一，世界上以小麦为主要粮食的人口占总人口的 1/3 以上。

小麦的种植面积和总产量都居谷类作物的首位。在世界粮食出口中，小麦约占 70%。我国小麦生产仅次于水稻，居第二位。据统计，全国小麦播种面积约占粮食作物播种面积的 23.5%，总产量约占粮食作物总产量的 17.6%。

小麦品质好，营养价值高，是细粮作物。小麦籽粒中含有丰富的淀粉、脂肪和蛋白质。蛋白质含量在谷物中最高，一般在 9% 以上，高的可达 15%~20%。籽粒中的含氮物和无氮物的组成比例比较符合人体的生理需要。小麦蛋白质的特点是含有面筋。面筋具有一定的弹性和延伸性，能制成松软多孔、易于消化的馒头、面包或面条，这是其他谷类作物所不能及的。因此，小麦是我国北方人民最喜爱的粮食作物之一。

小麦耐寒、耐旱、耐贮藏，适应性强，是高产稳产作物。小麦根深根多、株矮、叶小，比水稻、玉米耐旱性强，无论灌区、旱地均可种植。

小麦的用途很广，籽粒和秸秆是轻工业（食品、酿造、造纸、编织等）的重要原料，麦麸、秸秆、麦糠是家畜良好的精、粗饲料，发展小麦生产对于发展轻工业和畜牧业都具有十分重要的意义。

（二）栽培简史

小麦是世界上栽培最古老的作物之一。有些考古学家曾在埃及古墓中发现炭化的麦粒，推测是公元前五六千年的遗物。我国栽培小麦历史悠久，是最古老的国家之一。从甲骨文的记载来看，约在公元前一千多年前，在河南一带已盛产小麦。

（三）小麦的分布

我国栽培的小麦，以冬小麦为主，约占麦田面积的 89%，其余为春小麦。

（1）北方冬小麦区　主要分布在秦岭、淮河以北，长城以南，这里冬小麦产量约占全国小麦总产量的 56%。其中主要分布于河南、河北、山东、陕西、山西等省份。

（2）南方冬麦区　主要分布在秦岭淮河以南。这里是我国水稻主产区，种植冬小麦有利于提高复种指数，增加粮食产量。其特点是商品率高。主产区集中在江苏、四川、安徽、湖北等省份。

（3）春小麦区　主要分布在长城以北。该区气温普遍较低，生产季节短，故以一年一熟为主，主产省份有黑龙江、新疆、甘肃、青海和内蒙古。

湟中区为西北黄土高原和青藏高原过渡地带，属高原大陆性气候，地处青海东部农业区，年平均气温 5.1 ℃，年平均降水量 509.8 毫米，年蒸发量 900～1 000 毫米，平均无霜期 170 天，日照时数 2 453 小时。春小麦在全区各乡镇均有种植，约占农作物种植面积的 1/4。

二、小麦的种类及成分

（一）种类

小麦依据籽粒皮色、粒质、播种季节可进行如下分类。

（1）皮色　分为红皮小麦和白皮小麦，分别简称为红麦和白麦。红麦（也称为红粒小麦）籽粒的表皮为深红色或红褐色；白麦（也称为白粒小麦）籽粒的表皮为黄白色或乳白色。

（2）粒质　分为硬质小麦和软质小麦，分别简称为硬麦和软麦。硬麦的胚乳结构为紧密，呈半透明状，也称为角质或玻璃质；软麦的胚乳结构疏松，呈石膏状，也称为粉质。就小麦籽粒而言，当其角质占其中部横截面 1/2 以上时，称其为角质粒，为硬麦；而当其角质不足 1/2 时，称其为粉质粒，为软麦。对一批小麦而言，按我国标准，硬质小麦是指角质率不低于 70% 的小麦；软质小麦是指粉质率不低于 70% 的小麦。

（3）播种季节　分为春小麦和冬小麦。春小麦是指春季播种，当年夏或秋两季收割的小麦；冬小麦是指秋、冬两季播种，第二年夏季收割的小麦。

（二）成分

小麦的三大组成部分是胚乳、胚芽及皮层。

（1）胚乳　胚乳占麦粒重量的 83%，它大部分都是淀粉，占 70%～72%。麦类的营养主要来自它的胶酸遇水形成的胶质黏性物质，即为面筋，面筋决定了面团的外观、质地和体积。

（2）胚芽　麦胚芽位于麦粒的底部，将形成新的麦苗。虽然麦胚芽仅占麦粒重量的 2.5%，但营养是最丰富的，含饱和脂肪酸约 10%。

（3）皮层　皮层是胚乳的多层外纤维外衣，它主要由 3 种纤维构成：32%非醋酸纤维、8%醋酸纤维和 3%木素。

第二节　小麦特征特性

一、植物学形态特征

小麦为一年生或两年生草本植物，营养生长期间其植株可分为根、茎、叶等部分，在生殖生长时期可分为花、果实、种子等器官。

（一）根

小麦的根由种子胚根发育成须根系，由初生根和次生根组成。初生根的多少和根系的强弱与种子的大小有密切关系，大粒种子的根数及根系比小粒种子的多而发达。因此，在生产上选择大粒种子，对培育壮苗有重要作用。根系分布在 0～50 厘米的土层中，以 0～20 厘米耕层最多，根系有固定、防止倒伏和吸收水分、养分的作用。根多、根粗、根深和寿命长的良好根系，是小麦地上部分器官生长发育的基础。根系的数量和分布，受土壤、水分、通气和施肥等情况的影响。

（二）茎

小麦的茎秆由节和节间组成，茎在苗期并不伸长，各节紧密相连。当光照阶段结束时，茎基部节间开始伸长。当茎伸长达到 3～4 厘米，第一节间伸出地面 1.5～2 厘米时，称为拔节。各节间的生长具有一定的顺序和重叠性，第一节间开始伸长到快速生长时，第二节间开始伸长，第二节间快速生长时，第三节间开始伸长。地上部有 4～6 个伸长节间，生产上要求基部的第一、第二节间短而粗，穗下节间长为好。小麦到开花期，茎的伸长达最大长度。茎是植株运输水分、营养物质、同化产物的主要器官，也是支持器官和贮存产物的器官。

小麦的倒伏有根倒伏和茎倒伏。根倒伏多发生在孕穗以后，主要在灌水过多或遇大雨时发生倒伏。茎倒伏可分为前期倒伏和后期倒伏。前期倒伏是由于不合理的密植，不适当的水、肥条件，促使小麦前期过早郁蔽，机械组织削弱，基部节间徒长而倒伏；后期倒伏多发生在灌浆、乳熟阶段，主要受外力的机械作用发生倒伏。

（三）叶

小麦的主茎上有 7～10 片真叶，其中地上节生有 4～7 片叶。拔节以前长出的子叶和最初两三片叶子，在外部形态和结构上没有多大区别，叫基生叶。叶的光合产物主要用于根系、分蘖和中层叶的建成和初期生长，以及幼穗初期的分化形成。因此，选择大粒饱满的种子和加强种肥施用，可促使基生叶有较大的面积，提高其功能。拔节到抽穗期间，中层叶片进行光合作用的产物主要供应茎秆的生长和幼穗的进一步分化发育，对秆的健壮、穗的大小和小穗小花向两极分化的影响很大。中层叶发育好、功能期长、光合能力强、呼吸消耗少时，在发达根系的配合下，起到壮秆大穗的作用。分蘖到拔节初期干旱、缺肥，将导致中层叶早衰，应对中层以上叶片采取保控措施。上层叶是旗叶和旗下叶，它的光合产物供给籽粒，使籽粒饱满。生产上更应该加强旗叶和旗下叶的功能，延长叶片寿命，这在一定程度上决定着小麦的产量，供给充足的水肥是延长叶片功能的主要措施。

叶分为叶片和叶鞘，在叶鞘与叶片相连处有一叶舌，其两旁有一对叶耳。叶鞘紧包节间，有保护和加固茎秆作用。叶片主要作用是进行光合作用。

（四）分蘖

分蘖是小麦主茎特殊分枝的方式，这是小麦的重要生物学特性之一。小麦的幼苗出现 3 片叶子后 4～5 天，便开始分蘖。如果分蘖节入土太浅易受旱，次生发育不良，分蘖节也难以形成。适期早播,合理施肥,可增加分蘖的有效性。分蘖从基部分蘖节上长出,与叶片出生有一定的同生关系。麦苗分蘖的多少,决定于其生长条件和品种特性,在大田生产条件下每株平均有 2~3 个分蘖,早生的分蘖能长出麦穗,晚生分蘖往往无效。一般大田分蘖成穗率为 25%~40%,单株成穗数在 1.2 个左右。

(五) 穗

小麦穗是由穗轴和小穗组成。每个小穗一般有 2~5 朵小花。一朵发育完全的小花由外颖、内颖、3 枚雄蕊、1 枚雌蕊和 2 个鳞片组成。开花后受精的子房发育成籽粒。小麦二叶期时,幼穗开始分化,第三片叶展开到第四片叶露尖时,幼穗分化开始伸长,第四叶片时,麦田已进入分蘖期,穗轴分化,植株约有 5 片叶,麦田进入分蘖盛期,基部第一节间已微长 1~2 毫米,小穗原基形成,约有 6 片叶,叶片上举,基部节间伸长约 1 厘米时,小穗和小花开始分化,约有 7 片叶,正是大田拔节期,基部节间迅速伸长,雌雄蕊分化。当茎基部第二节间迅速伸长,幼穗长约 0.5 厘米以上时,花隔形成。茎基部第三节间迅速伸长,最后一片叶正冒尖伸长,幼穗长约 1 厘米时,花粉形成。旗叶叶鞘伸长已停止时,穗苞膨大,在抽穗前 4~5 天,幼穗分化结束。穗为复穗状花序。穗的形状分纺锤形、长方形、圆锥形和棍棒形 (大头形) 4 种。按芒的有无可分为长芒、短芒、顶芒和无芒 4 类。麦苗在生长锥伸长时,就开始分化幼穗,进而逐步分化发育出小穗、小花、雄蕊、雌蕊、花粉粒,最后抽出发育完全的麦穗。小麦是自花授粉作物,一般自然异交率不到 1%。开花授粉后,受精的子房发育成长为颖果,俗称种子。

(六) 籽粒

开花后 10 天左右,籽粒已达"多半仁",称籽粒形成期。此期含水量迅速增加,输送到籽粒中的物质主要供子房发育。观察籽粒外表,颜色由灰白色转变为灰绿色。在籽粒形成过程中如遇高温干旱,或阴雨连绵,或严重锈病为害,光合作用受抑制,常使穗顶或基部小穗和小穗中的上位籽粒停止发育,并逐渐干缩而退化。所以这一时期应保证水肥条件、防治病虫害等,以减少籽粒退化,保住粒数。从子房达"多半仁"起,胚乳中沉积淀粉,形成淀粉粒,从籽粒中可挤出白色的浆液,呈乳状,所以叫乳熟期。此期籽粒表面由灰绿色转变为黄绿色,腹沟和胚周围微带绿色,籽粒表面有光泽,此期籽粒体积和鲜重达最大值,含水量下降到 45%。乳熟期植株下部叶片和叶鞘变黄,有时枯死,并逐渐延至中部,而上部叶、茎、穗和节仍保持绿色,光合作用旺盛进行,体内营养物质进行剧烈地再分配,籽粒干重急剧增长,是决定粒重的关键时期。籽粒内含物由糊状变为蜡状,用指甲可切断但水挤不出为蜡熟期 (或黄熟期)。此期经历 7~10 天,这时整个植株变黄,中、下部叶片变脆,籽粒变黄,干重缓慢增加,籽粒含水量迅速降到 20%~30%,此期是小麦适宜收获期。籽粒变硬,干物质已经停止积累,含水量降到 20% 以下,籽粒体积稍有缩小,这是完熟期。因此,到完熟期以前应该完成收获工作,否则麦秆脆而易被折断,造成损失。

二、小麦的一生

小麦从播种到成熟可划分为 2 个发育阶段、3 个生长过程、9 个生育时期。

（一）发育阶段

1. 春化阶段（感温阶段）

一定的时间和一定范围的低温条件是决定小麦能否通过春化阶段的主导因素。萌动种子胚的生长点或绿色幼苗的生长点，只要有适当的综合外界条件，就能开始通过春化阶段发育。这些条件包括温度、水分、空气和由胚乳和绿色叶片所供应的营养物质。根据品种通过春化阶段对温度要求的高低和时间的长短不同，可以把小麦分为以下几种类型。

（1）春性品种 在5~20℃条件下，经过5~15天的时间可以完成春化阶段的发育。未经春化处理的种子在春天播种能正常抽穗结实。

（2）半冬性品种 在0~7℃的条件下，经过15~35天即可通过春化阶段。未经春化处理的种子春播，不能抽穗或抽穗推迟，抽穗不整齐。

（3）冬性品种 对温度要求极为敏感，在0~3℃条件下，经过30天以上才能完成春化阶段发育。未经春化处理的种子春播，不能抽穗结实。

小麦在春化过程中的特点：春化阶段是分化和形成营养器官的阶段，小麦的叶片数、节数、分蘖数以及雌蕊数、雄蕊数都是在春化阶段分化出来的，春化时间的长短决定以上这些器官数目的多少；在春化过程中，抗寒力最强；自种子萌发到幼苗期，有适宜条件便开始春化阶段，到茎的生长锥生长时春化阶段结束。

2. 光照阶段（感光阶段）

在小麦生长发育过程中，有一定的光照条件和温度条件要求，是决定其能否通过光照阶段的主导因素。这一阶段除要求一定的温度、水分、养分等条件外，对光照时间和温度反应特别敏感。小麦是长日照作物，每天光照时间越长，通过光照阶段的速度越快，光照时间越短，通过光照阶段的速度越慢。根据不同品种通过光照阶段时对光照的反应，一般可分为3种类型。

（1）反应迟钝型 每天8~12小时光照下，经过16天以上可以通过光照阶段。南方冬播春性品种属此类。

（2）反应中等型 每天8小时光照下，不能通过光照阶段，12小时以下或24小时以上可以通过光照阶段。半冬性品种属此类。

（3）反应敏感型 每天12小时以上光照下，经30~40天可以通过光照阶段，冬性品种和北方春播春性品种属此类。

小麦光照过程中的特点：光照阶段是分化和形成生殖器官（穗部器官）的阶段；光照阶段进行的速度还受光强、光质、肥、水的影响，强光、红光、磷充足和干旱等条件下进行得速度快，在弱光、蓝紫光多、氮肥和水分充足的条件下进行比较缓慢，分化时间长。光照阶段开始到结束的标志，从生长锥伸长开始到穗的雌雄蕊分化期结束，通过光照阶段以后，抗寒能力丧失。

（二）生长过程

1. 营养生长过程（种子萌发至拔节前）

这一过程以分蘖为中心，分蘖、长叶、生根，以营养生长为主，是决定苗全、苗壮和分蘖数的重要时期，是为取得适宜穗数、达到壮秆大穗奠定基础的时期。也就是说，这一过程主要是幼穗分化处于单棱期至二棱期，是根、叶、蘖等营养器官出生，为中后期健壮生长奠定基础的时期，是决定穗数和每穗小穗数的关键时期。

2. 营养生长和生殖生长并进过程（拔节至孕穗）

营养生长上，根达到最大生长量，分蘖出现高峰并两极分化，叶片达到最多，叶面积达到最大。生殖生长上，幼穗分化处于护颖分化、小花分化至四分子体形成期，是决定每穗小穗数、小花数的关键时期。

3. 生殖生长时期（抽穗至成熟）

这一过程也称籽粒形成期，为开花、授粉、灌浆转入产量形成阶段，主攻目标是增加粒重。

（三）生育时期

包括播种期、出苗期、分蘖期、拔节期、孕穗期、抽穗期、开花期、乳熟黄熟期（灌浆期）、蜡熟期（收割期）。

（1）播种期　播种的日期。

（2）出苗期　当田间有 50% 的麦苗第一片真叶从芽鞘顶端伸出，露出地面 2~3 厘米时，称为出苗期。

（3）分蘖期　全田有 50% 以上的植株开始分蘖的日期。

（4）拔节期　当小麦主茎基部第一节间露出地面长达 2 厘米时，称为拔节，而全田有 50% 以上的植株拔节的日期称为这块田的拔节期。

（5）挑旗（孕穗）期　全田有 50% 以上的植株其旗叶全部露出叶鞘，称为这块田的孕穗期。

（6）抽穗期　全田有 50% 的植株抽穗的日期。

（7）开花期　全田有 50% 的植株果穗开花的日期。

（8）乳熟黄熟期（灌浆期）　籽粒开始沉积淀粉粒，胚乳呈糨糊状即为灌浆期，一般开花后 10 天左右。

（9）蜡熟期（收割期）　分为蜡熟期和完熟期，蜡熟期是指籽粒大小、颜色接近正常，内部呈蜡状，籽粒含水量 22%，茎生叶基本变干，蜡熟末期籽粒干重达最大值，是人工收获的适宜期。完熟期是指籽粒已具备品种正常大小和颜色，内部变硬，含水量降至 20% 以下，干物质积累停止。

三、小麦的水肥土壤需求

小麦从出苗到成熟，需要吸收各种营养元素和消耗一定量的水分，合理的施肥与灌溉可促进小麦的高产稳产。

（一）小麦的需水规律

春小麦的耗水量一般为 245.77~386.2 米³/亩①，不同生育阶段的耗水量不同。其中以播种至分蘖期最低，耗水量占总耗水量的 4.6%~6.1%，日耗水量为 0.41~0.61

---

① 1 亩 ≈ 667 米²。全书同。

米³/亩。以抽穗期至乳熟期耗水量最大，耗水量占总耗水量的 35.8%~38.4%，日耗水量为 4.44~4.56 米³/亩。若以抽穗为分界点，则后期（抽穗至成熟）耗水量占总耗水量的 50%~60%，前期（播种至抽穗）耗水量占总耗水量的 40%~50%。

1. 出苗期

早茬麦田播种时期的表土水分含量在 16%~17% 时，即可正常出苗且苗齐全；土壤水分含量小于 15% 时，出苗不好；土壤水分含量在 12% 以下时，出苗即无保障。在田间出苗期间，遇雨时常会出现地面板结而造成缺氧，因此应及时松土，保全苗；如果土壤水分不足，要及时补墒，以利于苗全、苗壮（表 1-1）。

表 1-1　底墒评价标准

底墒类型	干土层厚度（厘米）	对生产的影响
底墒好	≤3	基本上出全苗
底墒中	3~5	能抓九成苗
底墒差	5~7	采取措施才能保苗
底墒很差	>7	播种困难

2. 分蘖期

土壤水分缺少时，分蘖节不能很好地形成，有时甚至不分蘖。土壤水分缺少除直接影响根系吸水外，还能影响根系对养分的吸收，使土壤养分供应不足。同时，植株体内养分的运转与利用也受到抑制，地上部的同化面积大大减少，使分蘖节处于缺水状态，分蘖乏力。

3. 茎秆伸长期

小麦营养生长时期需要大量的矿质营养和水分供应。拔节至抽穗期，正是小麦需水的临界期，要有充足的水分供应。此时水的效应最大，但要掌握灌水时期和灌水量。水分充足，麦秆长得又高又壮，可以高产；麦秆长得过高特别是在多肥的情况下，容易倒伏，要适当控制水分，对麦田既有"促"，也有"控"。一般要求保持在田间持水量的 70% 左右为宜。

4. 穗形成期

在穗原基分化与形成期，小麦植株对土壤水分的要求很高，如果遭受干旱穗部性状受到影响，特别是在生长锥伸长期水分不足，则穗变短，每穗小穗数减少。小穗原基开始分化时期遇到干旱，也会减少小穗数。小花分化和形成期水分不足，可减少每小穗的小花，在某种程度上，还影响到籽粒的重量。性细胞形成期遇到干旱，使部分花粉和胚珠不孕，引起结实率显著降低。这是小麦对水分要求最迫切的临界期，对水分特别敏感，因此浇好挑旗（孕穗）水，增产效果最显著。

5. 开花期

开花期是小麦一生中需水最多的时期，保持植株体内营养物质正常转化和运转，以及生命活动旺盛，都要求植株细胞保持在高膨压状态。

6. 籽粒形成期

在籽粒形成初期水分不足，部分籽粒会停止发育，结实粒数减少。灌浆期土壤水分不足，特别是在大气干旱和高温共同影响下，叶面蒸腾作用加剧，生长受到抑制，营养物质进入籽粒的速度显著减缓，灌浆过程提早结束，籽粒变小，干瘪，千粒重下降，产量下降。因此，在土壤水分不足时应及时浇灌浆水。

（二）小麦的需肥规律

小麦一生中必需的营养元素有碳、氢、氧、氮、磷、钾、硫、铁、钙、镁等。其中碳、氢、氧占90%，其余的占10%。碳、氢、氧从空气中就可满足，而硫、铁、钙、镁等只能从土壤中得到，唯独氮、磷、钾3种元素只能人为供给小麦，并且这3种元素与小麦的生长关系密切，对生长发育起着重要作用。氮不仅是构成原生质的必要成分，也是所有蛋白质和叶绿体的组成部分，磷是细胞核的重要组成部分，它可以促进小麦迅速生长发育和提早成熟。钾能促进碳水化合物的形成与转化，促进茎秆粗壮坚韧，增强倒伏性。

1. 氮、磷、钾对小麦生长发育的作用

氮：促进根、茎、叶、蘖的生长，增加小穗数、小花数，缺少或过多时都不利。

磷：促进糖与蛋白质的正常代谢，早分蘖，早生根，早成熟，提高抗旱和抗寒能力，提高地温。

钾：促进碳水化合物的形成与转化，加快碳水化合物的运输，它主要往新生器官里运输，促进维管束发育，使小麦机械组织加强，增强抗倒伏能力。

2. 小麦的需肥量

每生产100千克籽粒，需纯氮3千克、五氧化二磷1~1.5千克、氧化钾2~4千克，氮∶磷∶钾=3∶1∶3。

3. 小麦不同时期的需肥特点

小麦不同生育时期的需肥特点表现为前期少、中期多、后期次之。

在幼苗期，即从出苗至3叶期，需肥少，占整个需肥量的3%，但反应敏感，特别是磷肥，对生根、增蘖效果明显。穗形成期，即从三叶至抽穗，需肥多，其中拔节至抽穗是一生中吸收养分的高峰，即为养分的临界期。灌浆成熟期，即从开花至成熟，抽穗后，经过开花、灌浆直至成熟，是形成大量干物质的时期，虽然这一时期只占全生育期的1/3，但80%~90%的干物质在此期形成，对氮、磷、钾的吸收量均较前期降低，尤其磷和钾下降更迅速。氮的吸收量为全生育期吸收总量的45%，磷为25%，钾为30%。总之，为防止早衰，还应给予必要的氮、磷补充。

（三）对土地的要求

小麦丰产与土壤有机质、熟化程度、耕性密切相关。只有经过人们耕作管理促进熟化的土壤，才能激发小麦丰产的潜力。

1. 深厚的耕作层

小麦生长要求有一个"深厚的活土层"。"活"是指土壤尤其是耕作层内，土、肥、气、热以及生物学活性等因素协调活化，能较好地满足小麦生长发育的需要。"厚"指活土层深厚，贮存丰富的养分、水分，并源源不断地供给小麦根系，促使其分布广而深。小麦根系主要分布在0~60厘米的耕层内，其中0~40厘米土壤中占总根量的90%左右。科学试验证明，深翻、深耕是改良土壤、加深活土层、提高小麦产量的主要措施之一（表1-2）。

表 1-2 根层深度与小麦产量的关系

麦田土壤熟化土层的厚度（厘米）	小麦产量（千克/亩）
12	326.0
18	348.5
24	382.5
26	442.0

2. 适宜的松紧度

土壤松而不散、黏而不紧时，保水保肥、抗旱抗涝、既发小苗又发老苗。土壤过松，大孔隙占优势，虽然疏松易耕，通透性强，但持水能力差，土壤温度不稳定；虽然好氧性微生物活动旺盛，有机质矿化过程快，但是养分易淋失，不利于有机质的积累。所以，在轻质土壤上和土质过松时，采取压紧土壤的措施是很重要的。土壤也不能过紧，过紧会使容重过大，非毛管孔隙增多，不通气，不透水，不仅使水、气发生矛盾，影响微生物的活动和养分的有效性，而且对小麦根系生长的阻力增大，不利于根系的伸展。

3. 丰富的土壤养分

高产麦田的土壤有机质含量比较丰富。但是不同的高产田，各自的土壤属性以及栽培技术的条件不同，故对各地高产麦田的有机质和营养元素含量很难划定一致的标准。如砂土有机质含量普遍较低，但是经过人工培肥后可达1%，小麦亩产可达400千克以上，而重壤土和黏质土壤，应当达到1.5%以上。氮素和有机磷的含量也有同样的规律性。砂土或砂壤土的含氮量 0.07%~0.08%、有效磷含量在15毫克/千克以上，就可满足亩产小麦400千克的要求，而在黏质土壤上，高产麦田的土壤全氮含量必须达到0.08%以上，有效磷含量达到20毫克/千克以上。

4. 良好的通透性

所谓通透性，一般是指通气性和透水性，它们皆与土壤孔隙度有关。一般土壤的总孔隙度约为50%，黏土通常低一些，而壤土和有机质含量较高的土壤则具有较高的孔隙度。构成通气孔隙度的孔隙随土壤团聚作用及团聚体的大小而增减，通气孔隙度低于10%时，小麦根系的增殖即受到限制。总之，丰产麦田的土壤环境因素是由耕作土壤的构造，特别是耕层构造综合表现出来的。在种子发芽出苗阶段，种子及幼苗根系所接触的主要是耕作层土壤，因此耕作层的松紧状况、水分状况等都影响到种子发芽出土、幼苗的生长。播种时，要求耕层能达到疏松绵软、细碎平整的程度。如果坷垃多且大或土壤过于紧实，往往形成黄苗或者不能出苗，一般直径4厘米以下的少量坷垃，对小麦出苗影响不大；土壤过松，会使种子、幼苗因水分不足而影响苗全。春季干旱时进行镇压，小麦的整个生育期间，都要创造一个上虚下实的耕层构造及土体构造，这样表层疏松，孔隙度大，既可保住下层墒情，又利于通气和养分转化以及接纳雨水，并避免地表径流，下层紧实可满足小麦对水分的需要。总之，土壤不能过松也不能过紧，创造适宜的土壤构造环境，是取得小麦丰产的基础。

第三节　小麦优良品种

一、青春 38

（一）品种来源

青海省农林科学院作物研究所以有性杂交结合温室+代快繁技术选育而成，其杂交组合为 CONSENS（加拿大红麦）//冬麦 03702/W97208。

（二）特征特性

株高（89±3.01）厘米，株型紧凑，分蘖成穗率（74.3%7.89)%，穗长（10.6±0.87）厘米，每穗小穗数（18.9±1.51）个，穗粒数（46.9±7.23）粒，小穗密度中等，穗密度指数 22。穗纺锤形、顶芒、白色，颖壳白色、无茸毛，护颖长方形，颖嘴锐形，颖肩方肩，颖脊明显到底。籽粒椭圆形、红色、饱满，腹沟浅窄，冠毛少。千粒重（44.3±2.2）克，经济系数 0.42±0.02。春性，中熟，生育期（123±2）天，全生育期（144±4）天。抗条锈病，抗倒伏，耐旱性中，口紧不易落粒，落黄好。籽粒容重（816±2.4）克/升，籽粒角质，粗蛋白质 14.1%，湿面筋 29.1%，淀粉 66.3%，面团稳定时间 4.3 分钟。

（三）生产能力及适宜地区

中等水肥条件下亩产 350~400 千克，较高水肥条件下亩产 450~550 千克。适宜青海省东部农业区川水及柴达木盆灌区种植。

（四）栽培技术要点

该品种分蘖力中等，根系发达，在肥力较高的土壤可适当降低播种量。结合秋深翻亩施有机肥 3~4 米³。播前施尿素 6.63~9.26 千克，磷酸二铵 10.86~15.22 千克。3 月上中旬播种，播深 4~5 厘米，亩播量 16~20 千克，保苗 30 万~35 万株，总茎数 55 万~60 万株。

二、高原 437

（一）品种来源

中国科学院西北高原生物研究所于 1991 年以高原 602 为母本、91 宁 34 为父本，经有性杂交选育而成。

（二）特征特性

幼苗直立，株高 101.80 厘米。单株分蘖数 3.40 个，分蘖成穗率 17%，主茎第一节间长 4.38 厘米，茎粗 0.36 厘米；第二节间长度 8.12 厘米，茎粗 0.40 厘米，穗下节间长度 42.89 厘米。穗长方形、顶芒、白色，小穗着生密度中等，穗长 10.79 厘米，有效穗数 19.50 个，穗粒数 58.90 粒。籽粒椭圆形、红色、角质。千粒重 40.51 克，经济系数 0.43，籽粒容重 760 克/升，粗蛋白质含量 13.58%，全麦粉湿面筋含量 31.95%。属春性、中早熟品种，出苗至抽穗期 54 天，其间≥0 ℃积温 627.2 ℃；抽穗至成熟 50 天，

需 ≥0 ℃积温 820.90 ℃；出苗至成熟 104 天，其间 ≥0 ℃积温 1 448.10 ℃；全生育期 133 天，其间 ≥0 ℃积温 1 679.10 ℃。较抗倒伏，耐旱性中等，条锈病免疫。

（三）生产能力及适宜地区

高水肥条件下产量 450~650 千克/亩，一般水肥条件下产量 350~400 千克/亩，柴达木盆地高水肥条件下产量潜力可达 700 千克/亩以上。适宜青海省东部农业区川水中、高位水地，中位山旱地和柴达木盆地灌区种植。

（四）栽培技术要点

在有灌溉条件地区，能够保证灌溉 2~3 次水，施优质农家肥 2 000~3 000 千克/亩，化肥使用折合纯氮 8.2~22.8 千克/亩，五氧化二磷 9.2~23.0 千克/亩。播种期 3 月上旬至 4 月中旬，土壤解冻 5~6 厘米，抢墒早播，播种深度 3~4 厘米。播种量 15~20 千克/亩，保苗 25 万~35 万株/亩，总茎数 45 万~55 万个/亩，有效穗数 27 万~40 万穗/亩。田间管理以早为主，苗期中耕除草 1~2 次，麦黄期注意及时收获、脱粒打碾。

三、高原 448

（一）品种来源

由中国科学院西北高原生物研究所经过有性杂交而成。

（二）特征特性

幼苗直立，绿色，无茸毛，叶色深绿，株型紧凑，植株整齐一致，穗长方形，籽粒卵圆形、红色、饱满，腹沟浅，种子休眠期中等。春性、中早熟。生育期 135 天。抗旱性、耐寒性较强，抗青干，高抗倒伏，落粒性中等，较耐盐碱。对秆锈病免疫，高抗叶锈病，抗条锈病性好，抗黑穗病，较抗叶枯病，轻感白粉病。

（三）生产能力及适宜地区

水浇地产量 400~550 千克/亩。适宜在青海省东部农业区湟水、黄河流域水浇地和柴达木盆灌区种植。

（四）栽培技术要点

在有灌溉条件地区，能够保证灌溉 2~3 次水。日平均气温稳定在 0~3 ℃播种。亩播种量 18~20 千克，保苗 32.5 万~33.5 万株，成穗 36 万~39 万穗。3 叶期及时浇水、松土。

四、阿勃

（一）品种来源

本品种在 1964 年出版的《中国小麦品种志》中有记述。原产于意大利，1956 年农业部从阿尔巴尼亚共和国引入我国，翌年引入青海省试验，1964 年开始推广，至今已种植 50 多年，目前仍为青海省一个主要栽培品种。

（二）特征特性

穗长 7~9 厘米。小穗排列扭曲不整齐，密度 2.3 万~2.5 万株。每穗有小穗 18~20

个，中部每小穗结实 2~3 粒，全穗结实 30~40 粒，多的达 80 粒，比南大 2419 多 2~3 粒。红粒，椭圆形，腹沟较浅，冠毛多，粒大小中等，千粒重 45 克左右。据中国农业科学院测定，特征特性为弱冬性。在青海省各地从播种到成熟为 122~155 天，比南大 2419 晚 1~10 天，比碧玉麦晚 4~8 天，一般为 130 天左右，在湟源、哇玉香卡为 150 天以上。属中晚熟品种。西宁市 3 月中旬播种，4 月上旬出苗，4 月下旬分蘖，5 月下旬拔节，6 月下旬抽穗，8 月中旬成熟。芽鞘淡绿色。幼苗半匍匐，苗叶深绿色，短而宽。株高 120 厘米左右，比初引入时高 20 厘米左右。茎秆白色较粗，基部间短而粗、硬。穗下节长，较柔韧，茎叶表面有蜡质，旗叶较短，中下部叶片宽而长，与茎秆夹角小，但多披垂，叶无毛，有淡黄色斑点，尤其在肥力不足的土地上更为明显，是识别阿勃的典型性状之一。株型紧凑，田间生长整齐，穗层厚度在 40 厘米左右。穗纺锤形，顶芒，护颖白色、椭圆形，肩方斜，嘴钝，脊明显，有齿。粗蛋白质含量为 14.25%，赖氨酸含量为 0.40%。该品种拔节晚，较能抵抗晚霜危害，较耐春旱，但生长后期不耐低温，抗倒伏能力较强，口较松。感染条锈、秆锈、叶锈 3 种锈病，但有耐病力。有一定耐旱力。综上所述，阿勃前期生长缓慢，根系发育好，穗形成和小花分化时间长，穗大粒多。成熟期间穗黄株青，灌浆速度快，强度大，转色、亮秆、落黄正常，籽粒饱满。适应性强，耐水肥，抗倒伏，产量高而稳定。它不仅是个良种，而且是个好亲本。

（三）生产能力及适宜地区

高水肥条件下产量 450~650 千克/亩，一般水肥条件下产量 350~400 千克/亩，柴达木盆地高水肥条件下产量潜力可达 700 千克/亩以上。适宜青海省东部农业区川水地区中、高位水地，中位山旱地和柴达木盆地灌区种植。

（四）栽培技术特点

阿勃属耐肥、水品种，应选择土壤肥力较高地块，施足底肥，及时追肥，满足肥、水需要。由于前期生长慢，拔节晚，应适时早播，以便延长春化过程形成大穗，增加有效分蘖。口较松、籽粒易在穗上发芽，应在蜡熟期及时收割，既可增重也可减少落粒。

五、青麦 1 号

（一）品种来源

中国科学院西北高原生物研究所以春小麦高原 602 和青春 533 的杂交 1 代为母本，民和 853 和 95-256 杂交 1 代为父本，经有性杂交选育而成。

（二）特征特性

幼苗直立。株高 110.8 厘米，株型紧凑，单株分蘖数 2.3 个，分蘖成穗率 11%，主茎第一节间长 4.65 厘米，茎粗 0.31 厘米；第二节间长度 9.23 厘米，茎粗 0.41 厘米；穗下节间长度 46.56 厘米。穗呈长方形、顶芒、白色，小穗着生密度中等，穗长 11.29 厘米，有效穗数 20.5 个，穗粒数 45.6 粒。籽粒椭圆形、红色、角质，千粒重 42 克，籽粒容重 765 克/升，籽粒粗蛋白质含量 13.19%，籽粒湿面筋含量 32.08%。春性、中早熟。出苗至抽穗期 54 天，其间≥0 ℃积温 627.2 ℃；抽穗至成熟 50 天，其间≥0 ℃积温 820.9 ℃；出苗至成熟 104 天，其间≥0 ℃积温 1 448.1 ℃；全生育期 133 天，其间≥0℃积温1679.1℃。较抗倒伏，耐旱性中等，中抗小麦条锈病。

（三）生产能力及适宜地区

在高水肥条件下平均亩产450~650千克，一般水肥条件下亩产350~400千克，柴达木地区高水肥条件下产量潜力可达每亩700千克以上。适宜青海省东部农业区水地、中位山旱地和柴达木盆地灌区种植。

（四）栽培技术要点

在灌溉能够保证2~3次水的地区，亩施农家肥2 000~3 000千克，化肥使用折合纯氮8.2~22.8千克，五氧化二磷9.2~23千克。播种期3月上旬至4月中旬，亩播种量15~20千克，保苗25万~35万株，田间管理以早为主。

六、青麦5号

（一）品种来源

中国科学院西北高原生物研究所以春小麦高原602和青春254的杂交1代为母本，民和588和95~256杂交1代为父本，经有性杂交选育而成。

（二）特征特性

春性，中熟。芽鞘白色，幼苗直立，绿色，无茸毛；叶片绿，叶耳白色。株型紧凑，株高65~89厘米。单株有效分蘖数0.1个，分蘖成穗率75.6%。平均穗长10.53厘米，平均每穗小穗数18.23个；平均穗粒数71.66粒，穗密度中等。穗长方形，长芒，芒白色；颖壳白色，无茸毛；护颖卵形，颖肩斜肩，颖嘴鸟嘴形，颖脊明显到底。籽粒卵形，红色，饱满，腹沟浅而窄，冠毛少。籽粒半角质，千粒重49.0克，容重804克/升（2012年香日德样品），粗蛋白质含量14.20%，湿面筋含量33.92%，粗淀粉含量68.83%（2015年乐都样品）。全生育期140天。中抗条锈病，抗倒伏，耐青干，抗旱能力强。

（三）生产能力及适宜地区

一般肥力条件下平均亩产300~400千克，高肥力条件下亩产500~530千克，适宜在青海省东部农业区河湟流域低、中位山旱地和不保灌水地推广种植。

（四）栽培技术要点

青海省东部农业区旱地3月中下旬至4月上旬播种，亩播种量15~20千克，基本苗20万~28万株，成穗25万~32万穗。播前亩施农家肥1~2米³或商品有机肥50千克，氮肥（尿素）5~10千克，磷肥（磷酸二铵）15~20千克。

七、青麦9号

（一）品种来源

从半冬性小麦品系92~47航天诱变选育而成。

（二）特征特性

春性，幼苗直立，中晚熟。芽鞘绿色，叶耳白色，叶淡绿色、无茸毛，叶片功能期长。株高90~95厘米，株型紧凑，适合密植。穗长10.2厘米，平均每穗小穗数17个，穗粒数40粒。穗长方形、无芒，成熟落黄好。颖壳白色、无茸毛，颖壳有黑褐色色斑，学术上称为假黑颖，是慢条锈基因 *YR30* 的标记性状；护颖椭圆形，颖嘴鸟嘴形，颖肩方肩，颖脊明显到底。籽粒卵圆形、白色、粉质。千粒重 43.4 克左右，容重 778.0 克/升，粗蛋白质含量 16.18%，湿面筋含量 32.24%（测试样品取自 2017 年 8 月青海省农林科学院西宁试验基地）。全生育期 124 天。高度慢抗条锈病，中抗白粉病，抗倒伏，耐青干能力强。

（三）生产能力及适宜地区

在青海省东部农业区中等水肥条件下产量 354~410 千克/亩，在较高水肥条件下产量可达 530~580 千克/亩。在柴达木盆地较高水肥条件下产量可达 600 千克/亩以上。适宜在青海省东部农业区水浇地和中位山旱地及柴达木盆地灌区种植。

（四）栽培技术要点

结合秋深翻施有机肥 3 000 千克/亩。播前施纯氮 5~7 千克/亩，五氧化二磷 5~7 千克/亩，氧化钾 1.53 千克/亩。播种期 3 月上中旬，播深 4~5 厘米，播种量 16~20 千克/亩，保苗 30 万~35 万株/亩，总茎数 55 万个/亩，保穗 35 万~40 万穗/亩。灌好苗水、拔节水，全生育期浇水 2~3 次。

第四节　小麦栽培技术

一、选用优良品种

选用优良品种是一项经济有效的增产措施，一般可增产 21%~43%。因地制宜地选用良种，做好品种的合理布局与搭配，是夺取丰产的关键。选用良种时要注意以下 3 点。

一是引进的品种，要进行试种。经小面积试种后表现确实比当地品种优越，再大面积种植，避免因盲目大面积种植而造成经济损失。

二是与良法相配套。良种虽好，不结合优良的栽培技术，良种特性表现不出来。所以，要良种良法相结合，充分发挥良种的增产特性。

三是提高种子质量。选用籽粒饱满、纯净一致、无病虫为害和发芽率高的种子作种。

二、精耕细作、轮作倒茬

土壤耕层深厚，松软肥沃，结构良好，是争取农作物持续高产、稳产的重要基础。因此，必须进行精耕细作，切实做到深翻土和精细整地，一般要求深耕 20~25 厘米。深耕不仅能加深土壤耕层，增强土壤保肥、保水能力，改善土壤理化性状，促进根系生长，使小麦植株根深叶茂，生长健壮，还能减轻土壤病、虫、草的为害。深耕后及时耙糖，达到地块平整，土壤疏松。

小麦连作对营养物质需求一致，使养分供求受到限制，容易造成杂草和病虫害滋生蔓延，严重影响小麦的正常生长发育。因此，小麦不宜连作，一般 2~3 年必须进行倒茬，前茬以豆类、马铃薯、油菜、蔬菜作物为好。

三、科学合理施肥

（一）基肥

在深耕的基础上，增施有机肥料，是改善土壤理化性状，改土培肥，不断满足小麦对肥、水、气、热的要求，实现高产稳产的栽培措施之一，要求亩施农家肥 2~3 米³ 或施用商品有机肥，以补充有机质的不足和提高肥效，并配施尿素、磷酸二铵、过磷酸钙、配方肥作基肥，小麦施肥量见表1-3。

表1-3　小麦施肥建议　　　　　　　　　　　单位：千克/亩

生态区	目标产量	施肥量（纯量）			化肥配方用量						
					配方一			配方二			配方三
		氮	磷	钾	尿素		磷酸二铵	尿素		过磷酸钙	配方肥
					基肥	追肥		基肥	追肥		
川水地区	400~500	8.28	7.32	2.5	9.5	2.5	16	14.0	4.0	61	52
浅山地区	250~350	6.67	6.36	1.5	7.0	2.0	14	11.5	3.0	53	45
脑山地区	200~250	5.75	5.64	1.5	6.5	1.5	12	10.0	2.5	47	40

注：施肥量是在亩施有机肥 2.5~4 米³ 基础上确定的，配方一、配方二为常规施肥推荐施用量；配方三为小麦配方肥推荐施用量。

（二）追肥

首次追肥时间以 3 叶期或 3 叶 1 心期为宜，此时是追施分蘖肥，每亩可根外追施 1.5~4 千克尿素（表1-3），这样可提高分蘖成穗率，促使壮苗早发，为增产打下基础。拔节末期叶面喷施有机叶面肥以补充小麦生长发育所需养分。

四、适期早播　提高播种质量

（一）适期早播

小麦适期早播，可增产 14%~17%。适期早播的优点：出苗率高，初生根系发育好，入土深，抗旱和吸收水分能力强，分蘖成穗率高，有利于形成大穗，从而获得高产稳产。通常地表解冻 10 厘米时进行顶凌播种，即 2~3 天内日平均气温稳定通过 0 ℃，5 厘米土壤温度达 3 ℃时为小麦适宜的播种期。从湟中区不同地区类型看，川水地区 2 月下旬至 3 月中旬、浅山地区 3 月中下旬、脑山地区 3 月下旬至 4 月上旬播种，播深为 3~5 厘米。

（二）播种方式

小麦播种方式：旱作沟播、分层施肥条播。沟播的优点是防风挡寒，节墒保苗，蓄水抗旱。分层施肥条播优点是施肥集中，肥料损失少，植株易于吸收，田间通风透光好，便于中耕除草、追肥、喷药等田间作业。因此，川水地区用机械播种，山旱地用沟播机播种。

五、合理密植

合理密植是小麦增产的重要环节。个体健壮，群体适宜，是合理密植的主要标志。只有个体与群体、营养器官与生殖器官的生长互相协调，才能充分有效地利用地力、空气和阳光，提高光合生产率，达到穗足、穗大、粒多、粒饱，夺取高产。

（一）合理密植与产量的关系

光合作用所形成的有机物质是产量的最基本来源，占总干重的 90%~95%，其他营养元素的吸收及其参与整个植物的生命活动，也由光合作用提供能源。因此，小麦的产量，取决于小麦对光能的利用能力。

（二）合理密植的原则

合理密植是根据地力、品种、生产条件和栽培技术措施等来调整群体。无论什么生产条件都要求具有与其条件相适应的群体和成穗数。穗数是构成产量因素的基础，基本苗数又是成穗数的基础。所以，因地制宜确定适宜的基本苗数是合理密植的关键。

由于小麦分蘖穗在产量组成中所占的比重小，主要是靠主茎成穗。因此，一般来讲，小麦生产中是以籽保苗，以苗保穗，依靠主穗夺取丰产。

川水地区小麦亩下籽量 16~17.5 千克，亩保苗一般在 23 万~28 万株；浅山地区亩下籽量 20~22.5 千克，保苗量在 28 万~32 万株；脑山地区亩下籽量 16~17.5 千克，保苗量在 30 万~35 万株，保苗量因品种、土壤肥力程度及栽培技术不同而各有差异。

六、田间管理

小麦生长发育较快，营养生长期短，根据其生育特点，田间管理应着重抓好中耕除草、浇水、追肥和病虫害防治等环节。

（一）中耕除草

中耕除草有 3 个作用：一是保墒，破除板结，切断毛细管，保蓄土壤墒情；二是提高地温，改善土壤通透性；三是清除杂草，促进植株根系发育。一般在 2~3 叶期及时进行中耕除草。

（二）浇水及追肥

春小麦不同生育期的需水量与小麦的生长发育及气候条件是密切相关的，在整个生育期浇好苗期水、灌浆水、麦黄水。播种至出苗期，地面裸露，土壤蒸发量大，叶面蒸腾量小，此时需水量少。分蘖至拔节期，气温逐渐升高，小麦生长速度加快，需水量增大，是第一个需水高峰期，应浇头水。根据苗情结合浇苗水，亩追施尿素 2.5~4 千克。拔节至孕穗前，气温升高，小麦生长旺盛，幼穗分化及营养物质的运转、积累及生理活动最为活跃，植株蒸腾旺盛，蒸发量大，这时的土壤含水量关系到全田的生物学产量是决定穗大粒多的关键期，若土壤水分不足将会影响产量的形成，此期应进行灌溉。灌浆至蜡熟期是小麦的第二个需水高峰期，此时浇水可促进小麦籽粒饱满。麦黄水应视天气、作物长势及土壤湿度浇灌。

（三）根外追肥

分蘖末期至拔节初期进行根外追肥。一般用含有机质的叶面肥或含腐植酸的叶面肥进行叶面喷施 1~2 次。

（四）病虫害防治

湟中区麦类作物的主要病虫害是小麦白秆病、小麦锈病、麦茎蜂、麦穗夜蛾和地下害虫等。作物生长期间，要加强预测预报和虫情监测，做到及时防治，小麦的整个生育期农药的使用均按照绿色食品的相关标准进行使用。

七、适时收获

春小麦的适时收获与籽粒成熟度、天气及劳力、机具条件等有密切关系。在天气良好年份，植株正常成熟情况下，籽实千粒重以蜡熟中期至完熟初期为最高，但在遭受干热风、阴雨早衰或高温逼暑的情况下，往往发生早枯现象，于蜡熟初期至中期就停止灌浆，个别年份在乳熟期就死亡。因此，在正常成熟的情况下，蜡熟中期至完熟初期是一般收获期；在此范围内，根据生产单位的劳力、农机具等条件安排具体的收获期。凡有早枯现象的，应适当早收，在因灾早熟的情况下，要随熟随收，以免降低粒重。

第五节 小麦全程机械化生产技术

一、概述

小麦全程机械化生产技术是指根据区域小麦种植生产特点，利用机械完成土壤耕整、化肥深施、小麦播种、病虫草害防治、节水灌溉、联合收获等全部生产工序的技术，通过集成农机化技术和农机农艺融合，推进耕、种、管、收等全程机械化生产。

二、技术路线

上年秋季机械收获作业后，采用秸秆打捆机将大部分秸秆清理打捆外运，剩余秸秆覆盖地表。翌年采用秸秆还田机进行秸秆地表处理作业，然后进行机械深耕或深松整地作业，适时播种。

技术路线：春季秸秆清理—机械深耕（深松联合整地）—机械播种—田间管理—联合收获。

如果秋季进行秸秆粉碎处理后，因风大不能裸露休闲，必须进行深松或地表处理，利用土壤适度覆盖，避免风吹，同时也有利于秸秆腐烂。

三、关键环节技术要点

（一）耕地作业

土地深耕以后打破犁底层，加深耕层，熟化底土，利于小麦根系深扎。要求耕深一致，耕后地表平整，地头整齐。

（二）深松作业

选用局部深松方式进行作业地区，每间隔 2~3 年深松 1 次，或根据土壤改善情况，当耕层深度20厘米内土壤质量体积比达到1.3~1.45克/厘米³时再进行第二次深松。应在土壤墒情适宜（含水量15%~22%）的情况下尽早作业，松土深度一般25~35厘米为宜，土壤含水量过大或过小，都不利于深松作业。要求松深一致，松后地表平整，覆盖完整、均匀。

（三）联合整地

整地的质量直接影响着作物出苗、根系发育和后期生长。做好播前整地作业，包括深耕、深松、灭茬、旋耕和整压等环节，整地后地表要求达到土块碎、细、疏松，地表平整。免耕播种的地块应做好播前灭茬和地表处理，确保免耕播种机具顺利作业。

（四）机具选用

选用深松联合整地机、旋耕机、调幅犁等机具进行机械整地和机械灭草作业。青海省东部农业区以深松+浅旋+镇压的联合整地技术为主，农牧交错区以调幅犁深耕技术为主。

（五）作业深度

机械深耕≥20厘米；机械深松≥25厘米，以打破犁底层5~10厘米为要求；旋耕≥15厘米。

（六）表层处理（选择性作业）

表土作业有浅旋、耙地、浅松等形式。在没有浅松机或圆盘耙的区域，可过渡性地使用旋耕机进行浅旋作业（一般不提倡使用旋耕机），旋耕作业后土壤跑墒严重。作业深度≥15厘米。杂草控制可根据杂草生长情况，采用化学除草、机械除草和人工除草相结合的方法。病虫害防治主要靠农药拌种预防，发现病虫害应及时喷杀虫剂。

（七）播种

（1）播种期　日平均气温达到5℃以上，或5厘米土层温度达到8℃时播种。

（2）播种机具选用　播种机具选择，应根据土壤墒情、前茬作物以及当地播种机使用情况，选择具有一次完成开沟、播种、施肥等多种工序的分层施肥条播机、沟播机、旋播机或少、免耕播种机，并按照机具使用说明书对机具下种量、排肥量、播种深度进行调整。旱情较严重地区，宜选用具有单行镇压功能的播种机具（可提高出苗率10%以上），或适当深播。

（3）作业质量　漏播率≤2%，播深3~5厘米，施肥深度7~10厘米。

（4）种肥分施播种　适时播种、抢墒播种、顶凌播种；化肥施于种子旁侧5~7厘米，且比播种深度深3~5厘米，播种均匀，播幅内各行下种量偏差≤6%。无漏播、重播现象，断条率控制在≤5%。播种后播种行覆土严密、充分镇压。

（5）免耕施肥播种　应选用丰产、优质、抗病虫害的优良包衣种子；根据地块有机质含量，氮、磷、钾构成比例，选择适用的颗粒状肥料，播期一般比传统播种提前2~3天；种肥分施，间距≥5厘米。

（八）田间管理

（1）施肥　在小麦生长中、后期，采用背负式喷雾机、喷杆式喷雾机或无人机喷施叶面肥。

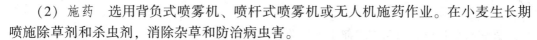

（2）施药　选用背负式喷雾机、喷杆式喷雾机或无人机施药作业。在小麦生长期喷施除草剂和杀虫剂，消除杂草和防治病虫害。

（九）收获

（1）适时收获　当小麦籽粒进入蜡熟末期，籽粒变硬、大小和色泽达到商品要求时，即可采用机械联合收获。作业要求割茬高度≤15厘米，小麦秸秆切碎长度≤10厘米；收获总损失率（含割台损失、脱净损失、清选夹带损失等）≤2%，脱净率≥98%。

（2）机具调整　联合收割作业前，需按作业技术要求对割台主割刀位置、拨禾轮位置和转速、脱粒滚筒转速、清选风量、清选筛等部件和部位进行适当调整。作业中再根据实际情况将收获机各部件调整至最佳工作状态。

四、机具配备参考方案

以麦类作物生产经营规模200~500亩为例推荐机具配套方案（表1-4）。

表1-4　推荐机具配套方案

机具名称	技术参数与特征	数量
拖拉机	66.1千瓦以上（中型拖拉机）	1（2）
秸秆粉碎还田机	粉碎长度<100毫米	1
深松机	深松深度为25~35厘米	1
联合整地机	耕深≥15厘米，土壤松碎、地表平整	1
小麦种肥分施播种机	种肥分施，防止烧苗	1
小麦少、免耕播种机	播深3~5厘米，机具通过性好	1
植保机械	背负式、喷杆式喷雾机或无人机施药	1
联合收割机	割茬高度≤15厘米，收割损失率≤2%	1

第六节　小麦病害

一、小麦赤霉病

小麦赤霉病俗称红头瘴、烂麦头，是麦类主要病害，流行频率高，损失严重。近年来在湟中区川水和脑山地区开始发生和流行，尤其在川水地区小麦抽穗开花期遇多雨潮湿时发生严重而造成损失。赤霉病主要为害穗部，引起穗部腐烂，影响麦粒品质，人、畜食后，常发生头昏、呕吐、腹泻等中毒现象。感病籽粒发芽率低或不发芽。

（一）症状

小麦整个生育期都可受害，引起苗腐、秆腐和穗腐。受害小穗颖壳上初生水渍状淡褐色病斑，逐渐扩展，变为黄褐色或青枯状。后期在颖壳合缝处及小穗基部出现橘黄色霉层，继而形成紫黑色小颗粒。病穗籽粒瘦秕皱缩，麦种表面有红色霉层。

（二）病原

该病由多种镰刀菌引起，属于半知菌亚门真菌。

（三）侵染循环

初次侵染主要来自表面作物残体上的子囊孢子。因此，发病残茬多，越冬菌源也多，发病的概率高。病菌孢子在空气中经风雨传播，落于麦穗上，遇较高的温度与湿度，孢子发育，侵入小穗内部，几天后，受病小穗即出现病斑和霉层，霉层上的分生孢子再经风雨传播，进行重复侵染，使病害迅速蔓延，加重为害。小麦收割后，病菌在麦体残茬上形成子囊壳，进行越冬，成为翌年的发病来源。

（四）发病条件

赤霉病的发生流行，受气候、作物生育期、品种特性、菌量及栽培管理措施等因素的影响。

（1）品种　麦类作物的不同品种具有不同的抗病能力。

（2）气候条件　温暖潮湿有利于赤霉病的发生与蔓延。小麦抽穗后若遇高温多雨，病穗就提早出现，并有可能大面积发生，如在小麦抽穗期低温干旱，赤霉病发生轻或者不发生。

（3）栽培条件　麦田低洼积水或地下水位高、土质黏重、施用氮肥过多、后期追施化肥多，都有利于发病。小麦开花、乳熟期遇到较长时间的高温高湿，赤霉病为害严重。密度过大，通风透光条件差的地块发病较重。

（五）防治方法

（1）农业防治　选用抗病品种、轮作倒茬、深耕灭茬、合理灌溉、科学施肥、开沟排水。

（2）化学防治　抽穗至扬花期若遇高温高湿，赤霉病扩展蔓延时，应及时用硫磺·多菌灵或戊唑醇进行防治。

二、小麦白粉病

小麦白粉病是一种世界性病害，该病可侵害小麦植株地上部各器官，但以叶片和叶鞘为主，发病重时颖壳和芒也可受害。小麦受害后，可致叶片早枯，分蘖数减少，成穗率低，千粒重下降。一般可造成减产10%左右，严重可达50%以上。

（一）症状

小麦白粉病在小麦各生育期均可发生，典型病状为病部表面覆有一层白色粉状霉层。组织受侵后，先出现白色绒絮状霉斑，逐渐扩大相互联合成大霉斑，表面渐成粉状，后期霉层渐变为灰色至灰褐色，上面散生黑色小颗粒（闭囊壳）。发病时，叶面出现直径1~2毫米的白色霉点，后逐渐扩大为近圆形至椭圆形白色霉斑，霉斑表面有一层白粉，遇有外力或振动立即飞散。这些粉状物就是菌丝体和分生孢子。后期病部霉层变为灰白色至浅褐色，病斑上散生有针头大小的小黑粒点，即病原菌的闭囊壳。

（二）病原

该病由禾谷类白粉菌的专化型引起，属于子囊菌亚门真菌。

（三）侵染循环

病菌不断侵染自生麦苗，分生孢子或子囊孢子借气流传播到感病小麦叶片上，如温湿度条件适宜，病菌萌发长出芽管，芽管前端膨大形成附着胞和侵入丝，穿透叶片角质层，侵入表皮细胞，形成初生吸器，并向寄主体外长出菌丝，后在菌丝丛中产生分生孢子梗和分生孢子，成熟后脱落，随气流传播蔓延，进行多次再侵染。

（四）发病条件

（1）菌源　除来自当地菌源外，还来自邻近发病早的地区。

（2）气候条件　该病发生适温 15~20 ℃，低于 10 ℃发病缓慢。相对湿度大于 70%有可能造成病害流行。少雨地区当年雨多则病重，多雨地区如果雨日、雨量过多，病害反而减缓，因连续降雨可冲刷掉表面分生孢子。

（3）栽培条件　施氮过多，造成植株贪青，发病重。管理不当、水肥不足、土地干旱、植株生长衰弱、抗病力低，也易发生该病。此外密度大发病重。

（五）防治方法

（1）农业防治　选用抗病品种、轮作倒茬、深耕灭茬、合理灌溉、科学施肥。

（2）化学防治　用三唑酮或甲基硫菌灵防治。

三、小麦锈病

小麦锈病俗名"黄疸""上黄"，是小麦生产的大敌。锈病发生晚、受害轻的情况下，一般减产 5%~10%；发生较早、为害严重时，减产 20%以上；大流行之年，减产达 50%~80%。锈病分为条锈、叶锈和秆锈 3 种，在湟中区以条锈病为害较重，秆锈病次之，叶锈病较轻。

（一）症状

小麦条锈病发病初期叶片上产生褪绿小斑，然后沿叶脉成为整齐黄色虚线状病斑。

（二）病原

小麦条锈病原属担子菌亚门真菌。

（三）侵染循环

小麦条锈病菌主要以夏孢子在小麦上完成周年的侵染循环，是典型的远程气传病害。其侵染循环可分为越夏、侵染秋苗、越冬及春季流行 4 个环节。秋季越夏的菌源随气流传播到冬麦区后，遇有适宜的温湿度条件即可侵染冬麦秋苗，在秋麦区越冬。翌年小麦返青后，越冬病叶中的菌丝体复苏扩展，当气温上升至 5 ℃时显症、产孢，如遇春雨或结露，病害扩展蔓延迅速，靠气流传播至青海省，由东向南逐步蔓延为害。在具有大面积感病品种前提下，加之适宜的温湿度，氮肥施用过量时，开始发病形成中心病株，逐步形成中心病区，再次侵染，大面积流行。

（四）发病条件

（1）品种　小麦品种对锈病有不同抗病性，因锈病生理小种不同，在不同年份同一品种锈病的发生程度也不同。

（2）气候条件　锈菌的发育及孢子的形成和萌发，都要求一定的温湿度，一般适宜条锈病发生的温度为 10~20 ℃，空气潮湿时易发生。湟中区小麦拔节至灌浆期多雨潮湿，温度偏低，宜于条锈病的发生和流行。

（3）栽培条件　播种过密，通风透光差，麦株间温湿度增高时，锈病易于发生。施肥不合理，氮肥施用过多、过晚，植株肥嫩柔弱，磷、钾等肥料供应不足，锈病也为害严重。此外，播种较迟，浇水不合理，田间杂草多，也有利于小麦锈病的发生与流行。

（五）防治方法

（1）农业防治　选用抗病品种，改善田间通风透光条件，增施有机肥，合理配方施肥。

（2）化学防治　在小麦锈病中心病株出现后，选用三唑酮、氰戊·三唑酮或嘧啶核苷类抗菌素（抗生素）防治。

第七节　小麦虫害

一、麦茎蜂

麦茎蜂在湟中区川水、浅山、脑山 3 类地区均有分布，尤以川水地区和低位浅山、半浅半脑山地区发生为害较重，是麦类作物上主要的蛀茎害虫之一。主要以幼虫为害茎秆内壁，影响茎内养分及水分的传导，造成白穗，籽粒瘦秕，千粒重降低，粮食和麦草的产量和品质均下降。为害率一般为 15%~20%，严重地区达 30%~50%。

（一）形态特征

成虫体长 9~11 毫米，有翅膀，体色黑而发亮，头部黑色，复眼发达，触角丝状，腹部第一节有一个三角形的黄绿色凹斑；第四至第六节的前缘大多有明显的黄带，有的呈黄色的斑点，有的消失。幼虫老熟后长 7~12 毫米，体呈"S"形，白色或淡黄色，头部淡棕色，足退化，体多皱褶，无毛，仅末节有稀疏刚毛。

（二）生活习性

一年发生 1 代，以老熟幼虫在小麦等寄生物的根茬内结茧越冬，4 月下旬至 5 月上旬在根茬中化蛹，成虫一般在 5 月中旬至 6 月上旬始见，在 6—7 月为发生盛期，也就是成虫发生于小麦孕穗至抽穗期。成虫羽化出土后，就可交尾产卵，卵经 6~7 天孵化为幼虫，幼虫孵出后，先向下爬至节间处取食幼嫩组织，随虫期增长，向上为害，咬穿节间，直吃到穗颈部，老熟时抵达根部，在麦茎与地面接触处，将麦茎内壁组织咬成环状或大半环状缺刻，称为"断茎环"。成虫白天活动盛期在 10：00—17：00，此时药剂防治效果最佳。

（三）防治方法

1. 农业防治

适时早收，低割麦茬，可将幼虫随麦秆一起带出麦田。

一是挖拾根茬，减少越冬虫量。麦茎蜂幼虫在小麦根茬内作茧越冬。挖拾根茬的地块 0~15 厘米土层内残留幼虫量减少 59%~80%。

二是结合打土保墒、碾压麦茬破坏幼虫的越冬场所，将根茬内的幼虫压死，可减少为害率。

三是秋深翻。根茬深翻至 15 厘米以下，翌年羽化率只有 5%~7%；深翻 20~30 厘米，羽化率降低到 2%。

四是冬灌。冬灌破坏了幼虫良好的越冬场所，致使幼虫不能正常越冬而死亡，从而减少了虫源，降低了为害率。

五是合理轮作。麦茎蜂专食性强，不能远距离迁飞，所以，连作有利于麦茎蜂的繁殖，为害加重。较大面积轮作，能减轻为害。据调查，小麦连作 3 年，平均为害率 49.3%，连作两年平均为害率 15.5%。小麦与蚕豆、油菜等作物轮作平均为害率为 8.3%。

2. 化学防治

在小麦孕穗期，麦茎蜂成虫羽化出土达到高峰时，用氰戊·三唑酮或高效氯氰菊酯防治。

二、麦穗夜蛾

(一) 形态特性

成虫：体长 16~19 毫米，翅展 40~42 毫米，体灰色，前翅灰褐色，后翅淡黄褐色，外缘较深，背面近中央有一黑色斑。

幼虫：老熟幼虫体长 30~35 毫米，头黄褐色，中央有一深褐色"八"字纹，体背灰褐色，腹面灰白色。

蛹：被蛹，长 18~21 毫米，黄褐色至棕红色。

(二) 生活习性

麦穗夜蛾是麦类作物中蛀食麦粒的主要害虫。一年发生 1 代，以老熟幼虫在土壤、墙根、墙缝等场地越冬。4 月下旬化蛹，5 月底初见成虫，小麦抽穗时，成虫大量发生。白天藏在茎秆的下部，晚上活动，把卵产在麦穗下部，小麦灌浆时幼虫出现，幼虫白天潜伏在田间杂草、土缝中，夜晚为害麦粒，一头幼虫一夜可食 1~2 粒，一生可吃掉 30 粒左右，小麦收割后，幼虫转到捆子中继续为害。

(三) 防治方法

(1) 农业防治　收获后及时灭茬、深翻，减少越冬虫口基数。

(2) 化学防治　初见成虫时选用高效氯氰菊酯等杀虫剂防治。

三、麦蚜

主要有麦长管蚜和麦二叉蚜两种，其次还有麦无网长管蚜和禾谷缢管蚜。属同翅目蚜科。

(一) 形态特征

蚜虫一般体长 1.4~2 毫米，是个体很小的昆虫。分有翅蚜和无翅蚜。在适宜的条件下，以无翅型生活，孤雌生殖；营养不足、环境恶化、种群密度过大时，则产生有翅型蚜虫。卵：长卵形，长约 1 毫米，初为淡黄色，后变为黑色。

（二）生活习性

麦蚜以卵在杂草上越冬。一年可发生多代。春暖后，越冬卵孵化成母蚜（干母），孤雌生殖，产生无翅型或有翅型母蚜，先在杂草上为害。麦类作物拔节前后，迁入麦田为害。小麦收获后，麦蚜迁回到禾本科杂草上取食，到深秋，产生雌蚜和雄蚜，交配后产卵于杂草根茎部位越冬。

（三）防治方法

（1）农业防治　早春和深秋季节铲除田边、地头、田埂等处杂草，消灭越冬虫卵。有意识地利用农田瓢虫、草蛉、食蚜蝇、蚜茧蜂等有益生物来控制蚜虫的为害。

（2）化学防治　小麦孕穗期在麦田检查，当有蚜株率达 15%～20%，每株平均有蚜虫 5 头以上时，即应进行防治。选用高氯氟·噻虫嗪或吡虫啉防治。

四、地下害虫

主要为金针虫。金针虫是叩头甲的幼虫，属鞘翅目叩头虫科。青海省主要有细胸金针虫、褐纹金针虫、宽背金针虫 3 种。

1. 形态特征

（1）细胸金针虫　成虫体长 8～9 毫米，宽约 2.5 毫米。密生灰色短毛，并有光泽。头胸部黑褐色，前胸背板略带圆形，前后宽度大致相同，长大于宽，后缘角伸向后方。鞘翅长约为头胸部的 2 倍，暗褐色，密生短毛，鞘翅上有 9 条纵列的刻点。触角红褐色，第二节球形。足赤褐色。卵圆形，乳白色，长 0.5～1 毫米。

老熟幼虫体长 23 毫米，宽约 1.3 毫米。体细长，圆筒形，淡黄色有光泽。尾节呈圆锥形，尖端为红褐色小突起，背面近前缘两侧各有褐色圆斑 1 个，并有 4 条褐色纵纹。足 3 对，大小相同。

蛹：裸蛹，黄色。

（2）褐纹金针虫　成虫体长 9 毫米，宽约 2.7 毫米，体细长，黑褐色并生有灰色短毛。头部黑色，密生较粗的点刻。前胸黑色，点刻较头部为小，后缘角向后突出。鞘翅目与体同色，长约为头胸部的 2.5 倍，有 9 条纵列的点刻。腹部暗红色。触角暗褐色，第二、第三节略成球形，第四节较第二、第三节稍长。足暗褐色。

老熟幼虫体长约 25 毫米，宽约 1.7 毫米，体细长，圆筒形，茶褐色有光泽，身体背面有细沟及微细点刻，第一胸节长，第二胸节至第八腹节各节前缘两侧均生有深褐色新月形斑纹。尾节扁平而长，尖端有 3 个小突起，中间的尖锐呈红褐色，尾节前缘有 2 个半月形斑，靠前部有 4 条纵沟，后半部有皱纹并密布粗大和较深的点刻。

（3）宽背金针虫　成虫体长 14～18 毫米，宽 3.5～5 毫米，体扁平，深栗褐色，密生金黄色绒毛。头部扁平，密布刻点，头顶有三角形凹陷。雌虫触节 11 节，长约为前胸 2 倍，前胸发达呈半球形，鞘翅上有细纵沟，后翅退化。雄虫触节 12 节，细长，约达鞘翅末端，有后翅，足细长。

幼虫体形扁圆，黄褐色，体长 20～22 毫米，最宽处 4 毫米，体节宽大较长。背面中央有一纵沟。尾节背面有近圆形的凹陷，两侧缘隆起，有 3 对锯齿状突起，末端二分叉，每叉端部有 4 个齿状突起。

2. 生活习性

细胸金针虫 2~3 年完成 1 代，以幼虫在土中越冬。多发生在水浇地、湿度较大的低洼地及土质黏重的地块，6 月为成虫出现盛期，可取食小麦、青稞等禾本科植物叶片。幼虫主要为害禾本科作物以及向日葵、亚麻、甜菜、马铃薯等。

褐纹金针虫与细胸金针虫同时发生，主要发生在半山区阴坡。在局部地区为害较重。宽背金针虫成虫和幼虫都可越冬，越冬成虫 4 月下旬活动最盛，分布于川水与浅山地区，为害较重。

3. 防治方法

（1）农业防治　精耕细作，合理轮作倒茬，清除田边杂草，减少害虫栖息地。

（2）化学防治　选用辛硫磷颗粒土壤处理、辛硫磷乳油灌根或噻虫胺防治。

第八节　小麦草害

一、农田杂草

农田杂草种类繁多，为害严重，发生数量多、分布广，农田杂草按子叶数目分为单子叶杂草和双子叶杂草两大类。在湟中区常见的农田杂草有 180 多种。

（一）单子叶杂草

包括野燕麦、赖草、芦苇、旱稗（稗）等。

（二）双子叶杂草

包括骨节草（萹蓄）、野荞麦（卷茎蓼）、灰条菜（藜）、娘娘菜（薄蒴草）、香艳（密花香薷）、马刺盖（藏蓟）、苦苦菜（苦苣菜）、苦子碗（田旋花）、毛然然（拉拉藤）等。

二、农田杂草的为害性

农田杂草与农作物竞争养分、水分、空间及光照，从而影响农作物正常发育，严重影响粮油产量。作为农作物病虫的中间寄主，不少杂草是蚜虫、红蜘蛛等害虫及病菌寄主越冬的场所，当作物长出后，逐渐转移到作物上为害。农田杂草越多，需要花费在治草上的用工量越多，增加农业生产成本。

三、农田杂草的防除方法

（一）人工除草

人工除草是一项重要措施，除草时要做到除小、除早、除了。

（二）药剂除草

可选 2,4-滴异辛酯、苯磺隆、啶磺草胺等农药。在小麦田施药时与油菜、豆类等作物隔离，防止飘移。

第二章　油菜种植技术

第一节　概述

一、概况

（一）油菜生产的重要性

油菜是我国主要的油料作物之一，油菜籽的含油量因类型和品种不同而有差异。一般栽培品种含油量为40%左右，高的可达51%左右。油菜籽的出油率一般为35%以上，菜籽油含有大量脂肪酸和多种维生素，富有营养，易于消化，是我国主要食用植物油之一。菜籽油在工业上和医药上也有广泛用途。榨油后的菜籽饼含粗蛋白质30%~40%，粗脂肪12.7%，是牲畜饲料蛋白质的来源。油菜的茎、枝、果、皮每千克约含粗蛋白质14克，粉碎加工后是牲畜的良好饲料。

菜籽饼含氮4.6%、磷2%、钾1.3%，是很好的综合肥料，油菜在生育过程中有大量落花、落叶、残根、枯枝留在田间，可供给土壤大量有机质和养分。同时油菜根部能分泌有机酸，使土壤中难溶性的磷变为有效磷。因此，油菜是用地和养地相结合的肥田作物，不仅是一般作物的良好前茬，也是新垦地的先锋作物。

油菜花多，花期长，是很好的蜜源作物。油菜地放养蜜蜂，每亩可产蜜2~3千克，养蜂又可提高油菜的授粉结实率，增加单位面积产量。

近年来，世界油菜生产发展迅速，总产量急剧上升。从油菜籽生产情况看，种植面积加拿大居第一，占世界油菜面积的24%左右；中国居第二，占17%左右；印度居第三，占11%左右。油菜籽单产以西欧国家最高，如法国平均亩产达204.1千克，我国油菜单产比世界平均水平高2.1千克。油菜籽总产量加拿大第一，占世界油菜籽总产量的27%左右，中国第二，印度第三，分别占17.7%、11.2%。虽然我国油菜总产量大幅度增加，其他油料作物（大豆、花生）也有所增加，但远不能满足人们对食用油的需求。据统计资料反映，近年来我国每年植物油消耗量均在3 400万吨以上，而自产仅2 700万吨左右，有700万吨缺口。我国平均每年进口植物油（油脂原料分别按出口油率折合成油脂）700万吨，占实际植物油消费总量的21.2%，其中油菜籽占进口总量的51%。另外，油料种子榨油后所剩饼粕（麻渣）的蛋白质含量较高，是畜牧业和淡水养殖饲料的主要蛋白质来源。因此，我国油菜具有巨大的市场潜力。

（二）栽培简史

根据历史资料记载，在我国古代，油菜又被称为名菘、芸薹。三国时期，有着

"孙吴四英杰之一"之称的陆逊，催人种豆、菘，菘就是现在的油菜，说明其早在三国时就已经开始播种。东汉的经学家服虔的《通俗文》中，也提到芸薹谓之胡菜，说明当时油菜的种植出现在胡、羌、陇、氐等地，也就是现在的青海、甘肃、新疆、内蒙古一带。南北朝时，逐步在黄河流域发展，随后传播到长江流域一带广为种植。油菜耐寒性极强，《唐本草》中记载：其多用种之，能历霜雪，故又谓之寒菜。历史上栽培的油菜都是白菜型和芥菜型。在 20 世纪 50 年代，长江流域开始推广油菜，并以油菜为基础培育出大批早、中熟高产甘蓝型品种。改革开放前后，甘蓝型油菜引入黄淮地区，具有较好的丰产性和抗逆性，因此在北方冬油菜区得到大面积推广。

（三）油菜的分布

我国油菜按种植时间可分为冬油菜和春油菜。

（1）冬油菜区　主要分布在长江流域与云贵高原，安徽、四川、江西、湖南、湖北、江苏为主产区，贵州、河南、浙江也占一定比例。

（2）春油菜区　集中在内蒙古、青海、甘肃以及新疆等地。

湟中区为西北黄土高原和青藏高原过渡地带，属高原大陆性气候，地处青海省东部农业区，年平均气温 5.1 ℃，年平均降水量 509.8 毫米，年蒸发量 900~1 000 毫米，平均无霜期 170 天，日照时数 2 453 小时。春油菜在全区各乡镇均有种植，约占农作物种植面积的 1/4。

二、油菜作物的类型

（一）油菜的农艺特征分类

油菜为十字花科芸薹属的一年生或越年生草本植物。栽培类型有白菜型、芥菜型和甘蓝型。

1. 白菜型

俗称小油菜。主要特征是株型矮小，分枝较少，茎秆细，苗期匍匐生长，基叶较大，呈现卵圆形，叶缘有锯齿或缺刻刺毛多。我国西北各地种植较多，多为春播。近年来各地大量引种的"门源油菜""青油 241"即属此类型。白菜型油菜茎生叶狭长，无叶柄，叶基全抱茎而生，花较小，花瓣圆形，开花时花瓣两侧重叠，角果较细，长短不一，长 4~14 厘米，一般 7~9 厘米，断面呈扁圆形，种子多呈红褐色，也有紫红色及黄色的，千粒重 2~3 克。我国的白菜型油菜品种，平均含油量为 39.73%。白菜型油菜生育期较短（一般春油菜为 80~130 天），抗病力较弱，油的品质较好。

2. 芥菜型

又称高油菜、大油菜、辣油菜，原产于我国，是普通芥菜的变种，主要分布在四川、云南、贵州及西北、华北的春播地区。特征：植株高大，可达 1.7~2 米，分枝多而细，株型松散，根粗壮，侧根发达；叶薄，密被刺毛，有长柄，叶色深绿色、微带蓝色或深紫色，一般叶缘有明显锯齿，有羽状缺刻和裂片，薹茎叶有短柄，叶基不抱茎，全株密被蜡粉或微有蜡粉。分枝部位高，茎木质化早而坚硬。抗旱、抗寒、抗病性强，耐肥，不易倒伏。花较小，开花时花瓣分离，展开呈长方形，角果细短，种子小，千粒重 1~2 克，叶和种子有浓厚的辣味，这是鉴别芥菜型油菜的重要特征之一。我国芥菜型油菜品种的平均含油量为 39.12%。芥菜型油菜的油分中，含有多种对人体有害的芥酸，降低了其作为食用油的价值。芥菜型油菜生育期一般中等偏长，抗病力较强。

3. 甘蓝型

原产于欧洲，是世界油菜高产国家种植的主要类型。我国栽培的甘蓝型油菜是从欧洲及日本引进。甘蓝型油菜株型中等大小，一般 1~1.86 米；主根发达，有粗大根茎；叶片厚，叶柄长，叶色深绿色、灰蓝色或蓝绿色，具有明显缺刻及很深的裂片，顶端裂片很大，幼苗时叶上有少量刺毛；茎、叶及角果均被蜡粉，薹茎叶无叶柄，基部半抱茎；花较大，开花时花瓣两侧互相重叠；角果细长，种子大，千粒重 3~4 克，多为黑褐色；生育期长，多数较晚熟；具有耐寒、耐湿、耐肥及抗病毒病的能力，产量高而稳定。我国甘蓝型油菜的平均含油量为 41.72%。

（二）油菜的播种期分类

油菜通过春化阶段对温度的要求不同，可分为冬性、半冬性、春性 3 种类型。

1. 冬性型

冬性油菜品种春化阶段对低温要求较严，通过春化阶段要求 1~5 ℃ 的低温，需经过 20 天左右的时间，在春季或夏季播种当年不能抽薹开花，要经过秋冬的低温，到翌年春季才抽薹开花。冬性油菜品种一般是晚熟品种或中晚熟品种。

2. 春性型

春性油菜可以在较高温度条件下通过春化阶段。在 5~15 ℃ 经过 14 天左右就可通过春化阶段。这类品种，在春季或初夏甚至夏末秋初播种也能正常抽薹开花。春性品种一般是早熟或中早熟品种。

3. 半冬性型

半冬性品种通过春化阶段要求一定的低温，但对低温要求不很严格，介于冬性型和春性型之间，在 3~15 ℃ 经过 20~30 天可以通过春化阶段，一般是中熟或早中熟品种。

掌握油菜不同品种通过春化阶段的要求，在栽培上就可以确定适当的播种期，引种时也可避免盲目性。

油菜是长日照作物，每天 14 小时以上日照，可提早抽薹开花。每天 12 小时以下的短日照则不能正常抽薹开花。

第二节　油菜特征特性

一、油菜的生长发育

油菜的生育过程分为种子萌发及出苗、幼苗生长期、现蕾抽薹期、开花期和角果成熟期。

（一）种子萌发及出苗

油菜种子发芽需要吸收相当于本身干重 60% 以上的水分，地温达 3 ℃ 以上，通气良好时，就可萌动发芽。播种到出苗，在 5 ℃ 以下时需 20 天以上；8 ℃ 左右时需 10 天；12 ℃ 左右时需 7~8 天；16~20 ℃ 时，3~5 天即可出苗。种子发芽及出苗阶段，土壤水分以田间持水量的 60%~65% 最适宜。

油菜种子发芽时，胚根首先突破种皮，当伸入土中 2 厘米时，开始发出根毛，随后继续生长，形成由主根、侧根、支根和细根所构成的圆锥形根系。随着胚根发出根毛之后，接着胚茎向上伸长，两片叶子脱离种皮露出地面，由黄色变绿色，并逐渐展开，当两片子叶平展时，即为出苗。

（二）幼苗生长期

油菜从出苗到现蕾为苗期，其中在花芽分化之前为苗前期，从花芽分化到现蕾称苗后期。油菜苗期主要是生长叶片、根系和茎基部节间短缩的缩茎段，是以营养生长为主的时期，虽然苗后期生殖生长也开始进行，但仍以营养生长为主。

油菜幼苗出土以后几天便开始出现真叶。油菜主茎每一叶节着生 1 片叶片，而主茎叶节到主茎花芽分化时已经定型，不再分化叶片。茎叶制造的养分主要供根、根茎的生长，对主茎花芽数目也有一定的影响，甚至对以后生长的器官也有间接的影响。因此争取苗前期有较多的主茎叶片，不仅有利于制造大量营养物质，而且可以争取较多的一次分枝，提早花芽分化，延长花芽分化期，增加花朵数。

在叶片生长的同时，根系也在生长，表现为胚根逐渐向下延伸形成上部膨大，下部细长的主根，主根上生出侧根，侧根的出生与第一片真叶出现的时间相同。主根入土深度可达 50 厘米左右，有的可达 100 厘米。支根和侧根多集中于 20~30 厘米的耕作层内，水平扩展一般可达 40~50 厘米。发达的根系吸收土壤中的养料和水分供给地上部分的生长需要。

油菜苗后期开始生殖生长，其表现为花芽开始分化。油菜苗期经过一定的低温时期，通过春化阶段后，主茎和分枝顶端的生长锥先后开始花芽分化，形成花序。在一个花序上的花芽分化，则是由下而上进行的。

生长锥在未分化前很小，呈光滑的半球形，周围有很多叶原始体。开始分化时，在生长锥的四周陆续出现花蕾原始体，并逐渐发育增大，出现花萼、雌雄蕊、花瓣。最后，雌雄蕊继续分化，子房膨大，胚珠形成，花药和花粉粒也逐渐形成，花瓣、花萼、花柄都伸长，整个花蕾分化完成。

油菜苗期以营养生长为主，干物质积累只占全生育期的 10%，但吸收的三要素占全生育期吸收量的一半（氮 45%、磷 50%、钾 43%），是需肥的主要时期，如果苗期供肥不足，就会形成弱苗。

油菜幼苗期对温度的要求是逐渐上升的。因此，适期播种，促进根系发达，根茎粗壮，幼苗健壮。

（三）现蕾抽薹期

油菜的幼苗随春季温度的逐渐升高，主茎生长锥的花芽分化速度加快，当气温升到 10 ℃左右，拨开心叶能见到明显的绿色花蕾时即为现蕾。现蕾后主茎迅速伸长，当主茎顶端距离子叶节达 10 厘米并有花蕾时即为抽薹。在气温低于 10 ℃时，现蕾到抽薹间隔时间长，高于 10 ℃时则间隔时间短。从现蕾到开始开花，为现蕾抽薹期。

油菜在现蕾抽薹期营养生长和生殖生长同时进行，而且都很旺盛，但营养生长仍占优势。营养生长的主要表现是主茎伸长，分枝增多，叶面积增大；生殖生长的主要表现为花芽及花序的分化形成。抽薹初期主茎伸长比较缓慢，到初花前伸长较快。以后又趋缓慢，而花序则继续伸长。主茎最下部，节间短缩，比较密集的一段称为缩茎段，节上着生长柄叶；往上节间依次伸长，着生短柄叶的部分，称为伸长茎段；主茎最上部，节间又依次缩短，着生无柄叶的部分，称为薹茎段。

油菜的茎是开花期贮藏养分的重要器官，油菜一生中吸收的氮素，约有18%要进入茎内，到结角成熟期，种子积累的大部分养分是从茎秆转移而来。

主茎叶腋间的腋芽发育形成分枝，其顶端着生花序。只有位于主茎上部的腋芽才发育成分枝，主茎上的分枝，一般在开花前10天左右陆续出现和伸长，并形成分枝花序。分枝多，结角多。油菜到现蕾时根系深度与宽度约占最大深度宽度的1/3，现蕾到抽薹根系生长加速，而地上部生长更快，随着主茎的伸长，叶片数和叶面积不断增加，这一时期出生的叶片，其作用十分重要。

现蕾抽薹期，随着气温的上升，生长速度加快，耗水强度也相应增加，但这时地面蒸发量小，经历的时间短，耗水量少，占全生育期耗水量的10%~15%。

营养生长和生殖生长在现蕾抽薹期都很旺盛，吸收养分的数量很多。这一时期，水肥充足，营养生长良好，叶面积大，茎秆粗壮，整个植株生育正常，有效分枝多，利于花序和花蕾的分化形成。水肥不足，叶面积小，主茎和分枝瘦弱，有效分枝少，花序短，花蕾少；水肥过量，叶片过于肥大，相互荫蔽，通风透光性差，则植株下部叶片提早变黄，伸长茎段显著伸长，无效分枝增加，而且营养生长过旺也不能达到促进生殖生长的目的。

（四）开花期

油菜花期的生育特点是大量开花，授粉和受精，营养生长旺盛，主要表现为花序的伸长，同时茎秆干重迅速增加，养分积累，组织充实，干重达最高峰。根系继续扩展，到盛花期达到最大。开花期生殖生长增强，营养生长减弱。

油菜花的最外层为4片花萼。花冠由4片花瓣组成，开花时平展成"十"字形。雄蕊6枚，4长2短，称为四强雄蕊。雌蕊柱头略呈半圆球形，花柱较短，谢花后柱头和花柱均不脱落，花柱继续膨大延伸成为"果喙"。子房较花柱粗，膨大呈圆桶状，中有假隔膜分为2室。胚珠着生在两侧膜胎座上。子房基部有4枚密腺，呈粒状，绿色，可分泌蜜汁。

油菜的花序为无限总状花序。开花顺序是主花序先开，然后一次分枝花序由上到下逐次开花。在一个花序上则是下部花朵先开，逐渐向上，陆续开放。因此，下部花序已结角，中部才开花，上部尚处于蕾期。一朵花的开放过程，通常是开花前1天16：00左右，花萼逐渐分开，花蕾顶端露出黄色花冠，到次日早晨花瓣成半开状，上午花瓣平展成"十"字形，同时花药破裂散出传粉后逐渐闭合。从花萼开裂到花冠开花之后重行闭合。中间约需30小时。一般开花期20~30天。开花后3~5天逐渐凋萎脱落。

油菜开花受气候条件影响很大，尤其是受温度影响最为明显。开花适宜的日平均温度为12~20℃，温度过低或过高，都影响开花。开花授粉时空气相对湿度70%~80%为宜，遇天气干旱，可通过浇水来提高田间湿度。

油菜开花期，结角与开花重叠进行，生理活动极为旺盛，需要充足的水分和养分。

油菜花期所吸收的氮素约占全生育期的 12%，养分充足则开花旺盛，花序延长，结角良好，籽粒多而饱满。油菜是异花传粉作物。因此，采取综合性措施，减少落花落果，如油菜始花期喷施硼肥、磷酸二氢钾等。

（五）角果成熟期

油菜从终花到成熟，为角果成熟期。开花受精以后，子房发育成角果，胚珠发育成种子，体内营养物质向角果和种子内转运和贮藏，直到完全成熟为止。这个时期，营养体的生长已停止。

角果以开花的先后，依次发育。角果的发育是长度增长快，粗度增长慢。角果的大小因品种而异，受授粉和营养条件的影响。授粉良好，角果大，结实多，促进籽粒发育。营养方面，先开的花优先得到营养，籽粒较大，秕粒率较低，后期开的花，籽粒较小，秕粒率也较高。

油菜成熟的过程，按种子成熟程度，通常分为绿熟、黄熟、完熟 3 个时期。

（1）绿熟期　主花序基部角果由绿色变为黄绿色，分枝上的角果仍为绿色。种子由灰白色变为绿色，用手指能将种子压破，此时收割产量和含油量都低。

（2）黄熟期　主花序角果呈杏黄色，下部角果的种子种皮由黄绿色转为品种固有的色泽，籽粒饱满。中、上部分枝的角果为黄绿色。当全株和全田 70%~80% 的角果达到淡黄色时，即为收获适期。

（3）完熟期　大部分角果由黄色转变为黄白色，种子呈现本品种固有的色泽，角果容易裂开。

油菜角果和种子成熟与开花的时间、后期肥料的量及气候条件有关。一般先开花的成熟期长，后开花的成熟期短。天气晴朗，气温在 20 ℃ 以上，土壤相对湿度在 70%，磷肥充足，日照较强，可以加速成熟，含油量较高；如成熟期多低温，偏施氮肥或浇水过多，则贪青晚熟，含油量低。油菜种子发育过程中，养分迅速积累，积累的干物质约占全生育期的 50%。养分的来源有 3 个：一是来自植株贮存的养分（主要是茎秆），约占 40%；二是来自果皮的光合产物，约占 40%；三是后期茎叶的光合产物，约占 20%。据研究，油菜角果的表面积相当于油菜一生中最大的叶面积，为成熟期叶面积的 8 倍，并且在花序上成螺旋排列。光照条件好，光合能力强，是籽粒中养分的重要来源。油菜的茎秆在开花期大量积累养分，组织充实，到结角成熟期，积累的养分又分解输送到籽粒中，为籽粒中养分的又一重要来源。因此，在栽培上于现蕾抽薹期促壮秆和结角期适当施用磷肥，提高角果光合能力，可以增加粒重。油菜在结角成熟期，虽然积累的干物质多，但这时期以碳素代谢为主，碳素同化作用形成的碳水化合物，逐渐转化为脂肪转运到种子中贮藏，从土壤中吸收的养分并不多，占全生育期吸氮量的 5%、吸磷量的 9%、吸钾量的 17%。成熟期如果氮素过多，则碳水化合物消耗于蛋白质的形成，使脂肪减少，降低含油量。如缺少磷、钾、硼则光合能力减弱，养分的转运受阻，种子含油量也低。

油菜种子中油分的积累过程，约从开花后第七天开始，此后随着种子的发育，含油量不断增加。据对晚熟甘蓝型油菜的测定，在开花后 9 天，含油量为 5.76%，开花后 21~30 天为油分积累最快的阶段，从 17.96% 增加到 43.17%，以后油分的积累又趋于缓慢，开花后第 45 天达到 47.46%。

二、春油菜生育特性

春油菜春化阶段要求较高的温度（5~15 ℃），属春性型。我国北方春油菜产区本地品种多数为白菜型（小油菜），部分为芥菜型（大油菜）。近年来随着油菜生产的发展，甘蓝型春油菜具有更大的发展潜力，一般亩产 150~200 千克，高的达 250 千克以上。特别是近几年甘蓝型油菜杂交种的推广以其品质优、产量高、经济效益显著等特点，加速了春油菜生产的发展。

（一）生育期短

春油菜生长发育迅速，生育期短，一般多为早熟和早中熟品种。春油菜生育期短，突出表现在苗期短。春油菜苗期仅占全生育期的 1/3 以下。由于苗期短，主茎叶片数及第一次分枝数较少，花芽分化时间也相应缩短，花芽数较少，生育期短，除表现为苗期缩短外，也表现在生殖生长进行快。春油菜生育期的长短，随地区及温度高低而变动。

（二）营养体小

春油菜由于生育期短，发育快，营养生长较弱，表现为根系弱，植株矮，分枝少，结角稀，单株生产能力低。

（三）耐寒力强

春油菜耐寒力虽不及冬油菜，但在春播作物中，耐寒力仍较强，适于早春播种，充分利用早春季节。

三、氮磷钾及微量元素对油菜生长发育的影响

（一）氮素对油菜的作用

氮、磷、钾三大营养元素中，油菜对氮的反应比对磷、钾元素敏感。氮素过量会出现茎叶徒长，结荚少，影响产量。施用氮肥一定要适时适量。油菜缺氮，蛋白质和叶绿素的合成受抑制，体内代谢失调，生长发育受阻碍。外部形态上表现出生长缓慢，植株矮化，叶黄绿色，叶片变薄，分枝很少，早衰，产量低，品质差。氮素施用过多，油菜作物的叶片肥大而厚，植株柔嫩，细胞壁薄，茎秆柔软，容易引起倒伏，易感染病虫害。茎叶发生徒长，生育期推迟，这种现象就是人们常说的"贪青晚熟"。氮素过多，地上部分生长旺盛，对根的养分供应减少，根系生长受抑制。

（二）磷素对油菜的作用

油菜缺磷时，根系发育不良，植株生长缓慢，分枝少，角果少，秕粒增多，品质下降。缺磷表现为叶片生长缓慢，体内糖代谢受阻，产生较多的花青素，叶色由原来的暗绿色逐渐变为紫红色。但是油菜缺磷比缺氮表现得迟，油菜磷素的临界期在幼苗期，磷肥须早施。磷肥施用过量，吸收的磷素增多，呼吸作用增强，消耗养分多，引起代谢失调，生长受阻。叶片变厚、变脆，节间短，营养生长失调，油菜过早成熟，导致产量下降，所以磷素施得过多也达不到优质、高产的目的。

（三）钾素对油菜的作用

钾是作物营养三要素之一。钾与细胞的生命活动有关，大多存在于体内生命力很强和幼嫩的部位，如幼芽、幼叶、根尖等处。作物体内的钾大多是离子状态。钾素主要有如下作用。

一是提高光合作用时许多酶的活性，增加同化二氧化碳的数量，促进光合作用及碳水化合物的运输和积累，提高作物产量和品质。如钾素可以提高油菜的产量和含油量。

二是能增强油菜对氮素的吸收利用，有利于发挥氮素的作用和合成更多的蛋白质，促使油菜生长健旺。

三是能提高油菜的抗逆性。钾素能提高油菜体内糖类的浓度，增强细胞液的渗透压，因而可以增强油菜的耐寒性。钾素能使原生质胶体保持一定的黏滞性和渗透性，增强根系和原生质胶体的吸水力，减少水分的散失，提高油菜的耐旱能力。钾素还能促进维管束的发育，使厚角组织加厚，促进油菜茎秆粗壮、坚实，增强油菜抗倒伏和抗病虫的能力。

钾素不足会影响碳水化合物的运输和积累，影响油菜的产量和品质，油菜的抗寒、抗旱、抗倒伏、抗病虫害的能力减弱。油菜缺钾在外部形态上表现为叶片发黄而干枯，尤其在老叶上表现最明显。这是因为钾素在油菜体内的活动性大，缺钾时体内的钾素首先由老的部分传递给幼嫩部分，继续缺钾时老叶子因得不到足够的钾而发生卷曲或出现皱纹、褐斑，严重时叶子边缘枯死。但是，油菜缺钾症状比缺氮、磷的症状出现得迟，一般到油菜的中、后期较明显地表现出来。由此说明，当土壤氮、磷、钾3种元素缺乏的情况下，油菜首先出现缺氮、缺磷的症状，然后出现缺钾的症状。由于钾离子与铵、钙、镁离子间有拮抗作用，土壤中钾素过多，就会减少油菜对这些营养元素的吸收，使油菜体内营养元素间平衡失调，影响油菜正常的生长发育。

（四）微量元素对油菜的作用

微量元素主要包括硼、锰、钼、锌、铁、铜。微量元素是油菜体内许多酶和维生素的主要成分。酶是一种生物催化剂，它对油菜体内的许多生理生化过程起着催化作用，所以土壤中各种微量元素的含量，直接影响到油菜的生长发育和产量。

（1）硼（B）　对油菜的花粉、子房等繁育器官的发育十分重要。硼能增强作物的光合作用，促进根系发育，提高油菜抗病、抗旱能力，提高油菜产量，改善品质。缺硼时，油菜的根系发育不良、生长点萎缩等，特别是油菜开花不正常或光开花不结实；双子叶作物（油菜、甜菜）对硼的需要量比单子叶作物（小麦、青稞）的需要量大。施用硼肥后，双子叶作物的增产效果比单子叶的小麦等作物的增产效果显著。油菜是需硼较多的作物，但施用要适量，如果硼肥施用得过量，就会使与油菜轮作的豆科作物受伤害。

（2）锰（Mn）　是细胞呼吸作用的接触剂，对叶绿素的合成有促进作用。锰充足有利于油菜体内碳水化合物运输和蛋白质合成，能促进油菜等种子的萌发和幼苗的生长。油菜缺锰也会出现失绿症，一般是叶脉间失绿，严重缺锰时，失绿部分发生干枯。

（3）钼（Mo）　是固氮酶的成分之一，它能促进根瘤菌和其他固氮微生物对空气中氮素的固定。钼充足时，油菜体内叶绿素和维生素C的含量增加，酶的活性增强，促进作物发育和早熟，提高油菜抗逆性，提高产量和氮、磷含量。若是土壤中的钼过量很可能引起油菜对钼的吸收，人若是食用含钼过量的油菜，可引起中毒。

土壤缺钼，油菜生长不良，植株矮小，叶片失绿，特别是叶脉间的组织失绿最明显。叶面出现黄绿色或橘红色的斑点，叶片边缘卷曲甚至枯萎，种子不饱满，品质下降。油菜对钼较敏感。

（4）锌（Zn）　是组成酶的成分之一，参与油菜体内的新陈代谢过程。

（5）铁（Fe）　是形成叶绿素不可缺少的元素，又是固氮酶等许多酶的组成成分。铁与油菜的光合作用和呼吸作用密切相关。

缺铁的症状主要表现在幼嫩部位，叶片由浅绿色变为灰绿色，叶片上出现棕色斑点。严重缺铁时，整个叶片枯黄、发白或脱落，甚至整枝叶片全部脱落。

（6）铜（Cu）　是植物体内多种酶的成分，参与体内的氧化还原过程和呼吸作用，它还影响蛋白质和糖的代谢，影响叶绿素的形成等。铜主要存在于生长活跃的细胞中，缺铜对种子的形成、幼叶的生长影响很大。缺铜植株生长瘦弱，新生叶发黄，叶尖发白卷曲，叶片上出现坏死的斑点，分蘖减少，穗扭曲变形，不结实或秕粒增加。

第三节　油菜优良品种

一、杂交油菜品种

（一）青杂 7 号（249）

（1）品种来源　青海省农林科学院用 144A×1244R 选育的油菜品种，是春性甘蓝型油菜细胞质雄性不育三系杂交种。

（2）特征特性　株高 136.5 厘米，一次有效分枝数 4.1 个，单株有效角果数为 139 个，每角粒数为 28.3 粒，千粒重为 3.81 克。菌核病发病率 13.07%，病指为 3.13%。平均芥酸含量 0.4%，饼粕硫苷含量 19.25 微摩尔/克，含油量 48.18%。在青海省海拔 2 800 米左右区域种植，春油菜区早熟甘蓝型油菜主栽品种，一般平均亩产 187 千克左右，比青杂 3 号增产 9%。

（3）生产能力及适宜地区　适宜在青海、甘肃、内蒙古、新疆等高海拔、高纬度春油菜主产区种植。

（4）栽培技术要点　4 月初至 5 月上旬播种，条播为宜，播种深度 3~4 厘米，每亩播种量 0.4~0.5 千克，每亩保苗 3 万~3.5 万株；底肥每亩施磷酸二铵 20 千克、尿素 3~5 千克，4~5 叶苗期每亩追施尿素 1.5~3 千克；及时间苗、定苗和浇水；苗期注意防治跳甲和茎象甲，花角期注意防治小菜蛾、蚜虫、角野螟等害虫和菌核病为害。

（二）青杂 4 号（025）

（1）品种来源　青海省农林科学院用品种 025A×238R 选育而成的油菜品种。

（2）特征特性　青杂 4 号属甘蓝型春性特早熟杂交油菜品种，全生育期 120 天左右。株高 142~148 厘米，有效分枝部位 20~25 厘米，一次有效分枝数 4~6 个，二次分枝数 5~7 个，主花序长 60~70 厘米，角果长 5.5~8 厘米，单株有效角果数 146~166

个，单株产量 7~9 克，每角粒数 22~27 粒，千粒重 3.2~3.6 克。植株呈帚形，匀生分枝。籽粒中含油量 45.15%，油中芥酸含量 0.75%，饼粕硫苷含量 30.60 微摩尔/克。区域试验平均亩产 178.5 千克，比浩油 11 号增产 28.59%；生产试验平均亩产 166.12 千克，比浩油 11 号平均增产 32.62%。

（3）生产能力及适宜地区　适宜在青海省东部农业区海拔 3 000 米以下、年均温 1 ℃以上的高位山旱地种植。

（4）栽培技术要点　播前亩施纯氮 4.6 千克、五氧化二磷 2.67 千克作底肥。适宜播期为 4 月下旬至 5 月初，条播，亩播量 0.75~1 千克，播深 3~4 厘米，行距 15~20 厘米，亩保苗 5 万~6 万株，成株数 4.8 万~5.8 万株。出苗期注意防治跳甲和茎象甲，及时间苗、定苗，定苗和除草时追施纯氮 4.6 千克，角果期要注意防治蚜虫。

（三）青杂 2 号（303）

（1）品种来源　青海省农林科学院用品种 105A×303R 选育而成的油菜品种。

（2）特征特性　青杂 2 号属甘蓝型春性杂交油菜品种，该品种抗倒伏能力强，耐菌核病，全生育期 140 天左右，株高 160~185 厘米，一次有效分枝 10.5 个，单株角果数 236.5 个，角粒数 25.7 粒，千粒重 3.5~4.0 克。含油量 46%，芥酸含量小于 1%，每克含硫苷 28.12 微摩尔，双低性状达国际标准。适宜在川水和海拔 2 750 米以下的浅山和半浅半脑山地区种植，成熟期与青油 14 号相近，一般亩产 240~300 千克，最高亩产可达 300 千克以上，比青杂 1 号增产 12% 以上，比青油 14 号增产 28% 以上，具有低芥酸、低硫苷和抗病性强等特性。

（3）生产能力及适宜地区　适宜在甘肃、内蒙古、新疆、青海等地无霜期较长的油菜产区种植。春季播种，秋季收获。

（4）栽培技术要点　要求土壤疏松，肥力中上，在浅山旱地适时多用磷肥，在水地氮肥用量比一般品种稍大些，N∶P=1∶0.93；水地适宜播期为 3 月下旬至 4 月中旬，旱地为 4 月中旬至 4 月下旬，条播，播种量 0.35~0.4 千克/亩，播种深度 3~4 厘米，株距 29 厘米，每亩保苗 1.3 万~3 万株，成株数 1 万~2 万株/亩。出苗期注意防治跳甲和茎象甲，及时间苗，4~5 叶期至花期要及时浇水、追肥，种肥每亩施纯氮 4.6 千克、五氧化二磷 2.65 千克，追肥每亩施纯氮 4.6 千克，角果期注意防治蚜虫。

（四）青杂 5 号（305）

（1）品种来源　青海省农林科学院用品种 105A×1831R 选育而成的油菜品种。

（2）特征特性　青杂 5 号属甘蓝型春性杂交油菜品种，全生育期 140 天左右，株高 171 厘米左右，分枝部位 62 厘米左右，匀生分枝。平均单株有效角果数 221.2 个，每角粒数 25.7 粒，千粒重 4.5 克。对菌核病有较强的抗性。油中芥酸含量 0.25%，硫苷含量 18.56 微摩尔/克，油菜籽含油量 45.23%。区域试验平均亩产 252.6 千克，比青杂 1 号增产 8.46%，比青油 14 号增产 20.91%。

（3）生产能力及适宜地区　适宜在内蒙古、新疆、青海、甘肃等地低海拔地区春油菜产区种植。春种秋收。

（4）栽培技术要点　适时早播：适宜播期为 3 月下旬至 4 月下旬，条播，每亩播种量 0.35~0.4 千克；合理密植，播种深度 3~4 厘米，株距 25~30 厘米，每亩保苗 1.5

万~2.5万株。每亩底施磷酸二铵20千克、尿素4~5千克。及时间苗、定苗。苗期（4~5叶期）追施尿素每亩6~8千克。苗期注意防治跳甲和茎象甲，角果期注意防治蚜虫。

（五）青杂15号

（1）品种来源　是由青海省农林科学院用品种105A×4750R选育而成的油菜品种。

（2）特征特性　青杂15号属甘蓝型春性杂交油菜品种，全生育期约145天，比青杂5号晚熟3~5天。匀生分枝类型，秆硬抗倒伏，平均株高180厘米，分枝部位78厘米，有效分枝数9.6个。平均单株有效角果数248个，每角粒数24.4个，千粒重3.9克。其芥酸和硫苷含量达到国家双低标准，种子中含油量为44.16%，比青杂5号高1.33%。2017—2018年参加国家级油菜品种区域试验，产量均排名第一，平均亩产达246.47千克。

（3）生产能力及适宜地区　适宜在我国青海、甘肃、新疆、内蒙古、山西等地春油菜区种植。

（4）栽培技术要点　适时早播，适宜播期为3月下旬至4月下旬，条播，每亩播种量0.35~0.40千克；合理密植，播种深度3~4厘米，株距25~30厘米，每亩保苗1.5万~2.5万株；每亩底施磷酸二铵20千克、尿素4~5千克。及时间苗、定苗。苗期（4~5叶期）追施尿素每亩6~8千克。苗期注意防治跳甲和茎象甲，角果期注意防治蚜虫。

二、常规油菜品种

（一）青油21号

（1）品种来源　青海省海北藏族自治州（简称海北州）农业科学研究所、海北州种子管理站、海北州农业技术推广中心、门源种马场、青海高原种业有限公司提出申请。用品种（浩油11号×小日期）×小日期选育而成的油菜品种。

（2）特征特性　常规种，白菜型。子叶心脏形，叶色淡绿色，心叶黄绿色，无刺毛，幼苗半直立；裂叶，叶脉白，叶柄短，叶缘浅圆，蜡粉无；薹茎淡紫色，薹茎蜡粉无，薹茎无刺毛，全抱茎。植株整齐，株型紧凑，帚形，匀生分枝，平均株高（94.46±11.02）厘米，茎粗（0.49±0.17）厘米，有效分枝部位（23.55±15.56）厘米。芥酸含量10.31%，硫苷含量48.46微摩尔/克，含油量43.64%。中抗菌核病、病毒病、根腐病，耐寒性较强，抗旱性中等，抗倒伏性较强。

（3）生产能力及适宜地区　适宜在青海省年均温0.5℃以上高位山旱地、环湖农业区种植，春季播种。

（4）栽培技术要点　忌连作，秋后深翻20~25厘米，4月下旬至5月上中旬适期播种，采用机械条播，行距15~20厘米，播深2~3厘米。播前施腐熟有机肥1 500~2 000千克/亩、纯氮1.93~2.72千克/亩、五氧化二磷3.45~4.6千克/亩，播种量1.5~2千克/亩。保苗：高位山旱地17万~20万株/亩，中位山旱地15万~18万株/亩。田间早追肥，苗期结合降雨或中耕除草追施纯氮1~2千克/亩，中耕除草1~3次，有灌溉条件的可在苗期、蕾薹期浇水1~2次。

（二）北油 4 号

（1）品种来源　是由青海省海北州农业科学研究所、海北州农业技术推广中心提出申请，用品种浩油 11 号×冬白选育而成的油菜品种。

（2）特征特性　常规种，白菜型。子叶心脏形，幼茎淡紫色，心叶紫色，生长习性半铺，裂叶，叶绿色，叶脉绿色，刺毛多，叶柄短，叶全缘，蜡粉少；薹茎紫绿色，薹茎无刺毛，全抱茎；植株整齐，株型紧凑，帚形，匀生分枝，株高 104.32 厘米，有效分枝部位 26.31 厘米，一次有效分枝数 3.45 个，二次分枝数 2.3 个。芥酸含量 26.8%，硫苷含量 47.5 微摩尔/克，含油量 42.1%。中抗菌核病、病毒病、根腐病，耐寒性较强，抗旱性中等，抗倒伏性较强。

（3）生产能力及适宜地区　适宜在青海省年均温 0.5 ℃ 以上环湖农业区、柴达木盆地白菜型油菜区种植。春季播种。

（4）栽培技术要点　秋后深翻 20～25 厘米，4 月下旬至 5 月上中旬适期播种，采用机械条播，行距 15～20 厘米，播深 2～3 厘米。播前施腐熟有机肥 1 500～2 000 千克/亩、纯氮 1.93～2.72 千克/亩、五氧化二磷 3.45～4.60 千克/亩，播种量 1.5～2.0 千克/亩。保苗：高位山旱地 17 万～20 万株/亩，中位山旱地 15 万～18 万株/亩。田间早追肥，苗期结合降雨或中耕除草追施纯氮 1～2 千克/亩，中耕除草 1～3 次，有灌溉条件的可在苗期、蕾薹期浇水 1～2 次。

第四节　油菜栽培技术

湟中区栽培的油菜主要有白菜型和甘蓝型。甘蓝型油菜种植面积达 98% 以上，是湟中区油菜的主要栽培类型。近 10 多年来，随着甘蓝型油菜杂交种子的引种推广，甘蓝型杂交油菜种植面积逐年扩大，已基本代替了甘蓝型油菜常规种。特别是特早熟甘蓝型油菜杂交种的引种推广，甘蓝型油菜种植区域进一步扩大。白菜型油菜在 2 800 米以上的高海拔地区小面积种植。

一、甘蓝型油菜栽培技术

（一）精细整地，轮作倒茬

油菜种子小，顶土能力弱。整地的质量对出苗、根系发育和培育壮苗影响很大。一般采取冬灌、春灌和打土保墒的方法，达到坷垃细小，土壤平整疏松。

油菜不宜连作，也不宜在种过十字花科作物的地块上种植。长年连作时病虫草害发生严重，土壤肥力下降，养分失去平衡。因此，为了减轻病虫草害的发生，提高土壤肥力，实行合理轮作。较为理想的轮作作物为小麦、青稞、马铃薯。

（二）选用良种

选用良种，是夺取油菜高产稳产的基础，也是一项经济有效的增产措施。湟中区川水、浅山、低海拔的脑山地区均适宜种植青杂 5 号、青杂 2 号、青杂 15 号，高海拔脑山地区适宜种植青杂 3 号、青杂 7 号。

（三）甘蓝型油菜需肥规律和施肥技术要点

1. 甘蓝型油菜的需肥量

甘蓝型油菜生育期需肥量大，产量高，需氮、磷量相当于小麦的 1 倍，需钾量相当于小麦的 2 倍，生产 100 千克杂交油菜籽需氮 4.8 千克、五氧化二磷 2.51 千克、氧化钾 5.45 千克。

2. 甘蓝型油菜营养特点

（1）氮　甘蓝型油菜苗期吸收氮约占全生育期的 40%，现蕾抽薹期占 45%，开花到成熟期占 15%，杂交油菜施氮可增加叶面积、角果数，改善品质，在一定范围内施氮量与产量呈正相关。缺氮时，植株长势弱小，单株有效分枝、有效角果数减少，千粒重下降。但氮素施用过多，会加重病害发生，且油分含量降低，易倒伏。

（2）磷　甘蓝型油菜苗期需磷量占全生育期的 20%，现蕾抽薹期需磷量占全生育期的 21.7%，开花到成熟期占全生育期的 58%。油菜苗期是磷养分的临界期。开花初期是磷养分吸收的高峰期。磷元素对油菜的根系发育、生殖生长有促进作用，可提高角果数和粒数，增加千粒重。适当根外追施含磷速效养分，对油菜后期生殖生长以及增加产量有一定的促进作用。

（3）钾　甘蓝型油菜在苗期需钾量占全生育期的 25%，现蕾抽薹期需钾量占 54%，开花到成熟期需钾量占 21%。钾能促进油菜植株生长健壮，叶长、叶宽；促进早抽薹，增加角果数；促进氮、磷养分的吸收运输，增强抗病抗倒伏能力。

3. 甘蓝型油菜的施肥时期及方法

甘蓝型油菜施用有机肥料有十分显著的增产作用，和氮、磷化肥合理搭配，适当根外追施磷酸二氢钾，无论从经济效益上，还是从增产效果、改善品质、增加油脂含量方面都起着重要的作用。

在生产上，湟中区种植的甘蓝型杂交油菜施肥量相对常规油菜施肥量要大。一般氮肥 70% 用作底肥，10% 用作种肥，20% 用作追肥。

（1）基肥　针对甘蓝型杂交油菜需肥量大的特点，生产上要以基肥为主。施足底肥，可使油菜前期早发、中期稳长、后期不早衰。亩施商品有机肥 100~200 千克，并配合适量磷酸二铵 10~12 千克、尿素 10~12 千克或 35% 油菜配方肥 30~40 千克（表 2-1）。其中，氮肥可占总施肥量的 60%~70%。苗期是油菜需磷的临界期，所以施足基肥和磷肥是油菜增产的关键措施。油菜根系具有趋肥性，施肥不宜过浅，否则影响根系向深处生长，不利于根系的发育和吸收养分，同时使植株的抗旱、耐寒力减弱，延缓幼苗生长。

（2）种肥　施用种肥是一项集中施肥、节约用肥、提高肥料利用率的好方法。一般亩施尿素和磷酸二铵各 2.5 千克作种肥，机械条播。

（3）追肥　根据油菜吸肥快，需肥量大的特点。3~4 叶期结合中耕除草，每亩追施 2~3 千克尿素；现蕾至开花初期，每亩用磷酸二氢钾 0.1 千克加尿素 0.2~0.3 千克或有机叶面肥叶面喷施 2~3 次；油菜开花期用硼砂配成含硼量 0.2% 的水溶液在傍晚喷施，具有明显的增产效果。

表2-1　油菜配方肥推荐表　　　　　　　　　　　　　单位：千克/亩

生态区	目标产量	施肥量（纯量）			化肥配方用量						
					配方一			配方二			配方三
		氮	五氧化二磷	氧化钾	尿素		磷酸二铵	尿素		过磷酸钙	配方肥
					基肥	追肥		基肥	追肥		
川水地区	250~300	7.59	7.32	2.5	10	2.0	16.0	13.5	3	61	50
浅山地区	200~250	6.67	7.20	2.5	8	2.5	15.5	11.5	3	60	48
脑山地区	200~250	5.06	6.96	2.5	8	0.0	10.0	11.0	0	58	46

注：本表施肥量是在亩施农家肥 3~4 米³ 的基础上确定的，上述配方中除尿素外其他肥料均为基肥，在生产过程中可根据地块肥力状况适当调整肥料用量。

（四）适期早播，合理密植

播种期对油菜的生长发育和产量有很大的影响，适宜的播期能使油菜充分利用光温条件获得高产。从不同播种时期和生育天数来看，播种越迟，全生育期越短，特别是出苗到现蕾的时间缩短。油菜苗期时间越长，其花序花芽分化就越充分，数量就越多，从而为增产打下坚实的基础。以当日平均气温稳定在 2~3 ℃时播种为宜，一般川水、浅山地区 3 月中下旬、半浅半脑山地区 3 月下旬、脑山地区 4 月上旬播种。播种方式采用分层施肥条播或旱作沟播技术，亩下籽量为 0.2~0.4 千克，播深 2~3 厘米，行距 25~30 厘米。一般水地肥力较高地块亩保苗 1.3 万~1.5 万株，肥力较低地块亩保苗 1.5 万~1.8 万株，旱地肥力较高的地块亩保苗 1.8 万~2.0 万株，肥力较低的地块亩保苗 2 万~2.3 万株。

（五）田间管理

1. 间苗、定苗

间苗、定苗是合理密植的主要手段。要求早间苗、定苗，以达到合理密植，改善幼苗营养生长的条件。川水地区当油菜长至 3~4 片真叶时结合中耕除草进行一次性间苗、定苗。旱地幼苗 4~5 片真叶时，可一次性进行间苗、定苗。间苗要留壮间弱、留大间小、留匀间密、留纯间杂。在间苗的同时对缺苗地块进行带土移栽补苗。

2. 中耕除草

中耕除草可达到灭草、疏土，改善土壤理化性状，提高地温，促进根系发育，培育壮苗的目的。一般中耕除草结合追肥和间苗、定苗同时进行。

3. 病虫害防治

油菜植株枝繁叶茂，幼嫩多汁，在生育过程中，易遭受茎象甲、跳甲、露尾甲、小菜蛾、甘蓝夜蛾、角野螟、油菜蚜虫和菌核病、霜霉病等多种病虫的为害。在防治时必须遵循"预防为主，综合防治"的原则。农业防治、物理防治、生物防治有机结合起来，选用高效、低毒、低残留的农药，减少农药的残留，采用 2~3 种农药交替防治的方法，提高油菜各种病虫害防治的效果。农药使用须严格执行《绿色食品 农药使用准则》。

4. 合理灌水

（1）苗水 在4~5叶期，结合间苗、追肥浇苗水。此时浇水对油菜花序花芽分化和培育壮苗有重要作用。

（2）蕾薹水 甘蓝型油菜现蕾至开花阶段，气温上升快，主根生长迅速，薹茎生长加快，是需水量最大的时期，应及时进行浇水，以增加分枝数和角果数。

（3）角果水 现蕾后营养生长和生殖生长都比较旺盛，是分枝、开花、角果发育的主要阶段，此时浇水，对提高结果率、增加角粒数有显著作用。油菜终花后至成熟期需水相对较少，为增加粒重，根据降雨和土壤墒情进行浇水。

（六）适时收获

油菜人工收获的适宜时期是全田80%角果呈黄色。收获过程中力争做到"四轻"，即轻割、轻放、轻捆、轻运，做到及时打碾，以防裂角落粒，减少损失。

油菜机械联合收获的适宜时期是全田90%以上角果外观颜色全部变黄色或褐色、成熟度基本一致的情况下进行。

二、白菜型小油菜栽培技术

（一）秋深翻蓄水保墒

种植小油菜的地块，在前茬作物收获后，为熟化土壤，接纳雨水，应及时深翻20厘米，深翻后晒垡15~20天并耱地收墒。

（二）播前灭草，精细整地

为减轻杂草为害，播前用氟乐灵进行土壤处理，并及时浅耕耱地，做到土壤疏松平整。

（三）增施基肥，合理搭配氮磷化肥

根据小油菜生育期短、需肥较多的特点，必须施足底肥，以满足植株健壮生长。亩施商品有机肥150~200千克、尿素5千克、磷酸二铵6~8千克。

（四）选用良种，实行早播、条播

选用早熟、抗病性强、产量高的青油241小油菜品种。小油菜适宜在立夏前即4月下旬至5月上旬播种。地势平坦的地块可采用条播或沟播。

（五）合理密植

小油菜的种植密度直接影响到其产量。密度适宜时，根系发育好，枝叶繁茂，产量也高；密度过大时，由于根系和分枝生长受限制，植株营养面积小，产量低。小油菜亩下籽量1~2千克，亩保苗5万~6万株。

（六）田间管理

1. 间苗、除草

草荒是限制小油菜产量提高的一个阻碍因素，在除草技术上应采取人工除草和药剂灭草相结合的方法，达到灭草的目的。油菜3~4片叶时结合人工除草进行间苗，间苗时去除弱苗、拥挤苗、高脚苗，留叶片大、叶片多、叶色浓的强壮苗。

2. 药剂灭虫

为防止小油菜苗期受茎象甲和黄曲条跳甲为害，用药剂进行拌种后播种。在现蕾开花期，露尾甲成虫潜入油菜花蕾前用菊酯类药物进行喷雾防治。

3. 根外追肥

小油菜初花前对长势较差或出现缺肥症状的地块，每亩用尿素 0.2~0.3 千克加磷酸二氢钾 0.1 千克，兑水 30 千克叶面喷施或有机叶面肥叶面喷施 2~3 次。

（七）适时收获

油菜人工收获的适宜时期是全田 80% 角果呈黄色。收获过程中力争做到"四轻"，即轻割、轻放、轻捆、轻运，做到及时打碾，以防裂角落粒，减少损失。

油菜机械联合收获的适宜时期是全田 90% 以上角果外观颜色全部变黄色或褐色、成熟度基本一致的情况下进行。

三、油菜覆膜播种生产技术

（一）地形优选

选择地势平坦、排灌方便、耕层深厚、土壤肥力中上等水平、中性或微碱性地块。

（二）品种选择

选择抗病虫、抗逆性强、适应性广、品质优、丰产性好的杂交油菜品种。一般川水地区适宜种植青杂 2 号、青杂 5 号、青杂 15 号，浅山地区适宜种植青杂 2 号、青杂 15 号，脑山地区适宜种植青杂 7 号等品种。

（三）地膜选择

地膜厚度不小于 0.01 毫米，幅宽 1.2 米，膜卷紧实，两端紧实。

（四）播前灭草，精细整地

早春土壤解冻时进行机械深松整地作业；土壤湿度应能保证机具正常工作，含水量不超过 18%；表面无大块残膜、残茬、秸秆、杂草等，达到土壤地平、土细、墒足，上虚下实的待播状态。

（五）适时播种

以当地平均温度稳定在 2~3 ℃ 时播种为宜，一般川水、浅山地区在 3 月中下旬、半浅半脑山地区 3 月下旬、脑山地区 4 月上旬播种。

（六）精量覆膜播种

1. 播种量

油菜常规播种量在 0.4 千克/亩，根据近几年的生产经验，采用机械播种，播种量控制在 0.15 千克/亩左右，有利于节约种子，最适宜基本苗为每亩 2.0 万~2.5 万株。

2. 施肥

结合机械播种作业机械分层施肥，每亩施有机肥 100~200 千克、35% 油菜配方肥40 千克。

3. 播种方式

在肥料箱加入油菜配方肥 40 千克/亩，种箱加入经过低毒、低残留、高效药剂拌种的种子 0.15 千克/亩。采用 2MBJ-1/4 型油菜机械式精量铺膜播种机，能够同时完成种床整形、分层施肥、覆膜、膜上穴播、膜边覆土、机械上土压膜和种行镇压等作业工序。

4. 田间管理

同本节"（五）田间管理"，具体见第三十九页。

（七）适时收获和贮藏

收获时期见本节"（六）适时收获"，具体见第四十页。收获的油菜籽必须晒干或烘干，水分含量低于 8% 以下时贮藏。

第五节　油菜全程机械化生产技术

油菜全程机械化生产技术中对春油菜生产种子处理、机械施肥、机械播种、机械植保、机械收获、秸秆处理等生产环节进行技术规范。

一、技术路线

油菜全程机械化生产技术路线流程为：播前准备→机械整地→播种→田间管理→收获（分段、联合）。

二、技术要点

油菜全程机械化生产技术中耕、播、保、收主要环节相互联系、相辅相成。结合当地实际技术规范参考落实，保证油菜生产取得更好的经济效益。

三、播前准备

（一）品种选择

各地应结合当地生态条件、耕作制度等因素，选择具有抗倒伏、抗裂角、抗病、株型紧凑等适合机械化作业特性的油菜品种作为主推品种。

（二）种子要求与处理

（1）种子要求　选用优质种子，要求种子水分不高于 9%；甘蓝型油菜种子纯度不低于 85%，白菜型油菜种子纯度不低于 95%；净度不低于 98%；甘蓝型油菜发芽率不低于 85%，白菜型油菜发芽率不低于 85%。

（2）种子处理　播种前种子进行药剂拌种处理，预防油菜病虫害发生。油菜拌种要求随拌随播，不得多拌积压，避免药肥烧种子造成弱苗。

四、播前整地

由于油菜种子籽粒较小，整地的质量直接影响着油菜出苗和根系发育。做好播前整地作业，包括深耕、深松、旋耕等，整地后达到土壤平整、疏松；有条件的地区采用深松联合整地作业；使用少、免耕播种的地块应做好播前灭茬和地表处理，确保免耕播种机具顺利作业。

五、播种

（一）播种期

甘蓝型春油菜播种提倡一个"早"字，日平均气温稳定在 2 ℃以上时即可播种。湟中区河湟灌区一般在 3 月中下旬、山旱地在 4 月上中旬播种为宜。

白菜型油菜适宜在立夏前，即 4 月下旬至 5 月上旬播种。

（二）播种方式与机具选择

1. 露地种植方式

应根据土壤墒情、前茬作物品种，选择具有一次完成开沟、施肥、播种等多种工序的分层施肥条播机、沟播机或少、免耕油菜播种机；有条件的地区可以使用精播机具进行油菜精播。按照机具使用说明书要求进行作业。播种作业质量应符合技术标准要求：漏播率≤2%，播深 1~3 厘米。

2. 地膜覆盖种植方式

播种机具选用油菜精少量铺膜播种机。一是选用先整地、施肥，后机械铺膜播种机具；二是选用整地、施肥、铺膜、播种一体机作业。

（三）种植密度

1. 甘蓝型油菜

采用分层施肥条播、旱作沟播和免耕播种。依据品种特性和水肥条件确定种植密度，中晚熟品种亩保苗 2.5 万~3 万株，早熟品种亩保苗 3 万~3.5 万株。为便于机械化收获，采取喷施多效唑等化学药剂控制植株高度，减少分枝，确保成熟度一致。

2. 白菜型油菜

以种肥混播为主，根据种植区域分布及农艺要求亩保苗 6 万~10 万株。

六、田间管理

（一）施肥

根据不同的土壤类型、不同肥力基础采取配方平衡施肥和叶面追肥分期施肥相结合的方式。

（二）机械植保

根据田间病虫害发生情况，利用高性能喷药机械、植保无人机进行病虫害防治、追施叶面肥。

1. 机械除草

采用播前整地除草和苗期中耕除草相结合的办法，防止草害发生。实施油菜精播和使用 GPS 定位精准条播的田块，配套采用机械化中耕除草效果更佳。

2.病虫防治

防治原则为及时调查、掌握病虫发生发展规律，把病虫消灭在初发期，治早治小，提高药效，节约成本。使用喷雾机、植保无人机，按照机具操作规范和病虫害发生情况，适时喷药防治。

七、收获

（一）收获方式与机具选择

油菜收获分为联合收获和分段收获两种方式。各地应根据油菜种植方式、气候条件、种植规模、田块大小等因素因地制宜选择适宜的收获方式。

1.甘蓝型油菜

（1）联合收获法　油菜联合收割机配备侧立刀切断装置，能一次完成切割、脱粒和清选等工作。联合收割机作业前，需对割台主割刀位置、拨禾轮位置和转速、脱粒滚筒转速、清选风量、清选筛等部件和部位适当调整。

（2）分段收获法　先将油菜割倒，晾晒后期成熟后，再进行配有带捡拾收获功能的机械作业。适宜的收获时机可以获得较好的收获效果，收获期多雨或有极端天气的地区，采用分段收获安全性高。

2.白菜型油菜

主要选用联合收获法。

（二）收获时间选择

采用联合收获方式时，应在全田90%以上油菜角果外观颜色全部变黄色或褐色、成熟度基本一致的条件下进行。

采用分段收获方式时，应在全田油菜70%~80%角果外观颜色呈黄绿色或淡黄色，种皮也由绿色转为红褐色，采用割晒机进行割晒作业，割倒的油菜就地晾晒后熟5~7天（根据天气，晾晒时间可以再延长），成熟度达到95%后，用配有带式捡拾器的联合收割机进行联合收获，一次完成捡拾、脱粒及清选作业。

（三）作业质量要求

联合收割作业质量应符合总损失率≤12%、含杂率≤6%的要求，割茬高度应根据农户要求在10~30厘米，以不丢角为宜；分段收获作业割晒的油菜籽粒含水量为18%~19%时进行，质量应符总损失率≤12%、含杂率≤5%的要求。

（四）秸秆处理

油菜联合收获后残留秸秆暂时不做处理，可留在田间覆盖地表，等下季生产开始前期，将干枯的油菜秸秆用秸秆粉碎还田机粉碎后，进行旋耕或深松作业实现全量还田，以提高土壤有机质和肥力。

八、机具配备参考方案

农业机械配备是油菜生产实现全程机械化生产的重要物质基础，是各生产环节必不可少的设备，对提高生产效率、提升产品品质、增加经济效益都有直接的影响。综合考虑生产条件、机具性能、经济因素等合理配备，充分发挥机具效能，力求获得最好的综合经济效益。油菜全程机械化生产机具配备方案主要为有较大生产规模和较强经济条件的农业生产合作社及种植大户推荐机具配套方案。同时为增强适用范围，选择200亩的生产规模为配套单位（表2-2），成倍大于或接近成倍大于本生产规模时，可参照同比例增加相关机械设备。

表2-2　油菜全程机械化生产机具配备表

机具名称	技术参数与特征	数量	备注
拖拉机	四轮驱动69.9千瓦以上	1	
拖拉机	四轮驱动25.7~40.5千瓦	2	
整地机械	深松联合整地（旋耕机）	1（2）	配套33.1~69.9千瓦以上拖拉机
播种机	分层施肥条播机，沟播机或少、免耕播种机	2	配套25.7~40.5千瓦
铺膜播种机	机械铺膜精少量播种机	2	覆膜种植使用
植保机械	喷杆式喷雾机（植保无人机）	1（1）	
收获机	自走式籽粒型联合收割机	1	

第六节　油菜虫害

油菜是青海省的主要油料作物之一。其主要害虫有油菜茎象甲、黄条跳甲、菜粉蝶、小菜蛾、甘蓝夜蛾、油菜蚜虫、油菜露尾甲、角野螟等。

一、茎象甲

油菜茎象甲，属鞘翅目象甲科，俗称油菜象鼻虫，是油菜的重要害虫，分布于我国油菜产区。主要以幼虫在茎中钻蛀为害，成虫为害叶片和茎皮。除甘蓝型油菜受害严重外，白菜型油菜及十字花科蔬菜等亦常被害。

（一）形态特征

成虫：体长3~3.5毫米，灰黑色，密生灰白色绒毛。头延伸而成的喙状部细长，圆柱形。触角膝状，着生在喙部的前中部，触角沟直。前胸背板有粗刻点，中央有一凹线。每一鞘翅上各有10条纵沟。

卵：椭圆形，长0.6毫米，宽0.3毫米，乳白色稍带黄色。

幼虫：初孵白色，后变淡黄白色。体长6~7毫米，纺锤形。头大，黄褐色，无足。

蛹：裸蛹，纺锤形，乳白色略带黄色，长3~4毫米，土茧表面光滑，椭圆形。

（二）生活习性

一年1代，以成虫在油菜地四周的田边杂草下及田间土中越冬。翌年油菜出苗后，成虫开始迁至幼苗上为害叶片，幼虫期与油菜抽薹期一致，在茎中上下钻蛀为害。每一茎内，常有多头幼虫取食，将茎内吃成隧道，使髓部被蛀中空，受风吹易倒折。茎受害后，往往刺激膨大，丛生和扭曲变形，甚至崩裂。受害株的生长、分枝和结荚均受阻，促使早黄，籽粒不能成熟，或全株枯死。成虫有假死性，受惊落地不易被发现。深秋成虫潜入土中越冬。

（三）防治方法

1. 农业防治

清除田间残株、枯叶及杂草，消灭部分越冬成虫；合理轮作，实行油菜作物与麦类、豆类、马铃薯等作物倒茬轮种，可恶化其营养条件，减轻为害。

2. 物理防治

利用害虫对一些光谱的趋性和负趋性，诱杀趋避害虫。黄色粘虫板用于对黄色有趋性的茎象甲害虫进行诱杀，悬挂高度为超过作物 5~10 厘米，并随作物的生长而调整高度，每亩 20~25 张，茎象甲成虫出土活动而未产卵前，应及时扦插黄板。

3. 化学防治

用药剂拌种，使幼苗吸药带毒，防治茎象甲的为害选用菊酯类和其他低毒、低残留农药交替防治 2~3 次，间隔 7 天。茎象甲成虫出土活动而未产卵前，应及时开展成虫的防治。用药时注意从田边向田内围喷，防止成虫逃逸。

二、黄条跳甲

黄条跳甲主要有 4 种，即黄曲条跳甲、黄直条跳甲、黄窄条跳甲和黄宽条跳甲，俗称土圪蚤，均属鞘翅目叶甲科。以黄曲条跳甲和黄宽条跳甲数量较多，为害严重。主要为害油菜、白菜、萝卜、甘蓝、芥菜，有时也为害瓜类、甜菜及麦类作物等。成虫为害叶片，造成细密的小孔，使叶片枯萎，并可取食嫩荚，影响结实。幼虫蛀害根皮成弯曲虫道，使植株生长不良，影响产量和品质。

（一）形态特征

成虫：体长 1.8~2.4 毫米，椭圆形，黑色有光泽。头小，触角丝状，末端数节稍膨大，第一至第四节暗黄褐色，余黑褐色。前胸布满小刻点。鞘翅上各有 8 条纵行小刻点，中央具竖形黄色条纹。后足腿节膨大。黄直条跳甲成虫鞘翅上的黄纵条纹较直；黄宽条跳甲的黄纵条纹较宽；黄窄条跳甲的黄条纹窄而弯曲。

卵：椭圆形，长 0.3 毫米，淡黄色。

幼虫：体长 4 毫米，长圆筒形。头、前胸背板淡褐色。胸腹部黄白色，各节有小突起及刺毛。胸足 3 对，腹足退化。

蛹：裸蛹，长椭圆形，长 2 毫米，乳白色，腹部末端有一叉状突起，叉端褐色。

（二）生活习性

一年发生 3~5 代，以成虫在残株落叶或杂草丛中越冬。翌年春暖活动，早、晚和阴雨天潜伏叶背面、根部或土块下，晴天 10：00—13：00 和 16：00—17：00 活动最盛，善跳跃，大风时停止活动。

成虫有趋光性，对黑光灯特别敏感。食量大小与温度有关，10 ℃左右开始取食，

15 ℃时食量渐增，20 ℃时急增，32~34 ℃时食量最大，而 34 ℃以上时食量则急减，温度再度上升，就入土蛰伏。对低温抵抗力较强，-10 ℃处理 5 天，死亡率不超过 30%，成虫寿命平均 2~3 个月，最长可达一年多，形成世代重叠现象。卵产于根周围的湿润土内或须根上，多在 1 厘米处，最深 3 厘米。卵期 3~9 天，幼虫 3 龄，幼虫期 11~15 天，11 ℃以上开始发育，发育适温 24~28 ℃。初孵幼虫沿须根食向主根，剥食表皮。活动深度多在土内 4~5 厘米。老熟后，在 3~11 厘米的土内做土室化蛹。蛹期 14 天左右。

该虫对春季幼苗为害最重，常常把幼苗吃光，造成大面积油菜毁种重播。

（三）防治方法

1. 农业防治

消除田间残株、枯叶及杂草，消灭部分越冬成虫；合理轮作，实行油菜作物与麦类、豆类、马铃薯等作物倒茬轮种，可恶化其营养条件，减轻为害。

2. 物理防治

选用黄色粘虫板进行诱杀，悬挂高度为超过作物 5~10 厘米，并随作物的生长而调整高度，每亩 20~25 张。黄条跳甲成虫出土活动前，应及时扦插黄板。

3. 化学防治

跳甲成虫出土活动达到防治指标可选用菊酯类和其他低毒、低残留农药交替防治，用药时注意从田边向田内围喷，防止成虫逃逸，防治 2 次，间隔 7 天。

三、露尾甲

油菜露尾甲，又名油菜出尾甲，属鞘翅目露尾甲科。成虫和幼虫取食油菜花蕾、雄蕊和萼片，造成蕾、花枯干死亡，不能正常结荚，以成虫为害最重。此外，也为害其他十字花科植物、胡萝卜、红花、向日葵、果树等。

（一）形态特征

成虫：体长约 3 毫米，扁平椭圆形，黑色，有蓝绿色金属光泽。触角褐色，9 节，端部 3 节膨大成锤状，可放入头下侧沟中。足红褐色，前足胫节有小锯齿。鞘翅短，末端较平，不能全部覆盖尾节，上有不整齐的浅刻点。

卵：长约 1 毫米，椭圆形，白色，表面光滑。

幼虫：幼虫有 4 龄，初孵幼虫灰白色，头部褐色，成长幼虫长 4~5 毫米，头部黑色，胸、腹部白色，前胸背板有 2 块褐斑，其余各节也有褐色小疣，疣上有毛。

蛹：离蛹，蜡白色，尾端分叉，翅芽达第五腹节，羽化前变黄色，以后变暗黑色。

（二）生活习性

青海省一年发生 1 代，以成虫在残株落叶或土壤中越冬。翌年 5 月上旬开始在杂草花上活动取食，5 月下旬油菜始蕾期大量迁入油菜田。成虫喜在未开放的十字花科植物花蕾中产卵，贴附在雄蕊上，6 月是为害盛期，花中可见大量卵和幼虫，幼虫约经 20 天老熟，落土中做室化蛹，8 月下旬羽化，成虫在晚熟油菜上取食为害，至 9 月中旬全部进入越冬。

（三）防治方法

1. 农业防治

清洁田园，消除田间枯枝、落叶，铲除杂草；合理轮作，实行油菜作物与麦类、豆类、马铃薯等作物倒茬轮种，可恶化其营养条件，减轻为害；调整播种期，避开成虫为害盛期。

2. 物理防治

选用蓝色粘虫板进行诱杀，蓝色粘虫板用于诱杀露尾甲成虫，蓝板最佳悬挂高度为超过作物 5~10 厘米，并随作物的生长而调整高度，每亩 20~25 张，在油菜现蕾期，成虫集中在杂草上为害或大量成虫侵入油菜田而未产卵时进行防治。

3. 化学防治

在油菜开花前，成虫集中在杂草上为害或大量成虫侵入油菜田而未产卵时，可选用菊酯类或其他低毒、低残留农药交替喷雾防治，防治 2 次，间隔 7 天。

四、小菜蛾

小菜蛾，又名菜蛾、小青虫。属鳞翅目菜蛾科。为世界性害虫，我国各地都有分布。1975 年、1998 年在青海省湟中、湟源等地曾经大量发生，形成灾害。幼虫食害十字花科菜类，叶片成孔洞或缺刻，在油菜和留种菜上啃食花梗、花器、荚果和籽粒，大发生时严重影响产量。

（一）形态特征

成虫：体长 6~7 毫米，翅展 12~15 毫米，体灰黑色，雄蛾颜色较雌蛾深。前翅前缘黄白色，密布暗褐色小点，雄蛾前翅后缘有 3 个曲波状淡黄色纵带，雌蛾此带呈灰黄色，停息时两翅折叠呈屋脊状，黄色带组成 3 个连串的斜方块。后翅灰紫色，翅缘有长毛。

卵：椭圆形，长约 0.5 毫米，扁平，淡黄色，表面光滑。

幼虫：有 4 龄。老熟时体长 10~12 毫米，淡绿色，纺锤形，稀疏着生长而黑的刚毛，头部淡黄色，具许多褐色小点组成的两个"U"字形纹，臀足往后伸长，超过腹末。

蛹：体长 5~8 毫米，淡黄色，近羽化时渐变灰褐黑色。肛门附近有小钩刺 3 对，腹末有钩刺 4 对，丝茧纺锤形，很薄，蛹在茧内清晰可见。

（二）生活习性

青海省一年发生数代，以蛹在残株落叶间或杂草间越冬。10~40 ℃温度下均可生育繁殖。成虫春暖后出现，白天潜伏于植株间，夜间活动交尾和产卵，趋光性不强，吸食十字花科植物花蜜，卵多产在叶片背面凹陷处，以叶脉旁较多。油菜结荚期可产在荚上，卵多散产，每头雌虫产卵 10~400 粒。卵期 6~7 天，幼虫期 12~27 天，蛹期 9 天左右。非越冬代完成一代需 1 个月左右，世代重叠。幼虫活泼，受惊则迅速后退或吐丝下坠。幼虫老熟后在荚缝、老叶或植株下部荫蔽处结茧化蛹。温暖干燥气候，宜于菜蛾发生为害。降雨较多，有抑制其发生与为害的作用。

（三）防治方法

1. 农业防治

油菜收获后及时清除田间残株落叶，铲除杂草，进行深翻，消灭越冬虫蛹；实行油菜与麦类、豆类、马铃薯等作物倒茬轮作，可恶化其营养条件，减轻为害。

2. 物理防治

在油料生产基地每100亩安装1盏12瓦太阳能杀虫灯，利用害虫具有较强的趋光、趋波、趋色、趋性的特性原理，确定对害虫的诱导波长，诱杀对油菜造成为害的蛾类，从而大幅度降低害虫落卵量，压低虫口基数和密度，达到防治效果。

3. 生物防治

采用苏云金芽孢杆菌、苦参碱、金龟子绿僵菌等生物农药防治；每亩放置小菜蛾性诱剂3~5套，模拟雌性小菜蛾成虫释放的性信息素，配套诱捕器捕获前来"亲密赴会"的雄虫，降低雌虫交配繁殖机会，从而降低成虫密度，保护油菜免受小菜蛾的为害。

4. 化学防治

掌握在孵卵盛期或2龄幼虫期前喷药，防治效果明显。用菊酯类或其他低毒、低残留农药交替喷雾防治2~3次，间隔7天。在甘蓝型油菜上用药时，为防止药液流失可加0.2%中性洗衣粉，以提高黏着力。

五、甘蓝夜蛾

甘蓝夜蛾在东北、华北、华东、西南等地区都有发生，为害甘蓝、白菜、油菜、甜菜、高粱、荞麦、烟草、棉花、亚麻、葡萄、桑等，食性较杂。以幼虫食害叶片。严重时可将叶片吃光。

（一）形态特征

成虫：体长约20毫米，翅展约40毫米，灰褐色，前翅竖纹和环纹较大，灰白色，外围黑色，楔纹呈黑环状，外有淡色区，外缘线波状，亚外缘线与外横线向下方色较淡，近翅顶前缘有3个小白点，缘毛褐色，间以淡色条纹，后翅基部淡色。

卵：馒头形，底径0.6~0.7毫米，初产黄白色，以后出现紫色圈纹，孵化前变为黑紫色。

幼虫：共有6龄。1龄体长约2毫米，灰黑色，2龄体长8~9毫米，黑绿色，1龄、2龄幼虫缺前两对腹足，行动像尺蠖。3龄体长12~13毫米，有4对腹足，深绿色，背面色深，呈现背线和亚背线，4龄以后体背为黑褐色。老熟幼虫体长26~40毫米，前端较细，后端较粗，头部黄褐色，有不规则褐斑，胴部背面黑褐色，散布灰黄色细点，腹面淡绿色，或淡黄褐色，背面及侧面具有灰白色不规则斑纹；背线及亚背线为白色，气门线和气门下线形成黄白色纵带，体背有马蹄形斑纹。

蛹：长约20毫米，红褐色，第一至第三腹节背面有细致刻点，第四至第六腹节后缘有深褐色横带1条，腹末略延长，黑褐色，着生红褐色粗刺1对，基部紧接，末端略弯。

（二）生活习性

一年发生2~4代，以蛹在土中越冬，4—6月羽化。成虫夜伏日出，趋糖性很强，卵成块产在叶背或叶脉附近，每块约有卵 145 粒，每头雌蛾可产卵 5 块。幼虫 2 龄前群集叶背取食叶肉，3 龄后分散，食量大增，多在夜晚取食。此虫发育适温 18~25 ℃，相对湿度 70%~80%，因此，温度过高有滞育现象。

（三）防治方法

1. 农业防治

油菜收获后及时清除田间残株落叶，铲除杂草，秋深翻，消灭越冬虫蛹；实行油菜与麦类、豆类、马铃薯等作物倒茬轮作，可恶化其营养条件，减轻为害；利用成虫的趋光性安装黑光灯诱杀成虫。

2. 物理防治

在油料生产基地每 100 亩安装 1 盏 12 瓦太阳能杀虫灯，利用害虫具有较强的趋光、趋波、趋色、趋性的特性原理，确定害虫的诱导波长，诱杀对油菜造成为害的蛾类，从而大幅度降低害虫落卵量，压低虫口基数和密度，达到防治效果。

3. 生物防治

采用苏云金芽孢杆菌、苦参碱、金龟子绿僵菌等生物农药防治。

4. 化学防治

在幼虫 3 龄期前喷药，用菊酯类或其他低毒、低残留农药交替喷雾防治 2~3 次，间隔 7 天。在甘蓝型油菜上用药时，为防止药液流失可加 0.2% 中性洗衣粉，以提高黏着力。

六、菜粉蝶

菜粉蝶，俗称菜白蝶、菜青虫等，属鳞翅目粉蝶科。广泛分布于我国各地，是十字花科植物上的主要害虫，幼虫为害油菜等十字花科植物叶片，造成缺刻和孔洞，严重时只留叶柄和叶脉。幼虫蛀入叶球中为害，影响蔬菜包心，虫粪污染菜心，降低产量和品质，为害形成的伤口，软腐菌常侵入，引起菜株腐烂。

（一）形态特征

成虫：体长 15~20 毫米，翅展 45~55 毫米，雌虫淡黄白色，微青，前翅基半部带灰黑色，顶角有 1 个三角形黑斑，黑斑内缘近直线形，中央外侧有上下黑斑两个，后缘有一黑带。雄蝶体色较淡，前翅仅基部和前缘带灰黑色，其他黑板较小而淡，无黑带。后翅前缘一黑斑。

卵：瓶形，长约 1 毫米，初产淡黄色，后变橙黄色，表面有纵横格纹。

幼虫：有 5 龄。3 龄时体长 5~10 毫米，头宽约 1 毫米。老熟时体长 28~35 毫米，头宽约 2 毫米，青绿色，腹面略淡，背线黄色，细而不显，背面密布小黑疣，上生细毛，气门环黑色，外围黄色，后方有一黄斑。

蛹：体长 18~21 毫米，头尾较尖，中端粗大，背有 3 个棱状突起。蛹色因附着物不同而有差异，一般附菜叶上化蛹者，常为青绿色或灰绿色，附于墙壁或林木枝干上化蛹者，常为灰黄色或暗绿色。

（二）生活习性

一年多代，我国由南向北，发生代数逐渐减少。以蛹在墙壁、砖石、杂草等处越冬。翌年 4 月出现成虫，白天活动，吸食花蜜，交尾产卵。喜在甘蓝、油菜等含芥子油的植物上产卵，每次产 1 粒，多产于叶片背面。春秋气温低，也产于叶正面。每头雌虫产卵 100~200 粒，卵期 3~8 天。幼虫期 15~20 天。初孵幼虫先吃掉卵壳，然后为害叶片，有吐丝下垂习性。气候温凉时昼夜为害，炎热时夜间取食，白天藏于叶背或菜心中。老熟时爬至适宜场所化蛹。蛹期 5~7 天。菜粉蝶世代重叠，同一时间可以见到各期虫态。

青海省春季一般干旱，夏季气温较高，虫口密度较低，故主要为害期在秋季。

该虫的卵、幼虫和蛹，都有多种天敌，如绒茧蜂、金小蜂、姬蜂、花蝽、猎蝽以及某些微生物等，它们对控制菜粉蝶的发生密度起一定作用。

（三）防治方法

1. 农业防治

油菜收获后及时清除田间残株落叶，铲除杂草，秋深翻，消灭越冬虫蛹；实行油菜作物与麦类、豆类、马铃薯等作物倒茬轮作，可恶化其营养条件，减轻为害。

2. 物理防治

在油料生产基地每 100 亩安装 1 盏 12 瓦太阳能杀虫灯，利用害虫具有较强的趋光、趋波、趋色、趋性的特性原理，确定害虫的诱导波长，诱杀对油菜造成为害的蛾类，从而大幅度降低害虫落卵量，压低虫口基数和密度，达到防治效果。

3. 生物防治

采用苏云金芽孢杆菌、苦参碱、金龟子绿僵菌等生物农药防治。

4. 化学防治

在幼虫 3 龄期前喷药，用菊酯类或其他低毒、低残留农药交替喷雾防治 2~3 次，间隔 7 天。在甘蓝型油菜上用药时，为防止药液流失可加 0.2% 中性洗衣粉，以提高黏着力。

七、蚜虫

油菜蚜虫主要有 3 种，即菜缢管蚜（萝卜蚜）、甘蓝蚜和桃蚜，俗称蜜虫、腻虫等，均属同翅目蚜虫科。

这 3 种蚜虫分布全国，菜缢管蚜喜在叶片多毛而蜡质少的作物上为害。如白菜型油菜、萝卜、白菜等。桃蚜寄主范围很广，不仅为害十字花科植物，也为害烟草、番茄、马铃薯及果树。甘蓝蚜主要为害叶片光滑而蜡质较多的甘蓝、甘蓝型油菜及菜花（花椰菜）等。

（一）形态特征

菜缢管蚜的有翅胎生雌蚜，体长约 1.6 毫米，头胸部黑色。触角第三节感觉圈有 10~25 个，排列不规则。腹部黄绿色，覆有薄蜡粉，两侧具黑斑，第一、第二腹节和腹管后各节的背面还有一黑色横纹，腹管淡黑色，圆筒形，近末端收缢成瓶颈状。尾片圆锥形，两侧各有长毛 2~3 根。无翅胎生雌蚜，体长 1.8 毫米，黄绿色，体被蜡粉较薄。触角第三节无感觉圈。腹管尾片同有翅胎生雌蚜。

甘蓝蚜的有翅胎生雌蚜，体长约 2 毫米，头胸部黑色。触角第三节感觉圈 37~50

个，成不规则排列。腹部淡黄绿色，被蜡粉，背面有条暗绿色横纹，两侧各具黑点 5 个。腹管很短，中部稍膨大，近端部收缩成瓶状，淡黑色。尾片圆锥形，两侧各有毛两根。无翅胎生雌蚜，体长约 2.5 毫米，暗绿色，疏被蜡粉，触角第三节无感觉圈，腹管，尾片同有翅胎生雌蚜。

桃蚜，体长 2 毫米。有翅型头胸部黑色，腹部淡暗绿色，背面有淡黑色斑纹。复眼赤褐色，额瘤发达。腹管黑色，很长，中部稍膨大，末端缢缩。尾片两侧各有长毛 3 根。无翅型全身绿色、橘黄色或赤褐色，并带光泽，其他特征与有翅型相似。

（二）生活习性

菜缢管蚜与甘蓝蚜为留守式蚜虫，终生在十字花科植物上生活。北方冬季以卵在窖藏的白菜上和田间油菜等蔬菜的枯叶背面越冬。

桃蚜为乔迁式蚜虫，有冬寄主和夏寄主。以卵在冬寄主蔷薇科果树，如桃、杏、李等枝条上越冬，有的卵可以在窖藏白菜上越冬。生长季节产生有翅蚜，迁移为害夏寄主如十字花科植物。

蚜虫为多代性害虫，温度较高，湿度适宜，缺少大雨或暴雨的季节，如果食物条件丰富，繁殖很快，能够在短期内虫口突增，常造成很大经济损失。

（三）防治方法

1. 农业防治

选用抗虫、抗病毒品种；清洁田园，结合间苗、定苗，除去有蚜株，秋季蚜虫迁飞前，清除残株落叶，降低越冬虫卵。

2. 生物防治

采用苏云金芽孢杆菌、苦参碱、金龟子绿僵菌等生物农药防治。

3. 化学防治

油菜苗期或抽薹期有蚜株率达 10% 时喷药，消灭蚜虫于点、片发生阶段。每亩用抗蚜威或啶虫脒喷雾防治。尽量避开花期喷药，以免发生药害。

八、角野螟

油菜角野螟（原名茴香薄翅野螟），因为害油菜的种荚，故取名油菜角野螟，属鳞翅目螟蛾科。主要为害白菜、油菜、萝卜、甘蓝、芥菜、茴香等作物。分布在河北、山东、江苏、陕西、宁夏、内蒙古、云南、青海、山西等地区。幼虫吐丝卷叶，取食心叶和种芽或食害采种株种荚，受害荚上出现孔洞。2006 年在湟中区川水、半浅半脑山地区不同程度地发生，特别在高位水地、山旱地发生十分严重，严重地块甚至绝收。降雨有抑制油菜角野螟发生的作用。

（一）形态特征

成虫：体长 11～13 毫米，翅展 28 毫米。下唇须上翘达额的前部，侧面各节的基部黄褐色，端部黄白色；下颚须细长，上翘内弯，白色微黄；额面平滑前倾，黄白色；触角丝状，黄褐色，背覆白鳞，腹面具纤毛。胸背黄白色，颈片较暗，肩片稍淡。腹部黄白色，前翅淡黄色，缘毛灰褐色。后翅白色微黄，外缘淡黄褐色，缘毛灰黄色，中段稍暗。

（二）生活习性

青海省一年发生1代，以老熟幼虫在2~3厘米土层中或禾本科杂草根系部结茧越冬。翌年6月上旬越冬幼虫蜕皮化蛹，6月中下旬角野螟的成虫羽化出土，成虫有趋光性，白天喜栖息在草丛或植株中，飞翔能力不强。多在夜间羽化，当天即可交配产卵，产卵期5~14天，交配后3~7天进入产卵高峰期，每头雌虫产卵20~300粒，排列成鱼鳞状，卵多产在十字花科幼嫩茎秆或果柄上。8月幼虫盛发，9月上中旬幼虫进入末龄，9月中下旬入土越冬。

多年重茬地、田间病残体多，虫害发生重；肥力不足、杂草丛生的田块，肥料未充分腐熟的田块易发生虫害。上一年秋、冬温暖、雨雪少，易发生虫害。高温气候有利于虫害的发生与发展。干旱、少雨，气温适宜（20~30℃），有利于虫害的发生与发展。

（三）防治方法

1. 农业防治

清除田块四周及田中的残枝落叶，集中烧毁，消灭部分越冬虫卵；轮作倒茬，实行油菜与麦类、豆类、马铃薯等作物倒茬轮作，可恶化其营养条件，减轻为害；利用成虫的趋光性安装杀虫灯诱杀成虫。

2. 生物防治

使用生物农药喷施。

3. 化学防治

角野螟成虫发生期在油菜地埂周围喷药防治角野螟成虫，在卵孵化初期或低龄幼虫期喷药防治角野螟幼虫，选用不同农药交替防治2~3次，以提高防治效果。农药选用菊酯类或其他高效、低毒、低残留农药交替防治。

第七节 油菜病害

青海省油菜作物主要病害有菌核病、霜霉病、根肿病、病毒病、油菜萎缩不实病等，随着油菜种植面积的增加，菌核病成为为害油菜的主要病害，严重影响油菜生产的发展，阻碍油菜单位面积产量的提高。

一、菌核病

油菜菌核病俗称麻秆、白秆、烂秆等，是青海省油菜的主要病害之一，不仅影响产量，而且使品质、含油量下降。除为害油菜外，还侵染十字花科蔬菜、多种豆科植物、烟草、向日葵、胡萝卜、茄子、甜菜、芹菜等70多种植物。

（一）症状

植株各生育期各部位均能受害，以茎部受害最重。苗期病斑多数在地面根茎相接处发生，形成红褐色斑点，后转为枯白色，严重时造成茎腐。花受害后，花瓣褪色。叶片受害初生圆形或不规则形水浸状病斑，以后中部黄褐色或灰褐色水渍状病斑，边缘暗青色，略有轮纹，病斑边缘褪绿。茎上先出现梭形浅褐色水渍状病斑，略凹陷，以后变为白色，外端或两端有褐色轮纹。湿度大时病部软腐，表面生有白霉，并在其上生出初为白色、后为黑色鼠粪状的菌核。后期茎表皮破损，维管束外露成丝状，髓部中空，易倒伏，植株枯黄，结荚不实。荚果受害后褪色变白，在病荚外部可形成小而圆的菌核。

（二）病原

油菜菌核病属子囊真菌的核盘菌科。菌核形状不规则，外表黑色，内部白色或粉红色，大小（1.5~6）毫米×8毫米。菌核在土中萌发为子囊盘，伸出土面，其上形成子囊。子囊盘直径2~16毫米。子囊棍棒状，无色，有柄，大小为（91~114）微米×（6~9）微米，内含8个子囊孢子。子囊孢子椭圆形，无色，单孢，大小为（9~14）微米×（3~6）微米。每个菌核可生成多个子囊盘。

菌核对干热和低温的抵抗力很强，但不耐湿热。在干热70℃下，10分钟不丧失萌发能力，遇到-31~-17℃的低温，4个月后，仍不丧失生命力。而在50℃热水中浸5分钟，即可全部死亡。

（三）侵染循环

病菌主要以菌核在土壤中或混杂于种子、肥料中越冬，为病害的初次侵染来源。菌核萌发产生菌丝或子囊盘和子囊孢子，直接或随气流传播。子囊孢子最易侵害油菜的花瓣和衰老叶片，染病的花瓣落在叶片引起叶片发病，病叶腐烂搭附在基部，或菌丝自叶柄传至茎，再引起茎部发病。菌核萌发与子囊盘形成的最适温度为15℃。子囊孢子侵入寄主及菌丝生长以20℃最为适宜。连绵阴雨，相对湿度在80%以上，有利于病菌的生长和传播。偏施氮肥，地势低洼，排水不良或植株密集，均有利于发病。

（四）发病规律

油菜菌核病的发生与流行，主要决定于菌源数量、油菜生长情况和气候条件。油菜连作或菜地种植油菜，菌核病发生较重；连作年限越长，病害越重。采取合理的栽培措施，促进植株健壮生长，可减轻菌核病的发生与为害程度。子囊孢子不能直接侵染健壮的茎叶，只能侵害老叶和花瓣。油菜最易感染菌核病的生育阶段是开花期。倒伏油菜的发病率通常高于未倒伏的油菜。发病期降水充沛，湿度较高，宜于发病。菌核萌发的适温为5~20℃，土壤相对湿度为70%~80%。菌核在干燥的土壤中不能萌发。温度不仅影响病菌消长，而且与油菜生长发育有关；如温度不适，油菜的正常生长发育受阻，抗病力减弱，病害就会加重。油菜开花期若受冻害，可助长病害的发生发展。

（五）防治方法

防治油菜菌核病，应以农业防治为主，因地制宜地做好药剂防治工作，进行综合防治。

1. 农业防治

（1）选用抗病品种 据观察，芥菜型和甘蓝型油菜较抗病，白菜型油菜易感病。

在当地种植的甘蓝型油菜品种中，也存在抗病性差异，应选种抗病性较强的品种。

（2）轮作倒茬 油菜作物与麦类、豆类和马铃薯作物进行轮作，有明显的防病效果。

（3）选种无病种子 播种前，用波美比重为1.03~1.20的水液，漂除种子中的混杂菌核及秕粒，然后用清水洗净，晾干播种。水液配制：50千克清水，加5~7.5千克食盐。

（4）适期播种，合理密植 适期早播，具有避病作用。合理密植能使植株健康生长，分枝部位适当提高，株间通风透光，减少茎基衰老黄叶感病及菌丝体蔓延的机会。

（5）合理施肥，防止倒伏 一般应重施基肥，早施追肥，避免薹花期大量施用氮肥。氮肥在基肥中约占60%，在苗肥中占20%~30%，较为适宜。后期施用氮肥过多，油菜肥嫩易倒伏，病害显著加重。油菜现蕾开花期喷施硼、锰、钼、锌等微量元素，具有一定的防病增产作用。

（6）中耕培土，清沟排水 在油菜现蕾抽薹期中耕培土，可切断菌核抽生的子囊盘柄，压埋子囊盘，消灭菌源。清沟培土，不仅可防止倒伏，且能抑制子囊盘的形成。

（7）撒草木灰加生石灰 前者4份，后者1份混合均匀，每亩用25~40千克，撒施于土表或植株中下部，有抑制菌核抽生子囊盘及保护植株的作用。

2. 生物防治

使用生物农药几丁聚糖预防，在病害发生初期叶面喷施或复配化学药剂使用，间隔3~5天使用1次。

3. 化学防治

播前用药剂进行拌种处理，在幼苗期及开花期用多菌灵等喷雾防治，均有较好的防效，喷药间隔10~15天。

二、霜霉病

油菜霜霉病在青海省高寒阴湿油菜区发生较重，以白菜型油菜受害最重，俗称"龙头病"。油菜整个生育期都可受害。除油菜外，还可为害其他十字花科蔬菜和野菜。

（一）症状

自苗期至成熟期地上部分均能受害。子叶发病产生褪绿斑块，边缘不清晰，病菌很快蔓延到全株而使幼苗死亡。叶片受害先发生褪绿斑点，逐渐变黄，边缘模糊，受叶脉所限，常呈多角形，病斑背面有白色霜霉，以后病斑会合成大斑，渐变成褐色枯斑，严重时全叶枯萎。茎和花序发病时，先产生水渍状斑，渐发展为黑褐色不定形斑块，上生霜霉。花序受害花梗遍生霜霉，有时弯曲，肿大，变形如"龙头"。花器受害呈畸形肥大，花瓣变绿，长期不凋落。

（二）病原

油菜霜霉病属藻状真菌的霜霉目霜霉科。菌丝无色无隔，生长于寄生细胞之间，以球状吸器摄取养分。孢子囊梗自寄主植物的气孔中伸出，常数根丛生，有4~7次双叉状分枝，顶端着生孢子囊。孢子囊球形或卵圆形，无色，单生。病害后期，在病组织内产生卵孢子。卵孢子球形，表面光滑，黄褐色，壁较厚，多生于枯死叶片的叶脉两侧，尤以老熟的"龙头"皮层中最多。

（三）侵染循环

病菌以卵孢子在土壤中和病残株内越冬，成为翌年发病的主要来源。病菌卵孢子萌发后，以芽管自气孔或寄生表皮直接侵入，条件适宜时，受害组织上产生大量孢子囊。借风雨传播，引起再侵染。

（四）发病规律

气温是油菜霜霉病发生的重要条件。温度决定病害出现的时间与发生速度。病菌孢子囊形成的最适温度为 8~12 ℃，孢子囊萌发最适温度为 8~12 ℃，侵入寄主的最适温度为 16 ℃，因此低温适宜病菌的萌发和侵入，高温适宜病害发展。昼夜温差大，又多阴雨，病菌侵染频繁，有利于霜霉病的发生发展。单施氮肥发病重，增施钾肥发病轻。地势低洼、排水不良的黏重地、菜园地、连作地发病均重。品种抗病性有明显的差异。

（五）防治方法

1. 农业防治

①实行轮作，与麦类、豆类、薯类作物倒茬轮作，可减轻为害。②用盐水浸选种子，清除混杂在种子中的卵孢子，然后用清水冲洗，晾干播种。③选用抗病性较强的青杂系列甘蓝型油菜杂交品种。④改善栽培技术。适期早播，合理密植，增施有机肥及磷钾肥，及时清除田间杂草，保证田间有良好的通风透光条件，均对霜霉病有抑制作用。

2. 生物防治

使用生物农药几丁聚糖预防，在病害发生初期叶面喷施或复配化学药剂使用，间隔 3~5 天使用 1 次。

3. 化学防治

当田间病株率达 20% 以上，用霜霉威盐酸盐、甲霜·锰锌或百菌清交替喷雾防治，间隔 7~10 天，连续防治 2~3 次。

三、根肿病

油菜根肿病为青海省检疫对象，俗称"根癌病""萝卜根"等。寄主很广泛，除为害油菜外，亦侵害白菜、甘蓝、芥菜、萝卜及其他十字花科野生植物。

（一）病状

主要为害油菜根部，病株根部根毛很少，主根或侧根显著肿大，形成纺锤形、指形、不规则畸形等肿瘤。肿大部分表面先呈白色，光滑，以后颜色变深而粗糙，后期因杂菌侵入，根腐朽发臭。主根上部或茎基部可生许多新根。植株地上部分先在中午时表现萎蔫，早晚可恢复，叶色暗淡无光，以后叶变黄色，全萎蔫，植株停止生长，株型矮小，最后死亡。

（二）病原

根肿病菌属藻状真菌的根肿菌目根肿菌科。病菌在受病根内产生休眠孢子，呈球形，无色或淡灰色，单胞，膜壁光滑。病组织腐烂后，休眠孢子散入土中越冬。翌年油菜出苗后，休眠孢子萌发形成游动孢子。游动孢子梨形，有 2 根鞭毛，在水中游动几分钟后即失去鞭毛，从寄主根部的根毛或伤口侵入，最后在病根的薄壁细胞中形成大量休眠孢子越冬。

（三）侵染循环

病菌以休眠孢子在土壤病残株及土杂肥内度过，在土壤中能存活 6 ~ 7 年甚至 10 年，可借病株、风、雨、灌溉水、农具等作远距离传播。休眠孢子萌发先产生游动孢子，经过寄主根毛阶段，再产生游动孢子，孢子萌生芽管侵入寄主表皮，形成没有细胞膜的变形体，以后再形成休眠孢子。病菌首先侵入皮层，再达形成层，刺激寄主细胞加速分裂，导致维管束组织发育不正常，输导组织不通畅。

（四）发病规律

孢子萌发及入侵均需潮湿环境，其萌发最适温度为 18 ~ 25 ℃，低于 9 ℃ 或高于 30 ℃ 不发病、酸性土壤、高湿、积水低洼地、平畈地有利于病害发生。青海省大部分地区土壤偏碱性，这对发生根肿病是不利的，故此病主要分布在有机质含量高、土壤中性或偏酸性的地块。油菜连作，土壤积累根肿病菌多，此病会加重发生。

（五）防治方法

一是加强检疫，严格检疫，防治病害扩散。二是重病田撒施生石灰。播种前每亩撒施生石灰 50 ~ 75 千克或拔除病株后在原穴内撒生石灰灭菌，亦可条施甲基硫菌灵防治。

第八节　油菜草害

一、农田杂草

湟中区春油菜作物主要草害有野燕麦、车前、藜、播娘蒿、拉拉藤、繁缕、藏蓟、萹蓄、田旋花、苣荬菜、芦苇、泽漆、看麦娘和宝盖草等。其中发生较为严重的有拉拉藤、萹蓄、芦苇、繁缕和看麦娘。湟中区 4 月中旬正值温暖多雨阶段，油菜萌发较慢易造成草荒，且多数杂草种子边成熟边脱落，繁殖能力较强，易造成油菜生长的二次竞争，影响油菜的产量。因此，防治春油菜杂草不仅要早，还要连续防治。

（一）单子叶杂草

包括野燕麦、赖草、芦苇、稗草等。

（二）双子叶杂草

包括萹蓄、卷茎蓼、藜、密花香薷、藏蓟、苣荬菜、田旋花等。

二、农田杂草的为害性

农田杂草与农作物竞争养分、水分、空间及光照，从而影响农作物正常发育，严重影响产量。作为农作物病虫的中间寄主，不少杂草是蚜虫、红蜘蛛等害虫及病菌寄主越冬的场所，当作物长出后，逐渐转移到作物上为害。农田杂草越多，需要花费在治草上的用工量越多，增加农业生产成本。

三、农田杂草的防除方法

（一）人工除草

人工除草是一项重要措施，除草时要做到除小、除早、除了。

（二）药剂除草

可选用氟乐灵播前土壤处理或苗期选用二氯吡啶酸等喷雾防治。在油菜田施药时与麦类、豆类等作物隔离，防止飘移。

第三章 马铃薯种植技术

第一节 概述

一、概况

马铃薯是一种目前尚未被有效利用的具有巨大生产潜力的作物，与其他作物相比，马铃薯在单位时间和单位面积内所产出的干物质最多，并且营养丰富。因此，马铃薯生产得到越来越广泛的重视，在世界农业生产结构中所占比重越来越大，将逐步成为21世纪最有发展潜力的健康食品。据联合国粮农组织报告，世界马铃薯平均单产1 113.3千克/亩，而我国平均产量仅为1 086.7千克/亩左右。科学研究表明，侵染马铃薯的各种病毒、真菌、细菌等病害是我国马铃薯单产较低的主要原因。因此，采用健康无病的优质种薯是发挥我国马铃薯生产潜力、提高产量的关键。生产实践充分证明，在我国马铃薯生产中，只要利用优质的脱毒种薯，均可使单产提高50%以上，适当改善栽培条件，可提高单产1~2倍或更多。马铃薯具有产量高、适应性强、营养丰富、粮菜兼用及综合加工用途广泛等特性，已成为世界上仅次于水稻、小麦、玉米的四大粮食作物之一，广泛分布于世界上158个国家和地区，种植面积达2.85亿亩左右。

二、马铃薯在农业经济中的地位

马铃薯在青海高原叫作洋芋，在东北地区叫作土豆，在内蒙古和山西叫作山药等。马铃薯产量高、用途广、经济价值大，在农业经济中占有重要地位。马铃薯通常亩产1 700~2 500千克，高者可达3 500千克以上，单位面积干物质产量比其他粮食作物高2~4倍。

马铃薯是重要的粮食作物之一，每千克块茎产生4.64千焦热量，5千克块茎折1千克粮食，其产生的热量高达23.30千焦，比其他粮食的发热量高。另外，马铃薯还含有蛋白质、脂肪、糖类、矿物质盐类及多种维生素等（表3-1），营养丰富，也可作为良好的蔬菜食用，在缺少水果的地区还是维生素C的主要来源。其营养价值比其他粮食均高（表3-2）。

表 3-1 每千克马铃薯与其他粮食的营养成分含量

名称	蛋白质（克）	脂肪（克）	糖类（克）	热量（千焦）	粗纤维（克）	矿物质（毫克）				维生素（毫克）				
						钾	钙	磷	铁	胡萝卜素	硫胺素	核黄素	烟酸	维生素 C
鲜马铃薯	16.8	6.2	246	4.64	12.4	10.6	96	520	8.0	18.08	0.88	0.26	3.6	158
水稻	80.0	14.0	760	14.61	4.0	10.0	140	2 550	30.0	0	1.80	0.50	35.0	0
玉米粉	90.0	23.0	720	15.20	15.0	13.0	220	3 100	34.0	1.30	4.50	1.00	17.0	0
黄豆	363.0	184.0	250	17.20	48.0	50.2	3 670	5 710	110.0	4.00	7.90	2.50	21.0	0
标准面粉	99.0	18.0	750	14.90	6.0	11.0	380	2 680	42.0	0	4.60	0.60	25.0	0

表 3-2　马铃薯与其他粮食和鸡蛋的营养价值

名称	生物值	名称	生物值
鸡蛋	96	小麦	53
马铃薯	73	豌豆	48
黄豆	72	蚕豆	46
玉米	54		

马铃薯可制作淀粉、酒精、葡萄糖、乳酸、柠檬酸、赖氨酸、苏氨酸、维生素 C，合成橡胶、电影胶片、人造丝、香水、糊精、饴糖、糖浆等几十种产品。马铃薯淀粉可制作粉丝、粉条，还是食品、纺织、印刷、电工、造纸、铸造、浇钢和化工等的工业原料。

马铃薯没有严格的成熟界限，生育期较短，播种期伸缩性较大，出苗后 80~90 天就有一定收成，既可救荒抗灾，又宜复种提高产量，早季上市还可解决缺菜问题。

马铃薯块茎、茎叶和淀粉加工的残渣是良好饲料。若用 50 千克马铃薯喂猪可增肉 2.5 千克，喂奶牛可增加产乳量 40 千克。

三、马铃薯的栽培历史、分布及种植区划

马铃薯为茄科茄属作物，原产于南美洲秘鲁、智利的安第斯山及其西部沿海岛屿。已定名的栽培种有 20 多个，野生种 180 多个。有智利南部和秘鲁-玻利维亚高原两个分布中心。世界各地栽培的马铃薯品种基本上都是栽培种 Solanum tuberosum 的后代系统，染色体数 $2n = 48$。

马铃薯首先在南美洲栽培，约 16 世纪后半叶传入西欧，17 世纪初传入我国，18 世纪后期青海省开始种植。马铃薯主要分布于欧洲中部和东北部、美洲和亚洲的北部、澳大利亚近南海岸地区和新西兰，但各国几乎都有栽培。

我国马铃薯栽培分为北方一作区、中原二作区、南方二作区及西南一、二季混作区，青海省属北方一作区。青海省马铃薯产区为东部粮油主产区、海北油菜青稞轮作区、海南青稞豆油轮作区、柴达木绿洲麦豆绿肥轮作区和青南青稞饲草饲料小片种植区。东部粮油主产区的川水小麦果菜复种区、川水小麦蚕豆单作区、低位山旱区麦豆马铃薯绿肥轮作区、中位山旱区麦豆油料轮作区、高位山旱区青稞油菜饲料轮作区均有种植，低位山旱区和高位山旱区栽培面积最大。

青海省马铃薯主要品种有青薯 2 号、青薯 9 号、青薯 10 号、下寨 65、乐薯 1 号、青薯 168 等。

四、马铃薯生产现状

(一) 世界生产概况

在世界上，马铃薯是继水稻、小麦、玉米之后的第四大农作物，它在 150 多个国家栽培生产。据联合国粮农组织统计，世界常年栽培马铃薯的总面积为 2.85 亿亩，平均

单产为 1 113.3 千克/亩，单产最高的国家是荷兰。欧美经济发达的国家和地区非常重视马铃薯的生产与科研，育成了适宜当地栽培的各种专用型优良品种，并根据品种特征实行一整套规范化的栽培管理技术和完整的良种繁育体系。很多国家将马铃薯作为出口创汇贸易商品，如荷兰的马铃薯远销到 80 多个国家。荷兰、加拿大是世界上最大的马铃薯出口国。同时利用马铃薯为原料的加工业也非常发达，美国、荷兰的马铃薯加工占总产量的 50% 以上，鲜薯食用只占 32%。

（二）我国生产概况

我国是世界第一大马铃薯生产国，在全国各地均有栽培。据 2017 年统计数据，马铃薯栽培面积为 8 640 万亩左右，总产量 9 915 万吨，单产每亩 1 147.6 千克。随着农业产业结构的调整和加工业的发展，马铃薯的需求日益增大，我国的播种面积有进一步扩大的趋势。由于缺乏各类优质专用型品种，在消费中，鲜食占总产量的 50% 以上，淀粉等初加工占 15% 左右，出口及饲料占 14%，种薯占 10%，损耗占 10% 以上。近几年来，由于马铃薯加工业特别是食品加工业的兴起，用于加工的比重有所增加，但也极其有限。

（三）我国研究现状

从 20 世纪 50 年代以来，共育成拥有我国自主知识产权的各类新品种 300 多个。在生产上栽培面积较大的有 90 多个。20 世纪 90 年代以来育成的新品种在薯块性状、食用品质、加工品质以及早熟性等方面比以往的品种有了显著的改善。在种薯生产上，我国从 20 世纪 70 年代末开始植物脱毒快繁技术的研究和无毒种薯的生产推广。20 世纪 90 年代以来，马铃薯脱毒快繁技术有了很大的提高，脱毒微型薯、试管薯工厂化生产技术已开始应用于马铃薯脱毒原种生产，并逐渐形成适宜不同生态条件的马铃薯脱毒种薯生产体系，为今后脱毒马铃薯的发展奠定了一定基础。

（四）青海省生产现状

青海省位于黄土高原和青藏高原交会地带，生态类型复杂，自然条件和生产条件多样，海拔较高，气候冷凉，秋季雨多，作物生长周期长，日照充足，昼夜温差大，土壤疏松、富含钾，无污染，有着适宜马铃薯生长的得天独厚的气候资源。马铃薯在青海省栽培历史悠久，农民已积累了丰富的栽培、管理、贮藏经验。近年来，农业科技人员对马铃薯栽培技术进行了多方面的研究示范，取得了大量科研成果，并广泛应用于生产当中，均取得了显著的经济效益和社会效益。特别是通过马铃薯的茎尖脱毒技术，提高了生命力，增强了抗逆性，马铃薯产量得到了大幅度的提高。国家实施马铃薯第四大主粮战略，青海省委、省政府把马铃薯确定为重点发展的十大农牧业特色优势产业之一，从品种选育、脱毒种薯生产、综合技术推广等方面给予了重点扶持，马铃薯产业有了很大突破，已成为青海省广大山区农牧民群众赖以生存和脱贫致富的一大支柱产业。青海省马铃薯适宜种植面积 500 万亩以上，每年种植面积 130 万亩左右，是青海省的第三大作物。青海省所生产的马铃薯以薯块大、均匀、耐贮藏、口感好、淀粉含量高而获得国内市场的好评，尤其是生产的马铃薯种薯，因退化慢、增产幅度大而闻名全国。

（五）湟中区马铃薯生产现状

湟中区马铃薯在全区川水、浅山、脑山 3 类地区均有种植，随着农业产业结构的调整和加工业的发展，马铃薯的需求量日益增大，全区播种面积也逐年扩大，由 20 世纪 90 年代初的不足 10 万亩，发展到当前的 14 万亩，占总播种面积的 16% 左右。为了进一步促进马铃薯的发展，大力推广脱毒马铃薯的种植，在鲁沙尔、李家山等乡镇脑山地区，基于特殊的地理条件，形成了自然的隔离带，加之海拔高，气候冷凉，病虫害少，建立了生产优质脱毒种薯的繁育基地 3 000 亩（M0～M1 代），能提供 2.7 万亩繁种田种薯。由于各级政府的大力支持，全区马铃薯产业迅速发展，成为增加农民收入的一条重要途径。

五、发展趋势和前景

根据联合国粮农组织和国际马铃薯中心的报告显示，过去 30 年发展中国家的马铃薯生产比其他粮食作物（除小麦外）增长都快，平均年增长 3.6%。湟中区马铃薯生产的发展趋势如下。

（一）种植面积进一步扩大

马铃薯营养成分齐全，用途广泛，其产品的市场开发潜力大，在我国种植业结构调整中占有重要的地位。它也是高效、优质、创汇、生态农业的重要组成部分，是贫困地区脱贫致富的重要支柱产业。它还是食品加工和工业生产中的重要原料。全区已建成了马铃薯原原种、原种生产基地、商品薯生产基地，马铃薯种植面积近年稳定在 14 万亩左右。

（二）繁育体系逐步完善，影响进一步凸显

湟中区形成了脱毒苗→原原种→原种→一级种的链条式马铃薯种薯繁育推广体系，实现了育繁推一体化。即以青海省农林科学院为技术依托单位，采用快繁技术在温网室生产脱毒苗、微型薯和原原种；选择气候冷凉、适合繁种的脑山地块进行原种生产；以繁种农户和农民专业合作社为主体，建立繁种基地，生产一级、二级脱毒种薯。年建立脱毒种薯繁殖面积达 3 万余亩，辐射周边区县面积 50 万亩，已形成年生产脱毒苗 50 万株，微型薯 150 万粒，良种 6 万吨，可提供 40 万亩大田生产用种的能力。成功构建了马铃薯种薯生产和销售网络，种薯供应除满足青海省需求外，还销往福建、贵州、云南等地。成功推广青薯 2 号、青薯 9 号等系列优质品种，品牌影响日益突显，市场占有率不断提高，农民收入逐年增加。

（三）种植结构逐步优化，产业进一步壮大

湟中区引进、推广了一批适合当地实际、产品销路好的马铃薯优良新品种，为种植业结构调整创造了有利条件，优化了马铃薯区域布局，促进了马铃薯产业又好又快发展。特别是 2010 年马铃薯基地获得全国绿色食品原料标准化生产基地以来，马铃薯产业的发展迎来了新的春天和发展机遇。全区马铃薯综合生产水平逐年提高，单产、总产均实现大幅提高，走在了青海省前列。

（四）经营模式逐步创新，产业化进一步发展

近年来，马铃薯种植专业合作社、家庭农场和种植大户发展迅猛，已达到 200 余家，在"基地+农户+企业"经营模式的基础上，创新推广了通过土地流转、租赁经营

等模式，进行马铃薯种植生产，提高了机械化生产水平和生产管理水平，在合作社发展壮大的同时也带动了当地马铃薯产业的蓬勃发展。

（五）市场营销逐步加强，信息服务进一步拓宽

利用各种形式、各种渠道、各种场所、不失时机地宣传湟中区马铃薯的品牌优势，以马铃薯种植专业合作社销售渠道为抓手，在内蒙古、新疆、甘肃、宁夏等地建立长期稳定的经纪人和营销网点，逐步拓宽销售范围。及时发布马铃薯市场价格、销售、需求等动态信息，为种植大户、专业合作社科学决策提供依据，最大限度地提高经济效益。

第二节　马铃薯特征特性

一、马铃薯的植物学特征

马铃薯属茄科作物，原产于南美高山，通常用块茎繁殖，但也可用种子繁殖，许多马铃薯品种能天然结果，育种家利用杂交方法得到的种子和天然结实的种子进行马铃薯新品种选育，马铃薯品种繁多，块茎皮色有红色、紫色、黄色、白色等；肉色有黄肉色、白肉色等。了解马铃薯的植物学特征在生产上有着重要意义。

（一）根

马铃薯的须根从种薯上幼芽基部发出，而后又分枝形成许多侧根，根系发育及分枝情况，因品种与栽培条件不同而异。大部分品种的根系分布在土壤表层下40厘米，一般不超过70厘米，在砂质土壤中根深也可达1米以上。早熟种的根系一般不如晚熟种发达，而且早熟种根系分布较浅，晚熟种分布广而较深。因此，种植马铃薯时要根据品种的熟性和根系的分布情况来确定株、行距，才能获得高产。

（二）茎

马铃薯的茎有地上茎、地下茎、匍匐茎和块茎。

1. 地上茎

种植的马铃薯的块茎发芽生长后，在地面上着生枝叶的茎为地上茎。茎上有棱3~4条，棱角突出呈翼状。茎上节部膨大，节间分明。节处着生复叶，叶基部有小型托叶。多数品种节处坚实，节间中空。茎色有绿色、紫色、褐色等，因品种而异。

茎有直立、半直立和匍匐型3种。栽培种的茎，大多为直立或半直立型。茎高多数品种为40~100厘米，少数中晚熟品种在100厘米以上。茎上分枝的部位与品种有关，早熟品种在中上部发出，中晚熟品种大都在下部或靠近茎的基部发出。另外，茎的粗细、有无茸毛等均可作为区分品种的标志。

2. 地下茎

块茎发芽后埋在土壤内的茎为地下茎。地下茎的节间较短，在节的部位生出匍匐茎（枝），匍匐茎顶端膨大形成块茎。

3. 匍匐茎

匍匐茎又称匍匐枝，实际上是茎在土壤中的分枝。早熟品种在幼苗出土后7~10天

即开始生出匍匐茎；2 周后匍匐茎的顶端膨大，逐渐形成块茎，初期还能在匍匐茎上看到鳞片状幼叶。如果播种的薯块覆土太浅或遇到土壤温度过高等不良环境条件，匍匐茎会长出地面变成普通的分枝，就会影响结薯而减产。

匍匐茎的多少和长短，因品种而异。一般早熟种较短，为 3~10 厘米；晚熟种较长，有的达 10 厘米以上，匍匐茎较短的结薯集中，便于收获。通常 1 个匍匐茎上只结 1 个块茎，每株以 5~8 个匍匐茎并形成块茎为适宜。如果匍匐茎过多或匍匐茎又产生分枝，则形成块茎又多又小，就失去利用价值。

4. 块茎

栽培马铃薯的主要目的就是为了获得高产的块茎。块茎是生长在土壤中的缩短了的茎。它的作用在于贮存养分、繁殖后代。茎与根的明显区别是茎上有芽，而根上没有固定芽，只能产生不定芽。马铃薯块茎上芽眼的多少和深浅是鉴别品种的主要标志。块茎上每个芽眼通常由 1 个主芽、2 个副芽组成。块茎通过休眠期后，顶芽的主芽先生长，而后侧芽的主芽相继发出。主芽受损后副芽可取而代之，继续生长。

块茎的形状、皮色、肉色等多种多样，都是区别品种的特征。生产上对块茎的要求除高产外，还希望其形状好、芽眼浅、表皮光滑、色泽悦目等。块茎形状最好是卵圆形，顶部不凹，脐部不陷，芽眼少而平，既有利于加工去皮，又便于食用清洗，这样的品种才适合市场销售和商品薯出口。

（三）叶

马铃薯的叶子，在幼苗期不管是用块茎播种还是用种子播种，基本上都是单叶，到后期均为复叶。正常的马铃薯叶子为奇数羽状复叶。复叶的顶小叶一般较侧小叶稍大，形状也略有不同，可根据顶小叶的特征鉴别品种。侧小叶一般有 3~7 对，侧小叶之间还有大小不等的次生裂片。顶小叶和侧小叶都有小叶柄，着生于中肋上。复叶的叶柄很发达，叶柄基部有 1 对托叶。复叶的大小，侧小叶的形状、色泽、茸毛多少，以及小叶的排列疏密、二次小叶的多少等因品种而异。

（四）花

马铃薯的花由 5 瓣连接，形成轮状花冠。花内有 5 个雄蕊、1 个雌蕊。每个小花有 1 个花柄着生在花序上。小花柄上有 1 个节，落花落果都是由这里产生离层后脱落的。总花梗着生于茎的中下部叶腋处，花梗上有分枝，每个分枝着生 2~4 朵花。花蕾由 5 片花萼包围，花蕾形状与萼片的长短，因品种而异。

马铃薯的花色有白色、粉红色、紫色、蓝紫色等多种鲜艳色彩，少数品种的花具有清香味，每朵花开花持续时间约 5 天，一个花序持续时间为 14~15 天，一般在 8：00 左右开花，17：00 左右闭花。

（五）果实与种子

马铃薯属于自花授粉作物，在没有昆虫传粉的情况下，异花授粉率为 0.5% 左右。浆果为圆形，少数为椭圆形，前期为绿色，接近成熟时在顶部变白，逐渐转为黄绿色，有的品种浆果带褐色、紫色斑纹或白点等，有的浆果很大，直径 2 厘米以上，有的较小，品种间有很大差异。

二、马铃薯生物学特性

马铃薯对环境条件的要求比一般作物严格，只有了解生长发育对环境条件的要求和不良条件的影响，才能创造适宜的条件，获得高产。

(一) 对温度的要求

马铃薯适宜在气温冷凉条件下生长，怕霜冻和高温。0 ℃以下时植株和块茎虽不迅速结冻，但-4 ℃全部冻死。块茎受冻后芽眼死亡，不能作种；解冻后水分大量渗出，皱缩，无商品价值，贮藏期内易腐烂。

块茎休眠后约7 ℃时芽眼开始萌动，萌发适宜温度为12～18 ℃，最适温度为18 ℃，10 ℃以上幼苗迅速生长出土，苗壮，芽眼发根早而多，幼根向周围土层扩展比幼芽生长快，根系发达。收获不久的块茎作种，27 ℃左右生长最快。播种后长期处于5～10 ℃时幼苗生长迟缓或被抑制，很长时间才出土或不出土。幼苗不能出土的原因，是幼茎生长的粗短匍匐茎的顶端膨大而形成小块茎，或幼茎直接形成小块茎，甚至芽眼形成小块茎。不同品种播种后适应低温的能力不同。播种后若遇高温则幼芽生长细弱，而且不利于根系生长和吸收营养等。

叶片生长的最适宜温度为20 ℃，最低温度为7 ℃；茎生长和分枝最适宜温度为25 ℃，温度越高生长越快。最适复叶光合作用的温度，全日光强下为15～24 ℃，25%全日光强下为10～22 ℃。光合产物积累最多的温度，全日光强下为14～24.5 ℃，25%全日光强为13.5～19 ℃。光合作用与呼吸作用平衡温度，全日光强下为40 ℃，25%全日光强下为33 ℃。

最适块茎生长温度为16～18 ℃，超过21 ℃不利于生长，超过25 ℃生长缓慢。输送到块茎内的养分用于幼芽生长，干旱时常在土内发芽；超过29 ℃时植株内养分消耗超过积累，块茎停止生长，淀粉含量显著降低，食用品质变劣，薯皮老化、粗糙，块茎小，产量低。地上部夜间气温比土温更重要，若地上部夜间气温为23 ℃，地下部土温为20～30 ℃时不能结薯；地上部夜间气温为12 ℃，地下部土温虽为20～30 ℃时仍能结薯。子代块茎产量随其父代块茎所处夜间气温增高而降低，并传到孙代。在高温下，马铃薯卷叶病毒、重花叶病毒、普通花叶病毒等病毒病害和马铃薯早疫病严重，使产量和品质明显降低。

(二) 对水分的要求

马铃薯高产依赖充分供应土壤水分，每形成1千克干物质需水200～300千克，每生产1千克鲜块茎需水100～150千克。肥力高、疏松的土壤通常需水量少；肥力差、砂性壤土需水量多。4～40厘米土壤耕作层内，湿度达田间持水量的60%～75%时植株生长发育正常，全生育期田间持水量以80%为最佳。幼苗期适宜土壤湿度为田间持水量的70%～80%，始花到盛花期应从80%逐渐降至60%左右，结薯前期和中期为80%～85%，结薯后期应逐渐降至50%～60%。

土壤缺水对生长发育、产量、品质影响很大，结薯前期最敏感，早熟品种为初花至终花期，晚熟品种为盛花至终花后1周。播种时干旱，幼苗和根生长缓慢，茎叶生长期缩短，块茎形成推迟，块茎生长期缩短，幼苗甚至不能出土。土壤严重缺水时种薯干缩，遇雨腐烂缺苗。幼苗期土壤长期缺水，根系伸展受抑制，仅分布在20厘米的表土层内，因其生长深度一般与能吸收土壤水分的最大深度有关，虽然有时能超过15厘米。

现蕾及其后期长期干旱，植株矮小，上部复叶萎蔫下垂，下部叶片卷曲、变黄、脱落，导致早衰。开始结薯后土壤缺水停止形成新块茎，已有块茎薯皮老化，停止生长，以后遇雨芽眼直接形成新块茎，或产生匍匐茎形成新块茎，块茎顶部未老化则产生畸形次生薯。生长后期雨水太多，植株下部叶片变黄死亡，减小光合作用及养分积累，降低产量和品质；块茎皮孔扩大，突出，薯皮粗糙，薯形不规整，田间易于腐烂，病害加重，收获困难，易受机械伤，亦难贮藏。

（三）对光照的要求

马铃薯是喜光作物。光合作用随光强度增强而增强，直至最佳状态。特别二氧化碳浓度增高时光合作用饱和点大大升高，二氧化碳含量正常时，光合作用饱和点达到3万米烛光；二氧化碳含量增加2倍时，光合作用饱和点达到5万米烛光。增施有机肥，增加松土次数，重施基肥，可改善二氧化碳供应。每立方米厩肥每昼夜可释放二氧化碳436克，比不施厩肥的土壤多6倍多，马铃薯茎叶分布层的空气中二氧化碳含量增高约10%。微量元素对光合作用影响很大，开花期喷铜、硼混合液可使净光合生产率提高10倍，单独喷铜亦能提高4倍。播种前用0.05%硼溶液处理种薯，使开花前后光合作用提高约20%。

日照长短对茎叶和块茎生长的影响不同，日照11小时以上有利于茎叶和匍匐茎生长，现蕾开花；短日照则利于块茎形成和生长。12小时日照下叶部同化作用比19小时日照高50%，同化作用产物流入块茎的速度大5倍，块茎形成早2周。通常早熟品种对日照长度的反应没有中晚熟品种敏感，熟性相同的不同品种反应亦异，如青薯168号比下寨65敏感。由于长日照有机物质积累总和和茎叶生长量大，植株高大，茎叶发达，光合作用强，生长期长，产量高，故应使生长前期处于长日照，生长后期处于短日照。

总之，光强度大，茎秆粗壮，干物质总产量和用于块茎生产的百分率高，则产量高。反之茎叶徒长，块茎形成迟，则产量低。合理密植、直立型品种和正确行向可有效改善光照。

（四）对土壤的要求

地势高燥，质地疏松，排水性好，有机质含量高，微酸性（pH值5.5~6.5）的土壤最适宜马铃薯生长。土壤pH值大于6.5时块茎的总产量和大薯产量显著减少。地势低洼，特别是黏重土壤易积水，幼苗易死亡，块茎皮孔突出变大，马铃薯晚疫病和软腐病较重，且不耐贮藏。

土壤质地疏松，通气性好，能满足马铃薯生长期对养分和二氧化碳的需要，可提早3~10天出苗，促进地上部生长，并能满足根系发育对氧气的特殊需要。块茎形成初期，1克干重的根每小时耗氧6.7~12毫升，比一般作物大5~100倍。土壤疏松也利于根系生长发育，块茎膨大（表3-3），块茎积累淀粉。同时，薯形规整，皮色新鲜，薯皮光滑，防止块茎后期腐烂。黏重土壤增施有机肥，精细松土培土，增加培土次数，可有效改善土壤疏松性。

马铃薯抗盐碱能力很弱，碱性土壤不适合栽培，产量常随土壤溶液中氯离子含量的增加而降低，土壤含盐量为 0.01% 时就很敏感。土壤氯离子含量 0.0014% 时单株产量 872 克，氯离子含量 0.4% 时只有 430 克。在碱性土壤中还易受马铃薯疮痂病侵染，薯皮粗糙。

表 3-3　加沙盆栽对马铃薯地上部和地下部的影响

处理	地上部重（%）	块茎重（%）	单株平均根数	根的长度（厘米）	80%根长（厘米）
加沙	140.9	187.5	39.1	25	11.6
不加沙	100.0	100.0	20.6	14	6.5

（五）对养分的要求

马铃薯是喜肥高产作物，但只有在充分满足水肥需求时才能高产。肥料不足或生长期间缺肥就不可能高产。矿物质养分即肥料在产量形成中起着重要的作用。马铃薯吸收最多的矿物质养分为氮、磷、钾，其次是钙、镁、硫和微量元素铁、硼、锌、锰、铜、钼、钠等。氮、磷、钾是促进根系、茎叶和块茎生长的主要元素，其中氮对茎叶的生长起主导作用；磷促进根系发育，同时还促进合成淀粉和提早成熟；钾有促进茎叶生长的作用，并可维持叶的寿命。不合理使用氮、磷、钾会对马铃薯的产量起副作用。比如，氮过多，茎叶徒长，延缓块茎形成；钾过多，会影响根系对镁的吸收，使叶绿素合成遭到破坏，从而影响光合作用。氮、磷、钾三要素中马铃薯需要的钾肥量最多，其次是氮肥，需要磷肥较少。

1. 氮肥

对地上茎的伸长和复叶的增大有重要的作用。适当施用氮肥，能促进枝叶繁茂，叶浓绿色，有利于光合作用和养分的积累，对提高块茎产量和蛋白质含量有很大的作用。但是施用过量就会引起植株徒长、结薯延迟、易受病害侵害，从而引起产量损失。相反，氮肥不足，会引起植株生长不良、茎秆矮、叶片小、叶色褪绿成黄绿色或灰绿色、分枝少、开花早、下部叶片早枯等，最后产量减少。在早期田间管理时及时发现植株缺氮而追肥，可以提高产量。但在施用氮肥时，宁少勿多，氮肥过多只有通过控制灌水进行调节，但控制灌水常常会造成茎叶凋萎，影响正常生长。

2. 磷肥

在生长过程中需要量虽少，但却是植株健康生长发育不可缺少的肥料。磷肥能促进根系发育。当磷肥充足时，幼苗发育健壮。磷肥还有促进早熟，提高块茎品质和增强耐贮性的作用。缺磷时，植株生长发育缓慢，茎秆矮小，叶片变小，叶暗绿色，光合作用差，块茎薯肉会出现褐色锈斑，蒸煮时薯肉锈斑处脆而不软，严重影响品质。

3. 钾肥

是苗期生长发育的重要肥料。钾肥充足植株生长健壮，茎秆坚实，叶片增厚，组织致密，抗病力强。钾肥还有促进光合作用和淀粉积累的重要作用。钾肥使成熟期延长，而且块茎大、产量高。缺钾时，植株节间缩短，发育延迟，叶片变小，后期出现古铜色病斑，叶缘向下弯曲，植株下部叶片早枯，根系不发达，匍匐茎缩短，块茎小、产量低、品质差，蒸煮时薯肉易呈灰黑色。

4. 其他矿质元素

除了氮、磷、钾肥之外，马铃薯的生长还需要钙、镁、硫、锌、铜、铝、铁、锰等微量元素。缺少这些元素时，会降低产量。缺钙时块茎会空心和变黑；缺镁会导致叶片叶脉坏死，植株早衰，降低产量。其他的微量元素如硼、锌、钼、锰、铜对马铃薯的生长都起一定的作用，但绝大部分土壤中这些元素并不缺乏，所以一般不需施用。

在马铃薯栽培过程中肥料的施用原则为：以农家肥为主，施足基肥；适施氮肥，宜少不宜多；适量增施钾肥，提高产量，增进品质。

三、马铃薯生长发育与栽培的关系

块茎休眠、萌芽、根茎叶发生和块茎形成等生长发育过程均按特定规律进行，只有根据这种规律采取适当措施，才能达到高产优质。

（一）块茎的休眠

刚收获的块茎在适宜条件下也不发芽，必须经过一定时间后才能发芽生长的现象叫作休眠。块茎休眠是一种生理现象，是对不良环境条件的适应，休眠期长短，是品种特性，与贮藏和生产都有密切关系。休眠期通常指在适宜贮藏条件下块茎从收获到发芽之间的时间，并因品种不同而不同，通常为 154~161 天。根据休眠期长短，将品种分为无休眠期、休眠期短、休眠期中等和休眠期长 4 种。块茎收获后 1 个月内发芽的品种为无休眠期；收获后 1~2 个月才萌发的品种为休眠期短；收获后 2~3 个月才萌发的品种为休眠期中等；收获后 3 个月以上才发芽的品种为休眠期长。下寨 65、青薯 9 号、青薯 2 号和青薯 168 的休眠期长。休眠期长的块茎易贮藏。同一品种的休眠期也有很大差异，且贮藏温度起着重要作用。1~4 ℃下秋季收获的块茎可贮藏到翌年 7~8 月；低温下休眠期为 5 个月以上的品种在 20 ℃左右下 2 个月即可发芽。同一品种的块茎生理年龄越小则休眠期越长，反之越短。夏季薯的休眠期比春季薯长，生长期间冷湿的块茎休眠期增加约 1 个月，干热使休眠期缩短 9 周。贮藏窖内空气湿度大则休眠期短。

（二）植株的生长发育

马铃薯植株的生长发育可分为 3 个阶段，各个阶段对土壤、水分、养分、温度等环境条件的要求互不相同，这是制定高产栽培措施的依据。

1. 第一阶段（发芽期）

为块茎萌芽至幼苗出土。块茎通过休眠后在适宜萌发的条件下，淀粉、蛋白质在酶的作用下迅速分解为糖和氨基酸等可给态养分，沿着输导组织不断向芽眼移动。芽眼细胞随之不断分裂、生长，形成幼芽。幼芽顶部着生细小的鳞片状叶，叫作胚叶；基部产生一些突出的小白点，是初生根的原始体。幼芽在黑暗中生长，产生黄色或白色嫩枝，如下寨 65 为白色嫩枝。在土壤中幼芽产生根的原始体后，幼根的生长扩展比幼苗生长快；由于土壤压力幼芽顶端呈弯曲状态长出地面。幼芽顶土后 3~4 天展开几片微具分裂的初生幼叶，发芽期结束。块茎萌发大量幼芽，部分或全部幼芽生长为主茎。每一块茎萌发的幼芽数量随块茎增大而增大，但比例递减。长期低温贮藏后在适温下萌发，或破坏顶芽，能使大多数幼芽生长，中晚熟品种比早熟品种的萌芽数量大。下寨 65 整薯播种每一块茎通常有 6~8 个幼芽长成主茎，最多 13 个，最少 4 个。水肥条件高，每一块茎生长成主茎的幼芽多。

发芽期的器官形成，是以根系形成和幼芽生长为中心，同时进行叶和花原基的分化，养分和水分主要靠种薯供应，按茎、叶和根的顺序供应。故发芽期是发芽、扎根、结薯，以及进一步生长发育的基础。影响发芽期生长的因素很多，除要求 12~18 ℃气温、一定数量的土壤水分外，土壤养分的充足具有重要作用。因此，必须施足基肥。在施肥量不变的条件下，施用种肥对幼芽健壮生长非常重要。如土壤板结、通透性不良、出苗推迟 7 天以上，就会出现幼苗瘦弱。在种薯质量上，健薯的出苗快、苗壮、苗齐；病薯则出苗迟、苗弱，甚至死亡，幼壮薯组织幼嫩，代谢旺盛，生命力强，出苗齐、壮，比老龄薯早 3~5 天出苗，出苗率约高 20%；整薯播种的养分和水分充足，具有顶端优势，出苗虽迟 2~3 天，但幼苗粗壮，根系发达，生长迅速。种薯催芽比未催芽的出苗快而整齐，覆土浅的比覆土深的快而齐。

发芽期长短除因品种而异外，也与贮藏条件、种薯质量、是否通过休眠、环境条件和栽培措施等关系密切。下寨 65 在海拔 2 200~2 800 米、4 月中旬至 5 月上旬播种时发芽期通常为 40~50 天，最长 55 天，最短 36 天，其间气温 ≥ 5 ℃ 的积温为 456~481.3 ℃。在一定范围内，温度越高发芽越快，出苗越早，故栽培上除选用优质种薯和适时播种外，应以及时松土、除草、保墒、提高土温为主，促进早出苗、出壮苗、多发根。

2. 第二阶段（幼苗期）

从出苗到第六叶或第十三片叶展平（因品种而异），即主茎生长点开始孕育花蕾，发生侧枝，匍匐茎顶端开始膨大。幼苗期仍以根、茎、叶生长为中心，根系迅速向纵深发展，出苗后 5~6 天便有 4~6 片叶，15~25 天幼苗期结束，不同品种稍有差异。乐薯 1 号幼苗期为 22 天，下寨 65 为 25 天，青薯 2 号为 27 天。马铃薯成苗速度比粮棉油及蔬菜快 2/3 以上，是块茎繁殖的优势，它有利于充分有效地利用光能，在单位时间、单位面积上制造更多的有机物质。

幼苗期生长需要的水分和养分除来自土壤外，种薯始终是重要的来源。出苗后 30 天种薯干物质消耗 78%，淀粉耗尽。幼苗期还完成第三阶段的茎叶分化，主茎顶端花序开始孕育花蕾，出现侧生枝叶，匍匐茎顶端开始膨大，块茎初建过程随之开始。下寨 65 出苗后第三天苗高约 3 厘米，形成匍匐茎 4~5 个，第十天匍匐茎向水平方向生长，第十六天苗高 10.5~16.4 厘米，匍匐茎 5~10 个，最长 8.3 厘米，结薯层次约 8 层。由此可知，幼苗期生长是决定马铃薯光合作用的面积、根系的吸收能力和块茎形成数量的基础，它起到了重要的承上启下的作用。

幼苗期生长要求温度较低，光照强烈，日照较长，氮肥充足，土壤通透性好，土壤水分占田间持水量的 50%~60%。幼苗期养分和水分的吸收量虽占全生育期 15%，但极敏感。缺氮时严重影响茎叶生长，缺磷和干旱则影响根系和匍匐茎形成，故栽培上应以促根壮苗为中心，追肥、除草、松土、浇水宜早，促进幼苗生长，尽快达到最大光合作用面积，提高光能利用。多松土，松土深 5 厘米以上，可促进根系生长，控制茎叶徒长，加速块茎初建过程和第三阶段器官分化。幼苗生长前半期适度干旱后保持湿润，比始终湿润的净光合生产率高 11%～16%，比土壤长期干旱的高 46%～50%。幼苗处于 -1 ℃下受冻，-4 ℃下冻死，因此确定播种期时应注意避免晚霜。

3. 第三阶段（块茎形成期或发棵期）

从主茎顶端开始孕育花蕾、匍匐茎顶端开始膨大时起，早熟品种到第一花序开始封顶，晚熟品种到第二花序开花时止，是马铃薯发棵期或块茎形成期。第三阶段一般为 20～30 天，下寨 65 为 23 天，乐薯 1 号为 20 天，青薯 2 号为 25 天。

此阶段茎急剧长高，约占总株高的 50%，主茎、主茎叶全部建成，产生分枝，分枝叶片扩展，茎叶干重占此时期总干重的 40% 以上；根系进一步扩大，块茎膨大，直径约 3 厘米，块茎干重达此时期植株总干重的 50% 以上，生长中心由茎叶生长转为茎叶生长和块茎形成同步进行，是建立强大同化系统的重要阶段，是保证转向旺盛结薯的基础。在这转折关头，因生长对养分需要量骤增，造成短期供需脱节，主茎生长暂时缓慢，通常持续约 10 天，养分状况越好缓慢生长期越短，反之越长。转折终点的标志是植株干物质量与块茎干物质量比例达到平衡，早熟品种大致从现蕾到始花，晚熟品种从始花到盛花期。由于块茎大都在该阶段形成，所以此阶段是决定结薯多少的关键时期。

由此可见，栽培上应保证养分制造、消耗和积累的协调进行，茎叶同化功能旺盛而不徒长，促进养分向块茎输送，故需加强松土培土，保证土壤疏松通气。在转折点之前维持土壤水分达土壤田间持水量的 70%～80%，加速根、茎、叶的生长；在此之后使土壤水分逐渐降为田间持水量的 60%，以利于适时转入结薯阶段。在氮、磷、钾三要素中，施氮肥可加快根茎叶的生长，使叶的蒸腾率降低 40%～50%，比施磷、钾肥的作用提高 1～2 倍，但稍次于氮、磷、钾肥混施。对氮、磷、钾的需要量，可分析叶柄中的含量变化动态来确定。在幼苗期与发棵前期叶柄中，硝态氮应保持每克干重 1.4 万微克，以后逐渐降到中期的 0.6 万～1.2 万微克，后期逐渐降到 0.2 万～0.7 万微克，亩产达 3 000 千克以上；如每克叶柄干重含有 2 000 微克硝态氮时，亩产仅有 1 000 千克左右。每克叶柄干重的磷酸态磷在前期应保持在（1.4～2.5）×10³ 微克，后期应保持在（1.0～1.4）×10³ 微克，若不足 1.0×10³ 微克时亩产仅达 1 000 千克左右。叶柄中氧化钾前期应占干物质重量的 10%～12%，后期则占 6%～8%，若不足 6% 时则亩产也低。

（三）块茎的形成和生长

块茎的形成和生长也称为结薯期，结薯期分为块茎形成期、块茎增长期和淀粉积累期。块茎形成实际在幼苗期茎顶花芽分化、匍匐茎顶端 12 个或 16 个叶节位停止极性生长、终止伸长时即开始了。最初从匍匐茎尖端髓部开始，接着皮层和维管束部分薄壁细胞加速分裂、相继增大，待膨大到绿豆大时表皮从尖端基部开始向顶端破坏，下面木栓形成层细胞向切线方向分裂，内壁逐渐被纤维素或木栓质充填积，形成周皮，块茎已具雏形。此阶段块茎生长以细胞分裂为主，正当团棵前后；以后细胞分裂急剧下降，恰好处在花芽分化时期。开花前花序抽生时期细胞分裂再次降低，进入结薯期，趋于平稳，但细胞体积和块茎鲜重增大，开花前后开始走向高峰。块茎生长中结构上刚膨大时皮层占横剖面直径的 50%，髓部仅占 16%；结薯期皮层占横剖面直径的 20% 左右，髓部约占 80%。化学成分上，每天个体细胞的体积、鲜重、蛋白质、胞壁材料约增加 4%，非还原糖、淀粉、乙醇溶性氮和灰分约增加 5%，开花前蛋白质、还原糖、蔗糖和水分含量高，结薯期淀粉含量增多。从块茎不同部位看，由皮层到心髓的水分和氮逐渐增加，淀粉和干物质则逐渐减少，心髓过大时品质较差。

块茎膨大时细胞向各个方向分裂和增大的速度不同，比例亦不同，使块茎产生不同形状。不同结薯层次的匍匐茎停止极性生长、顶端膨大的时间互不相同。首先中部结薯层次的匍匐茎形成块茎，以后依次向上、向下进行。由于不同结薯层次的养分和土壤温度等互不相同，块茎进入膨大盛期的时间亦不同。通常中部和中下部的结薯层次的块茎形成早，膨大最迅速，且比较大；最上部和最下部结薯层次的块茎生长慢，始终停留在形成初期的阶段，也较小。

一是块茎增长期与开花盛期基本一致，为开花期至茎叶衰老的一段时间。通常块茎增长期越长产量越高。块茎增长期长短因品种而异，下寨 65 为 32 天，青薯 2 号 33 天，乐薯 1 号仅有 24 天。

块茎增长期以块茎体积和重量增长为中心，在适宜条件下单株产量每天增长 20~50克，为块茎形成期的 5~9 倍，是决定块茎大小的关键时期，对经济产量具有决定作用。此时期地上部生长极迅速，分枝、叶面积和茎叶鲜重迅速增加，茎叶生长达到最高峰。此后茎叶生长减慢，最终停止，而块茎继续生长，使茎叶鲜重与块茎鲜重平衡。平衡期出现的迟早是衡量品种丰产性大小和栽培措施优劣的重要标志。在优良栽培措施下平衡期出现越早品种丰产性越高。平衡期后块茎生长大于茎叶生长。

块茎增长期与当时温度、土壤水分和养分供应有关。15~20 ℃下土壤水分和养分供应充足，块茎增长期长，反之则短。块茎增长期若发生高温干旱则块茎小，降水降温后次生生长，产量低、品质差。夜间低温对结薯影响比土温重要，特别是夜间气温高时，不但可以降低当代至第三代产量，而且淀粉含量也低，故高温地区或地膜栽培不能作种。

该时期块茎以体积增大为主，故要求土壤疏松，水分供应充足而均匀。对土壤缺水最敏感的时期，中晚熟品种是盛花、终花及花后 1 周。若土壤水分降到田间持水量的30%，分别减产 50%、35% 和 31%。该时期形成的干物质和对水分及养分的吸收均在全生育期的 50% 以上，故栽培上应保证土壤充分供应水分和养分，避免高温干旱，尽可能延长块茎增长时间。

二是淀粉积累期是茎叶衰老至枯萎的时期。此期间茎叶养分继续向块茎转移，块茎体积虽基本不变，但重量增加，主要为积累淀粉。块茎周皮细胞壁和木栓组织越来越厚，薯皮内外气体交换更加困难，茎叶完全枯萎时块茎完全成熟，逐渐转入休眠。淀粉积累期通常为 40~50 天，长短因品种而异，下寨 65 为 43 天，青薯 2 号为 45 天，乐薯1 号为 41 天。

该时期块茎以积累淀粉为中心，蛋白质和灰分元素增加，糖分和纤维素减少。块茎产量和淀粉含量的增加一直持续到茎叶完全枯死，如在收获前 3~4 天割去尚未枯死的茎叶，也会降低产量和淀粉含量。下寨 65 若遭霜冻毁掉约 60% 茎叶时收获，收获的块茎产量比完全干枯时收获的产量减少 8.68%，淀粉含量降低 6.80%；若霜冻毁掉约25% 茎叶时收获，产量减少 25.81%，淀粉含量降低 9.86%（表3-4）。因此，栽培上首先应满足块茎积累淀粉所需的水分和养分，防止霜冻，尽可能地延长茎叶寿命，增加淀粉积累时间。其次应防止氮肥过多，土壤板结，避免土壤水分过大。最后要防止马铃薯晚疫病、黑胫病流行以及田间严重烂薯。

表 3-4　茎叶枯死程度对单株产量和淀粉含量的影响

收获时间	茎叶枯死率 （%）	单株产量 （克）	减产 （%）	淀粉含量 （%）	减少 （%）
9 月 10 日	约 25	914	25.81	11.45	9.86
9 月 20 日	约 60	1 125	8.68	14.51	6.80
9 月 30 日	约 90	1 200	2.59	17.35	3.96
10 月 10 日	100	1 232	—	21.31	—

第三节　马铃薯主推品种

一、青薯 9 号

（一）品种来源

青海省农林科学院生物技术研究所从国际马铃薯中心引进杂交组合材料中选出优良单株 ZT，后经系统选育而成。

（二）特征特性

株高 97 厘米。幼芽顶部尖形、呈紫色，中部绿色，基部圆形，紫蓝色，稀生茸毛。茎紫色，横断面三棱形。叶深绿色，较大，茸毛较多，叶缘平展，复叶大，椭圆形，排列较紧密，互生或对生，有 5 对侧小叶，顶小叶椭圆形；次生小叶 6 对互生或对生，托叶呈圆形。聚伞花序，花蕾绿色，长圆形；萼片披针形，浅绿色；花柄节浅紫色；花冠浅红色，有黄绿色五星轮纹；花瓣尖白色，雌蕊花柱长，柱头圆形，二分裂，绿色；雄蕊黄色，圆锥形，整齐地聚合在子房周围。无天然果。薯块椭圆形，表皮红色，有网纹，薯肉黄色；芽眼较浅，芽眼数 9.3 个，红色；芽眉弧形，脐部突起。结薯集中，较整齐，耐贮性中等，休眠期 45 天。单株结薯数 8.6 个，单株产量 945 克，单薯平均重 117.39 克。中晚熟，生育期 125 天，全生育期 165 天。植株耐旱、耐寒。抗晚疫病、环腐病。块茎淀粉含量 19.76%，还原糖含量 0.25%，干物质含量 25.72%，维生素 C 含量 23.03 毫克/100 克。

（三）栽培技术要点

结合深翻亩施农家肥 2~3 米³，纯氮 6.21~10.35 千克，五氧化二磷 8.28~11.96 千克，氧化钾 12.5 千克。4 月中旬至 5 月上旬播种，采用起垄等行距种植或等行距平种，播深 8~12 厘米。亩播量 130~150 千克，行距 70~80 厘米，株距 25~30 厘米，播种密度 3 000~4 000 株/亩。

（四）生产能力及适宜地区

一般水肥条件下亩产量 2 250~3 000 千克，高水肥条件下亩产量 3 000~4 200 千克。

适宜在青海省海拔 2 600 米以下的东部农业区和柴达木盆地灌区种植。

二、青薯 2 号

（一）品种来源

青海省农林科学院作物研究所于 1992 年以高原 4 号为母本，用国外引进品种玛古拉为父本，通过有性杂交，于 1998 年选育而成。

（二）特征特性

幼苗直立，绿色；株型直立，株高 84.0 厘米；茎绿色，茎横断面三棱形。叶浓绿色，叶缘平展，复叶椭圆形，互生或对生。聚伞花序，花蕾椭圆形，绿中带紫色；萼片黄绿色，披针形；花冠浅紫色，花瓣尖浅红色，基部浅绿色，雌蕊花柱较长，柱头圆形，绿色；雄蕊 5 枚，呈锥形，黄色，天然浆果少。薯块圆形，薯肉白色，肉质紧实；芽眼较浅，芽眼数 7~9 个；结薯集中。单株产量 0.88 千克，单株结薯数 5 个，单块薯重 0.18 千克；薯块中淀粉含量 24.35%，粗蛋白质含量 1.66%，还原糖含量 0.63%。属晚熟品种，生育期 118 天，全生育期 160 天；植株较耐旱、耐寒、耐盐碱，薯块耐贮藏。抗晚疫病、环腐病、黑胫病、抗花叶和卷叶病毒，轻感早疫病。

（三）栽培技术要点

该品种结薯较晚，结薯层深，要求在前茬作物收获后，对土壤进行秋深翻、翻匀、翻松，在翻地前，每亩施农家肥 3~5 米^3，并用辛硫磷进行土壤处理，以防地下害虫发生。播前每亩施氮 10 千克、五氧化二磷 5.20 千克、氧化钾 10 千克，基肥用量占总用量的 90%，于现蕾期追施尿素 2.5 千克/亩。选择无病、无伤的幼壮薯播种，切种时若发现病薯应及时对切刀消毒。该品种适宜播期为 4 月上中旬。播种量每亩 150~200 千克。行距为 70 厘米，株距为 25~30 厘米，播种密度 3 500~4 500株/亩。

（四）生产能力及适宜地区

水地种植产量 2 500~3 000千克/亩，中位山旱地种植产量 2 000~2 500千克/亩。适宜青海省川水地区和高、中位山旱地种植。

三、青薯 10 号

（一）品种来源

青海省农林科学院作物研究所于 2000 年以中德 5 号为母本、陇薯 3 号为父本通过，有性杂交选育而成。

（二）特征特性

株型直立，株高 68.2 厘米，茎粗 1.4 厘米，茎绿色。主茎数 3 个，分枝数 3.4 个。叶深绿色，叶缘平展，复叶椭圆形，聚伞花序，有 7~8 朵花，排列疏散，花蕾椭圆形，绿色，总花梗长 12.3 厘米，花柄节绿色，萼片绿色，短尖形，花冠紫色，直径 3.35 厘米；花瓣尖，浅红色，雌蕊花柱长，柱头二分裂，绿色，雄蕊 5 枚，聚合成圆柱状，黄色，无天然果。薯块圆形，表皮光滑，表皮白色，薯肉白色，芽眼浅，芽眼数 5~7 个，芽眉弧形，脐部浅。结薯集中，休眠期 35 天，耐贮藏。单株产量 786 克，单株结薯数

4.5 个，单薯重量 130 克，淀粉含量 19.69%，维生素 C 含量 19.94 毫克/100 克，粗蛋白质含量 2.06%，还原糖含量 0.17%，食味品质好。晚熟，全生育期 148 天。耐旱、耐寒，抗晚疫病、环腐病，轻感黑胫病。

（三）栽培技术要点

忌连作，前茬作物收获后，对土壤进行秋深翻，结合深翻施农家肥 2~4 米^3/亩，播前施氮 10 千克/亩、五氧化二磷 5.2 千克/亩、氧化钾 10 千克/亩。用药剂进行土壤处理，防治地下害虫。播前选择无病、无伤的幼壮薯作种，整薯播种或切块播种，切块播种时用 75% 酒精对刀具进行消毒。适宜播期为 4 月中旬。播种量 150~200 千克/亩，行距 70~80 厘米，株距为 25~30 厘米，播种密度 3 500~4 500 株/亩。苗齐后除草松土，开花前及时灌水、施肥、培土。现蕾期追施尿素 2.5 千克/亩，开花前后喷施有机叶面肥或磷酸二氢钾 2~3 次。在生育期发现病株，及时拔除。田间植株茎叶枯黄 90% 以上时收获，防止机械损伤。

（四）生产能力及适宜地区

水地产量 2 500~3 000 千克/亩，低位山旱地产量 2 300~2 600 千克/亩，中位山旱地产量 2 200~2 500 千克/亩，高位山旱地产量 2 500~2 800 千克/亩。适宜于青海省水地及山旱地种植。

第四节　马铃薯栽培技术

一、选用优良品种

优良品种是高产的重要物质基础，在良好的农业技术条件下，如果没有相适应的优良品种，要获得高产是相当困难的。在农业生产上，选用优良品种是最经济、最有效的一项增产措施，在同一栽培条件下，有了优良品种，虽不增加劳动力、肥料，也可获得较好的收成。优良品种能够增产，一方面在于它遗传性状上具有丰产能力，另一方面在于它的性状能够适应一定的环境条件，或者具有抵抗不利外界环境条件的能力，获得高产。马铃薯优良品种选用，应根据用途来确定，一般川水和浅山地区应选用生育期较长的中晚熟品种，脑山地区选用抗寒能力强、生育期短的早熟品种。当前湟中区马铃薯产业种植的主导品种有青薯 9 号、青薯 2 号、青薯 10 号。

二、精耕细作、轮作倒茬

精耕细作、轮作倒茬是马铃薯播种前必须做好的准备工作，是高产优质的重要前提。

（一）选地

马铃薯适宜在微酸性或中性土壤中生长，在碱性土壤中易生疮痂病，最不适于黏重土壤生长。质地疏松的土壤孔隙率大，能满足生长发育对养分和二氧化碳的需要，满足根在发育中对氧的特殊需要，土壤疏松通透性好，利于防止块茎田间腐烂，增强耐贮性。地势低洼，易积水，易受霜冻，块茎易感晚疫病、软腐病。因此，种植马铃薯应选择地势高亢、易排水灌水的地块。选择土层深厚、结构疏松的轻砂壤土，肥力中上等，经秋季深翻、有灌排条件，保水、保肥良好的地块。

（二）合理轮作

合理轮作能经济利用土壤肥力和土地，有效防治病虫害，特别是防治通过土壤或病残体传播的病虫害。如果连作或隔年种植则病害重、产量低。选择两年轮作无茄科作物的土地，前茬可为大豆、小麦、油菜等作物，不应与甜菜、胡萝卜、番茄等作物进行连作。轮作不仅可以调节土壤养分，避免单一养分的缺乏，而且能减少病虫为害的机会。马铃薯与茄科作物有共同的病虫害，需肥的种类也大致相同，最容易传染马铃薯病虫害和造成土壤单一养分缺乏。

适宜与马铃薯轮作的作物有小麦、青稞、燕麦等麦类作物，因其没有与马铃薯互相传播的病害，田间杂草种类亦不同，病害轻，利于防除杂草。此外，葱、蒜、芹菜等蔬菜作物也是较好的轮作作物。

（三）整地

深耕、整地是调节土壤水、肥、气、热的有效措施，是多结薯、结大薯、提高产量的重要因素。据调查，深耕从 13.3 厘米增加到 20 厘米可增产 14%~48%，若增加到 35.3~50 厘米则增产 75%~91%，大薯的比例增加 12%~33%。深耕应与施有机肥结合，通常要求耕地深度 20 厘米以上。主要作用如下。

一是加厚耕作层，疏松土壤，增大孔隙率，降低容重，提高保水性和保肥性，为根系生长和块茎膨大创造有利条件。

二是促进土壤微生物活动和繁殖，加速有机质分解，增加土壤有效养分。

三是减少或消除靠土壤传播的病虫草害。

四是提高地温，利于早出苗、早结薯，增加大薯比例，提高产量。

耕地分春耕和秋耕两种，以后者为佳，因播种时间距耕地时间越长，土壤熟化程度越高，越利于接纳雨雪，沉实土壤，故前茬作物收获后应尽快秋耕。秋耕后应立即耙耱，打土保墒，平地可镇压土地保墒。最适宜耕地的土壤湿度一般为田间持水量的 40%~60%，秋雨过多或地势较低不适秋耕时可进行春耕，干旱严重而有灌溉条件的则浇水后秋耕或春耕，以利保墒。

三、种薯处理

（一）种薯需经晒种催芽处理

播种前 15~20 天将种薯置于 15~20 ℃的条件下催芽，当种薯大部分芽眼出芽时，剔除病薯、烂薯和冻薯，放在阳光下晒种，待芽变紫色时切块播种。播前催芽比不催芽可增产 10%以上。催芽堆放以 2~3 层为宜，不要太厚。催芽过程中对块茎要经常翻动，使之发芽均匀、粗壮。催芽的块茎增产的原因：一是幼芽发根快，出苗早而齐，早发棵、早结薯，有利于高产；二是经过长期的贮藏和催芽，患病薯块均可暴露，便于播前淘汰，以免田间发病或缺苗。

（二）种薯切块

种薯可切块或整薯播种，单块重 25~50 克，每个切块至少要有 1~2 个芽眼。最好用草木灰拌种。整薯播种可避免病毒病和细菌性病害通过切刀传播，切刀是细菌性病害传播的媒介，能传播环腐病、黑胫病。一块种薯有病可通过切刀传染几十块感染病毒，造成减产。

（三）切刀消毒

切块时，要进行切刀消毒。当切到病烂薯时，将病烂薯剔除，同时将切刀在 5% 的高锰酸钾溶液中浸泡消毒 1~2 分钟，然后再切其他薯块，以免感染其他薯块，最好采用两把刀交替消毒切种的办法。切刀消毒可以防止病害传播。

（四）种薯药剂拌种

针对病害可以用甲霜·锰锌、代森锰锌、多菌灵、春雷霉素、甲基硫菌灵等药剂拌种。

四、播种

播种是第一道重要的生产环节，只有不失时机、保质保量完成，才能丰收。

（一）种薯准备

种薯质量对马铃薯产量和质量具有重要影响，播种前做好种薯准备能进一步提高种薯质量，适时播种，促进早出苗，保证苗全、苗齐、苗壮。

种薯出窖与挑选：种薯出窖时间应根据播种时间、种薯在窖内贮藏情况和种薯处理等因素综合考虑。种薯在窖内未萌芽，贮藏较好时则根据播种时间和种薯处理需要的天数确定。催芽时间应根据播种时间和品种萌芽速度确定，催芽时间通常为 2~4 周，故需播前 3~5 周出窖。若窖内种薯过早萌芽，贮藏较差，则在不受冻的前提下尽早出窖，散热见光，抑制幼芽徒长，使之绿化、坚实。出窖后淘汰薯形不规整、龟裂、畸形、芽眼突出、皮色暗淡、薯皮老化粗糙、病、烂等块茎。出窖时若块茎已萌发，应淘汰幼芽软弱细长或幼芽纤细丛生等不良性状的块茎。

（二）整薯播种

切薯播种虽可节约种薯，利于控制单位面积主茎数，出苗快而齐，薯大而齐，成熟早，但易传播环腐病、黑胫病、普通花叶病毒等重要病害，耐旱性差，生长势弱，产量低，故整薯播种比切薯播种好。试验表明，大小相当的条件下整薯播种比切薯播种主茎数多，可增产 25.19%~67.92%。

整薯播种的环腐病、黑胫病和某些病毒病害发病率比切薯播种低，出苗率高，苗齐苗壮，生长势强，耐旱、耐涝、耐霜冻，早期生长发育快，茎叶覆盖地面时间早，对太阳辐射能量的利用率高，并可节省切种用工。

（三）切薯播种

切薯播种可节约种薯，成本小。原则上切种后应尽快播种，以播种前 1 天为佳。切种时要淘汰病薯，并对切刀消毒。切块应多带薯肉，具有 1~2 个芽眼，切忌切成薄片、过小或挖芽眼。最好纵切为二等分，若需再切，可切成四等分。试验表明，在切块大小相当时，纵切二等分比纵切四等分可增产34.13%。马铃薯环腐病和黑胫病等经切刀传播的病害较重时不得切薯播种。

（四）播种期的确定

根据当地晚霜发生期、气温和土温确定播种期。湟中区栽培马铃薯的大部分地区，通常在农历四月初八前后都有晚霜，马铃薯发芽期一般为30~40天，故应在当地通常发生晚霜前约30天，气温达到5℃（或10厘米深处土温达7℃）时播种比较合适。适宜播种期因海拔高度和地势而异，高海拔、易发生霜冻的地区宜迟，反之宜早。湟中区播种时间：川水及浅山地区为4月中旬至5月上旬；脑山地区为4月下旬至5月中旬，覆膜播种能提早10天左右出苗。

五、合理施肥

合理施肥是提高产量的重要措施。施肥技术得当，能满足马铃薯生长发育期间对各种养分的需要，作物才能生长苗壮，高产优质。通常每生产1 000千克块茎需吸收氮约8.63千克、五氧化二磷约1.91千克、氧化钾约14.2千克。

（一）有机肥料

有机肥种类多、肥源广、数量大。增施有机肥可提高土壤肥力、增加作物营养、促进产量提高。具体作用如下。

一是有机肥含有马铃薯生长发育必需的大量元素和微量元素，含有具刺激性物质的微生物，是任何化肥不能取代的完全肥料。

二是有机肥含有大量能在微生物作用下分解产生可吸收的养分、腐殖质，可增加土壤养分，疏松土壤，提高肥料利用率。

三是有机肥分解产生的胡敏酸等可使土壤呈微酸性，促进马铃薯生长、淀粉形成，提高块茎产量和淀粉含量。

四是有机肥分解释放大量二氧化碳，增加地面空气中二氧化碳含量，增强光合强度，提高产量。

（二）化学肥料

化学肥料具有肥力高、用量少、肥效快以及施用、运输方便等优点，但养分单一、肥效短、有酸碱反应、易伤苗，宜与有机肥配合施用。马铃薯生产上常用的化学肥料如下。

（1）尿素　宜作基肥、追肥。

（2）碳酸氢铵　宜作基肥，注意深施和立即覆土。

（3）过磷酸钙　宜作基肥，不宜作追肥，勿与碱性肥料混用，最好与农家肥混合发酵后用作基肥。

（4）重过磷酸钙　宜作基肥和追肥。

（5）硫酸钾　宜作基肥和追肥。

（6）磷酸二铵　宜作基肥和追肥，勿与碱性肥料混用。

（三）施肥方法

马铃薯施肥方法主要有基肥和追肥，干旱无灌溉条件的宜全作基肥。试验表明，施肥量相同，旱地全作基肥比追肥增产 26.49%。土壤湿润、降水量大或能灌溉的地方，应以基肥为主，适时追肥，基肥数量应占总施肥量的 80% 以上。

1. 基肥

有机肥用作基肥，多为春播耕地时施入，秋季耕地施入效果更佳。化肥作基肥宜春播时施入。基肥充足可撒施，或结合翻地沟施。易挥发失效的化肥如碳酸氢铵等必须沟施。

2. 追肥

早春气温低，土壤微生物活动弱，有机肥分解慢，追施速效化肥或早期追施氮肥，可促进马铃薯早期生长。水地试验结果表明，用量相同的追肥比全作基肥增产 12.31%。氮用量相同追肥越早增产效果越大，苗期追肥可增产 17.0%，现蕾期追肥可增产 12.4%，开花期追肥可增产 9.4%。

在块茎形成末期植株内养分重点转向块茎，不应追施氮肥；开花前可追施适量磷、钾肥，最好与浇水灌溉结合进行。追肥时要尽量减少沾污茎叶，追肥位置应与根部相距 5 厘米以上，以免灼伤或损害作物。

（四）施肥量

施肥量：应根据目标产量、土壤肥力、气候条件以及对氮、磷、钾的需要量来确定，并因品种熟性、施肥位置和时机、灌溉、前作、降水量和主茎密度等而异，通常可按每生产 1 000 千克块茎需氮 8.63 千克、五氧化二磷 1.91 千克和氧化钾 14.2 千克计算，氮、磷、钾比例通常为 1 : 0.56 : 0.07，磷、钾比例应随氮用量增加而增加。由于湟中区大部分马铃薯产区干旱少雨，无灌溉条件，土壤含钾量高，近十多年来磷肥用量增大，土壤磷含量也高，故施用氮肥对产量的影响很明显。通常氮肥利用率为 30% ~ 60%，磷肥利用率为 10% ~ 15%，钾肥利用率为 40% ~ 70%，厩肥和绿肥利用率为 10% ~ 30%。湟中区马铃薯配方施肥建议施肥量见表 3-5。

表 3-5　湟中区马铃薯测土配方施肥推荐表　　　　　单位：千克/亩

生态区	目标产量	施肥量（纯量）			化肥配方用量						
					配方一			配方二			配方三
		氮	磷	钾	尿素		磷酸二铵	尿素		过磷酸钙	配方肥
					基肥	追肥		基肥	追肥		
川水地区	2 300 ~ 2 800	9.20	5.64	4.9	12	3.0	12.0	16.0	4.0	47	40
浅山地区	2 000 ~ 2 500	8.28	5.04	4.9	11.0	2.5	11.0	14.5	3.5	42	36
脑山地区	2 500 ~ 3 000	9.20	4.80	2.5	12	4.0	10.5	17.0	3.0	40	34

注：施肥量是在亩施农家肥 4 米³ 或商品有机肥 200 千克基础上的推荐施肥量，化肥含量按尿素含氮（N）46%、过磷酸钙（P_2O_5）14%、硫酸钾含量（K_2O）50% 计算。

六、合理密植

（一）根据当地生产水平、自然条件和种薯质量选择播种密度

具备生产水平高、生长期长、温度高、降水多、灌溉条件好和种薯质量高的条件时，应利用高产个体组成群体，适当减少密度，采用高产栽培技术获得最高产量。生产水平低，生长期短，自然条件差，种薯质量不高的，宜采用较大的播种密度、低产的个体来获得较高的产量。总之，栽培水平高宜稀，反之宜密。

（二）根据品种熟性选择密度

一般早熟品种植株矮小，单株产量较低，宜用较大密度。中晚熟品种植株高大，单株产量较高，宜用较小密度。目前，湟中区主栽品种以每亩3 000~4 500株为宜。

（三）根据土壤肥力和水肥高低选择密度

养分和水分充足是充分发挥植株内在增产潜力的首要条件。土壤肥沃、水肥条件高，宜用较小的密度，反之须用较高的密度。

七、合理灌溉

充分供应土壤水分是充分发挥植株内在增产潜力的必要条件之一，也是获得高产的先决条件之一。每生产1千克块茎需100~150千克水，年度间产量差异的一个主要原因是水分供应的不同。由于湟中区大部分地区雨水不足，经常干旱，因此灌溉特别重要。现蕾至开花盛期是马铃薯需水高峰，凡有灌溉条件的地区应及时浇水，满足植株生长发育对水分的需要，马铃薯才能高产优质。

八、田间管理

马铃薯的田间管理是综合运用各种栽培技术来保证全苗壮苗，促进植株生长苗壮，使全田植株茎粗、节短、直立不倒伏、叶片平展肥大有弹性、叶色深绿有光泽、底部叶片失绿晚而少、开花繁茂而花期长，群体呈丰产相。

（一）出苗前的田间管理

马铃薯播种至出苗为30~40天。田间管理对全苗壮苗及生长发育、产量和质量的作用举足轻重，是高产栽培的重要环节。这期间主要田间管理措施如下。

1. 播种后及时保墒

马铃薯块茎中有一定水分可供萌芽所用，使其在有一定墒情的土壤中萌发良好，但因湟中区马铃薯产区常常春旱严重，因此播种后保墒对全苗壮苗非常重要。

2. 防除杂草

马铃薯出苗前，杂草与马铃薯争光、争水、争肥、争热量非常严重，是制约马铃薯高产优质的重要因素。湟中区部分山旱地区野燕麦为害较为严重，播种后2~3天喷施野麦畏可使马铃薯增产38.6%~47.8%。其方法是播种后3天内或播前整地时，用野麦畏均匀地喷洒地面进行药剂除草。

（二）出苗后的田间管理

苗后田间管理应根据植株生长情况和生长发育规律，采取适当措施，促进植株向壮

苗发展。

1. 幼苗期

苗期田间管理主要是除草松土、提高土温，促进根系发育，使幼苗根深叶茂、粗壮、具有 6~8 片肥厚平展的叶，叶色深绿色，叶背微紫色，生长势强。主要措施是齐苗时除草松土，行间用铁锹翻地约 16.5 厘米，行内翻地 6~10 厘米，打碎土块，严防损叶伤根，并可追施氮肥。发现地下害虫蛴螬、金针虫等为害时，结合松土用 3% 克百威或 5% 辛硫磷颗粒剂 2.5 千克撒入土壤处理。干旱浇水时，先浇水后松土。

2. 现蕾至开花初期

这一阶段是在全壮苗基础上，通过除草、松土、培土、浇水、追肥等措施促使幼苗群体长成壮苗。主要是现蕾期和初花期除草、松土、培土、追肥、浇水。培土层要厚，垄应有一定坡度，垄沟应深。松土、培土时应避免伤根压苗。试验表明，初花期培土，比不松土、不培土增产 22.29%；现蕾期和初花期培土和松土可增产 57.41%；苗期除草松土，现蕾期和初花期除草、松土、培土可增产 73.65%。

3. 开花期至块茎成熟期

主要是施药防治病虫鼠害，拔除杂草，适时浇水，尽量延长马铃薯的生长期，增加产量，提高质量。

九、收获

收获是马铃薯生产中的最后一道田间作业，适时收获对提高收获质量、减少损失和机械损伤、高产优质及贮藏都很重要。

（一）适时收获

马铃薯收获的适宜时间应根据当地自然条件和块茎用途来确定。冬藏的商品块茎应在植株达到生理成熟时收获，植株生理成熟的标志是大部分茎叶干枯、块茎停止膨大而易与植株脱落。在此之前收获时间越早产量越低。因此，如无特殊原因，不应提早收获。对于种薯，为了减少块茎积累病毒，应适当早收。作蔬菜供应的马铃薯可根据市场需要分期收获。为避免秋涝或寒流威胁，可在植株生理成熟前适当早收，而土壤疏松、秋雨少的地方则应适当晚收。

（二）提高收获质量的措施

收获质量受很多方面的影响，必须从各方面着手，对某一环节稍有疏忽，收获质量必将大大下降。提高收获质量的主要措施如下。

第一，适时收获，严防品种混杂。

第二，晴天收获，块茎出土后日晒或风干 3 小时以上。

第三，深挖细捡、挖、犁各 1 遍，做到捡净。块茎要少带泥土或植株残体，病烂薯或破碎薯另放。

第四，翻挖、捡拾、装卸和拉运等作业中避免损伤块茎。

第五，收获时或收获后，严防块茎受雨变霉或受冻。

第六，收获后在散光、通风处阴晾 2~3 天。食用薯切勿长期日晒。

第七，机械收获时，应提前检修收获机具，并准备好贮藏和临时堆放块茎的场所及用具。

十、地膜覆盖栽培技术

马铃薯地膜覆盖栽培技术于 20 世纪 80 年代初就在青海省试验示范成功，主要在青海省热量条件较好的河湟谷地和高位旱地推广应用。该项技术能够提高地温，改善土壤环境，减少水分蒸发，提高土壤含水量，起到抗旱保墒作用。同时地膜覆盖加强了土壤生物活性和微生物活性，改善土壤物理性质，加强有机质分解，并能抑制杂草、病虫害的发生与为害。在生产中推广地膜覆盖技术，具有明显地提高马铃薯单产（平均亩产比露地马铃薯高 300~400 千克）、提高商品率、提早成熟等作用。

在湟中区比较常用的有高垄膜上覆土栽培技术和双色地膜覆盖栽培技术。

马铃薯高垄膜上覆土栽培技术是在普通地膜覆盖栽培的基础上，通过垄面培土，在地膜上覆盖厚度 2~3 厘米的土层，形成高垄，具有自然出苗、节省劳力、保墒调温、防止绿薯等特点。此技术适用于青海省河湟谷地和柴达木盆地灌区以及旱作区平滩地实行全程机械化作业的地区。

（一）技术特点

1. 自然出苗、节省劳力

膜上覆土，依靠膜上的土壤重力和薯芽自然向上作用，薯芽能破膜顶土自然出苗，出苗率达到95%以上，出苗整齐，较露地早出苗 10~15 天，防高温烧苗，有利于培育壮苗。每亩较普通地膜栽培节省人工 3 个，采用机械化生产，可以达到起垄、播种、铺膜、覆土一次性完成，大大降低成本。

2. 防除杂草、节约用水

通过 2~3 次的培土，地膜上形成厚 5~8 厘米的土层，通过几次清沟培土和膜上压土后，垄面杂草和垄沟内杂草大大减少。由于地膜覆盖保墒性能增加，采用半沟量灌水，减少灌水量和灌水次数。

3. 保墒调温、防止绿薯

地膜能阻止土壤水分蒸发，具有保墒作用。播种后先不压土，通过地膜迅速升高土壤温度，有利于发芽出苗；压土后土壤温度降低，能防止高温烧芽，降低水分蒸腾，保墒作用也进一步加强；后期土层温度较低，有利于结薯；膜上覆土也减少了裸露的薯块，降低绿薯率。

（二）栽培技术

1. 选地整地

应当选择地势平坦、土地平整、土壤疏松的地块，茬口以麦类、豆类等作物为好。土壤质地以砂壤土为最佳。秋收后及时深翻整地、打土保墒，达到地平墒足、土细疏松。

2. 施基肥

每亩施农家肥 2~3 米³（商品有机肥 100~200 千克）、40%马铃薯配方肥 50~60 千克或施尿素 20 千克、磷酸二铵 25 千克。

3. 追肥

现蕾后视作物长势，进行 1~2 次根外追肥，一般每亩用 0.1 千克磷酸二氢钾+0.2

千克尿素兑水 15 千克进行叶面喷施，也可喷施含钾叶面肥。

4. 起垄

一般用起垄覆膜机一次性完成，垄底宽 80~85 厘米，垄沟宽 40 厘米，垄高 25~30 厘米，垄上土壤力求细碎，忌泥条、大块。

5. 播种

播种时间一般在 4 月下旬至 5 月上旬。每垄播 2 行，行距 25~35 厘米，深度 13~15 厘米，穴距根据品种调整，早熟品种 20~25 厘米，中晚熟品种 30~40 厘米。机械播种时用起垄覆膜播种机一次性作业完成，人工播种用马铃薯点播器点播。双色地膜栽培技术采用人工点播方式，具有白色地膜和黑色地膜不具备的定距，更好地抑制杂草生长，保温性能更优，规范栽培程度更好。

6. 铺膜

选用幅宽 90 厘米、厚 0.01 毫米的白色地膜或黑白相间双色地膜。一般用起垄覆膜播种机一次性完成，也可采用机械起垄人工铺膜。要求作业时通过拉拽使地膜紧贴地面，易于顶膜出苗，保证垄侧地膜无破损。覆膜后随即按 2~3 米间距压小土带，防止大风揭膜。

7. 覆土

苗前覆土一般宜在播种后 15 天左右，培土宽度应尽量宽，厚度 4~5 厘米，覆土要均匀散碎。苗后培土的目的是封口、补漏，须在苗齐后进行第二次培土，厚度 1~3 厘米。现蕾到开花期可再次培土。覆土一般使用机械中耕覆土机作业，总培土厚度达到 5~8 厘米。

8. 灌水

对有补灌条件的产区，起垄后出苗前，若底墒不足应浅灌水 1 次，灌水量以少半沟为宜，每亩灌水量为 25~35 米³；现蕾期前后作物需水量大应灌水 1 次，灌水量以半沟为宜，每亩灌水 40~45 米³。灌水要根据天气和土壤墒情酌情确定，切忌过量或淹垄，收获前 20 天停止灌水。

9. 收获

在马铃薯收获前 2~3 天，先用机械灭秧机进行作业，把马铃薯地上植株全部打碎，便于机械收获。收获时一般用马铃薯挖掘机进行机械收获，薯块由人工捡拾。

10. 地膜的清除

覆土后减轻了地膜的老化，机械采收时（大多数）地膜容易被机犁整条拉出或形成碎块，应采取人工及时捡拾措施，减少对土壤的污染。

第五节　马铃薯全程机械化生产技术

一、概述

马铃薯生产全程机械化技术以垄作为主，早、中、晚熟品种均可采用全程生产机械化技术栽培，机械化生产效益明显。

（一）种植模式

在种植区地理生态、环境气候和品种、种性、栽培技术等条件确定的基础上，马铃薯生产全程机械化主要采用平种、垄种两种生产模式。

马铃薯生产以全程机械化生产作业为基础支撑，强调农机农艺技术融合、机械装备配套、生产环节衔接，重点要保证作业行距一致。

（二）技术路线

技术路线见图 3-1。

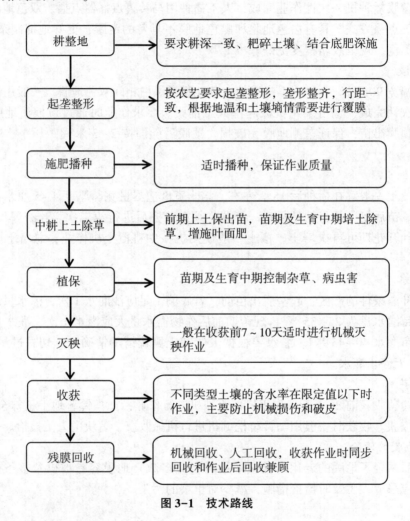

图 3-1　技术路线

（三）主要生产环节

马铃薯全程机械化生产包括：耕整地、起垄整形、播种覆膜、中耕上土除草培土、植保（病虫害防治及施叶面肥）、灭秧分段收获或联合收获。

机械配套要以保证作业质量和生产效率为前提，根据装备水平和生产规模选择大型机械或中小型机械进行合理组合。

二、关键环节技术要点

（一）机械耕整地作业

1. 深耕作业

根据不同地区的气候特点，选择秋季或春季机械深耕作业，耕作深度 20~35 厘米。要求不重耕、漏耕、翻垡一致、覆盖严密，并将地表杂草、残茬全部埋入耕作层内。耕后地表平整、塝沟少，地头地边要齐整，坡地应沿等高线水平作业。

2. 整地作业

秋季耕翻地应在马铃薯播种作业前配合施有机肥进行整地作业。春季耕翻地应在深耕后及时进行整地作业。起垄播种模式可选择旋耕整地或深松联合整地（深松每隔 2 年或 3 年作业 1 次）方式作业。旋耕整地作业深度在 15~20 厘米，深松联合整地要求深松深度在 25~35 厘米，整地后地面平坦、土块破碎，耕作层上实下虚。

（二）机械起垄作业

机械起垄后垄形要平直，间隔要一致。高垄单行垄面宽度 25~30 厘米，垄高不小于 20 厘米，垄底间距 30 厘米左右，行距 70 厘米。

宽垄双行垄面宽度 40~60 厘米，旱作区垄高 15~20 厘米；宽行行距（70±5）厘米、窄行行距（25±5）厘米，垄形整齐行距一致。

（三）机械覆膜播种作业

1. 种薯

实施整薯播种或切块播种。播种前要严格筛选种薯，切块播种时，在播前 4~7 天切块。每个切块带 1~2 个芽眼。种薯重量以 25~50 克为宜。

2. 播种期

马铃薯播种期川水地为 4 月上旬至下旬，山旱地为 4 月下旬至 5 月上旬。

3. 播种量

马铃薯播种量应根据目标产量、水肥条件和农艺要求在马铃薯播种机上通过调整播种轮相对应齿数（传动比）确定。合理的种植密度是提高单位面积产量的主要因素之一。各地应按照当地的马铃薯品种特性，选定合适的播量，保证亩株数符合农艺要求。

4. 种植方式

根据不同区域气候特点，可选择平种、露地垄种和起垄覆膜等种植模式。作业要求应符合有关标准。种肥应施在种子下方或侧下方，与种子相隔 5 厘米以上，肥条均匀连续。苗带直线性好，便于田间管理。

（1）平种 采用机械化点播技术，一次性完成开沟、施肥、播种、覆土等多项作业，基本参数为播深 10~15 厘米、行距（70±5）厘米。

（2）垄种 采用机械化点播技术，一次性完成开沟、施肥、播种、起垄等多项作业。基本参数为垄作播深 15~20 厘米、垄高 20~25 厘米、行距为（70±2）厘米。

（3）起垄覆膜 采用机械化点播技术，一次性完成开沟、施肥、播种、起垄、覆膜、压土等多项作业。种薯呈三角形排列，地膜厚度 ≥0.01 毫米，起垄铺膜作业时须同时实施除草药剂喷施。

（4）标准　播种作业漏播率≥5%。

（四）机械中耕作业

马铃薯中耕培土、除草、追肥同时进行，通过调整培土器与地面夹角可调整垄高和垄宽。要求作业后不伤苗、垄形完整。

第一次中耕作业在马铃薯幼苗长至15～20厘米时进行作业，主要进行机械除草作业，培土厚度5厘米左右。第二次中耕在马铃薯封垄现蕾期适时进行作业，结合中耕作业追施速效氮肥，施肥量根据各地实际情况确定。

起垄铺膜种植模式：在地下茎距地膜3厘米左右时进行上土压膜作业，覆土厚度以2～3厘米为宜，保证出苗率在90%以上。

平种模式：在马铃薯出苗期中耕起垄，在花期前进行中耕追肥培土。

露地垄种模式：在马铃薯花期前追肥培土，一次性完成开沟、施肥、培土、垄形等工序。中耕机应具有良好的行间通过性能，追肥作业应无明显伤根，伤苗率<3%，追肥深度6～10厘米，追肥部位在植株行侧10～20厘米，肥带宽度>3厘米，无明显断条，施肥后覆盖严密，视杂草生长情况，同时喷施药剂除草。

（五）机械植保作业

机械植保采用机载式喷杆喷雾机、植保无人机进行植保作业，适合大面积喷洒各种农药、肥料和植物生长调节剂等的液态制剂，药剂配方和用药量依据农艺要求和说明书确定，要求作业接行准确、喷药均匀、雾化良好，避免漏喷、重喷。

（六）机械灭秧作业

为达到马铃薯薯块表皮老化，减轻收获时撞伤损伤，提高产品品相及商品率的目的，在收获期进行灭秧作业。灭秧作业一般在计划收获作业前7～10天进行，各地应根据马铃薯成熟度适时进行收获前灭秧作业。采用横轴立刀式灭秧机，灭秧后露出垄形，保持垄形完整不伤垄，切碎长度≤10厘米，割茬高度≤10厘米。要求碎秧效果好，粉碎后的茎秧全部还田。

（七）机械收获作业

马铃薯植株完全枯死或作物生育期终止后，块茎停止增重，表皮形成较厚的木栓层时进行机械收获作业。根据各地设备条件和商品薯品种及用途，可选择分段收获（即机械挖掘、人工捡拾分级）或机械联合收获。作业质量要求：挖净率≥98%，明薯率≥97%，伤薯率≤2%，埋薯率≤3%。

（八）残膜回收作业

残膜回收采用机械捡拾和人工捡拾结合方式进行，残膜回收率≥90%，马铃薯捡拾和残膜回收同步进行效率更高。

三、机具配备参考方案

马铃薯生产全程机械化技术机具配备方案，为农业生产合作社及种植大户推荐机具配套方案（表3-6）。为增强适用范围，选择200亩的生产规模为配套单位，成倍大于或接近成倍大于本生产规模时，可参照同比例增加相关机械设备。

表3-6　马铃薯宽垄双行播种模式机具配备表

机具名称	技术参数与特征	数量	备注
动力机械	66.2~88.3千瓦拖拉机	1	深松整地机械配套动力
动力机械	22.1~33.1千瓦拖拉机	2	覆膜播种、中耕、灭秧、收获配套动力
耕作机械	液压翻转犁	1~2	配套22.1或66.2千瓦以上拖拉机
深松整地机械	旋耕整地机、深松联合整地机	1	配套66.2千瓦以上拖拉机
撒肥机械	圆盘撒肥机（大或小型）	1	配套对应动力拖拉机
起垄覆膜播种机	宽垄双行起垄覆膜播种机	2	配套22.1~33.1千瓦拖拉机
上土机械	马铃薯轻型上土机	1	配套22.1~33.1千瓦拖拉机
中耕机械	马铃薯中耕机械	1	配套22.1~33.1千瓦拖拉机
植保机械	杆式喷雾机（或植保无人机）	1	配套22.1~33.1千瓦拖拉机
灭秧机械	灭秧机（幅宽1~1.1米）	1	配套33.1千瓦拖拉机
收获机械	马铃薯分段收获机（幅宽0.9~1米）	2	配套22.1~33.1千瓦拖拉机
残膜回收机	依据作业条件及生产率选择	1	配套22.1~33.1千瓦拖拉机

第六节　脱毒种薯

马铃薯可以通过实生种子和块茎繁殖，但在商品薯生产中一般只用块茎繁殖。块茎无性繁殖保证了繁殖品种的纯度，受病毒感染是块茎繁殖最常见的问题，在马铃薯生产过程中有许多病原物侵染的机会，如种薯切块、催芽、播种、田间生长发育、收获运输和贮藏等。马铃薯生产的这些特点，使其成为易于被真菌、细菌、病毒及其类似病原体以及各种害虫侵染的作物。真菌类和细菌类能够通过化学、物理防治解决，为害只在当代表现，病原菌不能积累造成品种退化。病毒病目前还未发现有较成功的化学防治方法，病毒可以通过种薯无性繁殖过程逐代增殖、积累导致品种退化。

脱毒马铃薯是现代生物技术的产物。目前，马铃薯脱毒种薯越来越广泛地应用到生产中，在马铃薯产业发展中发挥着重要作用。脱毒种薯的推广和应用已经成为马铃薯生产的发展趋势，在马铃薯生产中正确应用脱毒马铃薯，能充分发挥马铃薯脱毒种薯的增产增效优势，保障马铃薯的种植效益。

一、种薯退化原因

在马铃薯的栽培过程中，存在植株逐年变小、叶片皱缩卷曲、叶色浓淡不均、茎秆矮小细弱、块茎变形龟裂、产量逐年下降等现象，表明马铃薯已经发生"退化"，而种薯"退化"会引起产量降低和商品性状变差。马铃薯生产上一般利用薯块进行无性繁殖。作为下代"种子"的薯块，一方面是病毒的不断侵染和积累，另一方面又不能自身清除体内的病毒，从而导致植株病毒病逐年加重，使植株在生产过程中不能充分发挥品种的生产特性，造成严重减产。病毒的侵染及其在薯块内的积累是马铃薯"退化"的主要原因。

为害马铃薯的病毒有 30 余种，其中在我国普遍存在而且为害严重的有马铃薯卷叶病毒（PLRV）、马铃薯 Y 病毒（PVY）、马铃薯 X 病毒（PVX）、马铃薯 A 病毒（PVA）、马铃薯 S 病毒（PVS）及马铃薯纺锤块茎类病毒（PSTV）6 种病毒或类病毒。严重感染马铃薯卷叶病毒病的，产量损失可达 40%~60%。马铃薯 Y 病毒引起的产量损失可高达 80%。马铃薯 Y 病毒与马铃薯 A 病毒和马铃薯 X 病毒复合侵染时会导致严重病害。马铃薯 X 病毒传播范围最广，一般引起产量损失 10% 左右，严重时可造成 50% 以上的损失。马铃薯 S 病毒能引起减产 10%~20%。马铃薯纺锤状块茎类病毒可引起产量损失 20%~35%，严重的高达 60%。

二、脱毒种薯的增产潜力

马铃薯是无性繁殖作物，病毒在体内积累引起种薯退化。马铃薯脱毒快繁技术是解决种薯退化的最有效途径。生产脱毒马铃薯微型薯的目的是脱去其所感染的真菌和细菌病原物，恢复原品种的特性，达到复壮。脱毒种薯没有病毒、细菌和真菌病害，其生命力特别旺盛。在同等条件下种植，利用脱毒种薯可比未脱毒种薯的鲜薯产量增加 30%~50%，有的成倍增加。未脱毒马铃薯大田留种，由于种性、气候、土壤、病害和地理位置等原因，种植以后表现差、产量低。所以用脱毒种薯代替退化种薯是重要的增产措施。就同一个品种来说，其增产幅度大小与下列情况有关。

（一）决定于当地对照种病毒性退化轻重

对照种退化严重的，脱毒薯增产幅度大；反之，则增产幅度小。栽培条件好的脱毒薯能充分发挥增产作用，而患病毒病马铃薯的栽培条件再好也不能高产。

（二）脱毒薯种植的年限长短

种植时间短的脱毒薯，因被病毒侵染的机会少，仍保持较高的增产水平。反之，脱毒薯种植年限长，病毒感染的机会多，病株逐渐增多，甚至有多种病毒侵染，逐渐接近未脱毒的种薯，增产幅度必然减小。

（三）脱毒薯是否因地制宜采取了保种措施

如春季早种早收、整薯播种、喷药防虫、拔除病株等。栽培技术应用得好，脱毒薯能起到较长时间的增产作用；反之，脱毒薯也会很快发生病毒性退化，失去增产作用。

第七节　马铃薯主要病虫草鼠害防治

为害马铃薯的病虫害有 300 多种。马铃薯病害主要分为真菌病害、细菌病害和病毒病。其中由真菌引起的马铃薯晚疫病是世界上最主要的马铃薯病害，几乎能在所有的马铃薯种植区发生。由细菌引起的马铃薯青枯病也在严重地为害马铃薯的生产。马铃薯害虫分地上害虫和地下害虫，其中主要有蚜虫、蛴螬等。

除以上生物性的病虫害外，还有一些非生物因素对马铃薯生长产生为害，水、肥、气、热等生长环境因素不平衡或不利时，会对其生长和发育造成影响，引起生理性病害。

一、病害

(一) 真菌性病害

1. 晚疫病

马铃薯晚疫病是马铃薯的主要病害之一，全国各地均有发生，特别是在川水地区和脑山地区受害较重。晚疫病菌主要借菌丝体在病薯内越冬，播入田间后随着病薯萌芽而扩展，侵入幼芽。马铃薯的叶、茎、块茎均能受害。

(1) 症状　叶片起初造成形状不规则的黄褐色斑点，没有整齐的界限。气候潮湿时，病斑迅速扩大，其边缘水渍状，有一圈白色霉状物，在叶片的背面，长有茂密的白霉，形成霉轮，这是马铃薯晚疫病的典型特征。茎部初呈稍凹陷的褐色条斑。气候潮湿时，表面也产生白霉，但不及叶片上的繁茂。块茎初期产生小的褐色和带紫色的病斑，稍凹陷，在皮下呈红褐色，逐渐向周围和内部发展。病薯很容易发生并发症，往往被其他病菌侵染而软腐。薯块可以在田间被侵染而入窖后大批腐烂。

(2) 病原物　马铃薯晚疫病菌为藻状菌、霜霉目。菌丝无色、无隔、多核。在病叶上出现的白色霉状物是病原菌的孢囊梗的孢子囊。病原菌主要靠无性世代产生孢子囊传播为害。

(3) 侵染循环　以带菌种薯为主要初侵染源。病薯播种后，多数病芽失去发芽能力或出土前腐烂，个别受侵染的薯芽出土后，在茎基部形成不明显的条斑。在潮湿的环境下，条斑表面可产生孢子囊，形成中心病株。从中心病株的病斑上所产生的孢子囊，通过气流或借风雨传播，向本植株的其他部位和附近植株的下部叶片重复侵染，引起新的病斑发生。适宜条件下，蔓延的范围逐渐扩大，经多次再侵染，导致流行，使植株普遍提早枯死。感病植株上的一部分孢子囊落到地面，随着雨水或灌溉水渗入土壤后，萌发而侵入薯块。在收获时薯块可以受地面上的活孢子侵染。

(4) 流行条件　晚疫病是一种典型的流行性病害，气候条件与发病和流行有极为密切的关系。当条件适于发病时，病害可迅速暴发，从开始发病到全田枯死，最快不到半个月。一般空气潮、暖而阴沉的天气，早晚露重，加上经常阴雨的情况下，最容易发病。

(5) 防治措施　第一，采用抗病品种。采用抗病品种是防治马铃薯晚疫病的有效措施，如青薯2号、青薯9号、青薯10号等。第二，选种无病种薯。种薯带菌是田间晚疫病的主要初次侵染源，种植无病种薯可大幅减少发病。具体做法：①在收获时仔细挑选无病种薯，淘汰病薯；②选好的无病种薯在背阴的地方风干2~3天，入窖时再挑选一次；③第二年种薯出窖时，再剔除一次病薯；④出窖后，经催芽使一些极轻微的病薯表现出较明显的病症，再一次把病薯淘汰掉；⑤在切薯时再选一次，把外表无病症而切开后表现病症的病薯淘汰。

做好测报工作，适时喷药防治，消灭中心病株。中心病株的出现是晚疫病流行的预兆。中心病株出现的时间与马铃薯生育期和气候条件有关，一般在多雨、大气湿度高时，在开花较早的马铃薯上最先出现中心病株。可供使用的药剂有很多，如甲霜·锰锌、代森锰锌、丁子香酚均有良好的防效。

改进栽培技术措施。种植不要过密，不能使其徒长，及时中耕培土，灌水要采取起垄沟灌，低洼田要注意排水，降低土壤湿度。病害严重的地块，在收获前应先将地上茎叶全部割除，减少病菌侵染薯块的机会。

2. 早疫病

早疫病俗称夏疫病、轮纹病或干斑病，是全国分布普遍的一种马铃薯病害，它能引起叶片过早的干枯，降低产量。

（1）症状　早疫病比晚疫病通常发生早，但发展速度较慢。叶片病斑一般近于圆形，与健全组织的界限明显，周围有很窄的黄圈。病斑多时，邻近的斑点可连接为不规则的病斑，不呈现水浸状的晕环，常是干枯的斑点。其特征为深褐色斑点，内有黑色的同心圈或轮纹。块茎较少感病。块茎病斑圆形或不规则，暗褐色，略下陷，边缘清晰。病斑在皮下深达 0.5 厘米左右，薯内变为褐色，干腐，下面有一层木栓化组织。

（2）病原物　马铃薯早疫病菌为半知菌、丛梗孢目，菌丝暗褐色，在寄主组织的细胞间及细胞中生长。分生孢子棍棒状，具有 4~9 个横隔膜和 0~4 个纵隔膜，隔膜处有缢缩。孢子为（45~96）微米×（12~16）微米。分生孢子萌发的最适温度为 28~30 ℃。

（3）侵染循环　病菌以菌丝体及分生孢子随残余病组织在土壤中或在块茎的病斑上越冬，成为翌年的初次侵染来源。分生孢子的存活期很长，主要通过风雨传播。在马铃薯的生长期间，能对植株地上部的叶片进行多次的重复侵染，蔓延扩大。在气温偏高、植株生长较弱等情况下，发病严重，甚至个别地块有的全株干枯。

（4）流行条件　在干旱和湿润天气交错的时期，该病发展最迅速。植株受伤、生长不良等不利条件下发病重。

（5）防治措施　①提高耕作和栽培水平，对防病有重要作用。如深耕能减少初次侵染来源，合理灌溉、施肥可增强植株抗病力。②选用抗病品种，如青薯 2 号、青薯 9 号、青薯 10 号等。③发病初期，选用甲霜·锰锌、代森锰锌、丁子香酚均有良好的防效。④清除植株残体，与小麦、油菜等非茄科作物倒茬。

3. 黑痣病

马铃薯黑痣病又称黑色粗皮病、茎溃疡病，是重要的土传真菌性病害。该病为世界范围内马铃薯产区普发性病害，严重影响马铃薯的产量和质量。

（1）症状　马铃薯黑痣病在马铃薯的不同生长期内都可发生。

苗期：侵染顶芽和茎基部，顶芽被侵染后引起死亡，茎基部感病形成褐色水渍状病斑，引起立枯。

生长期：主要侵染地下茎和匍匐茎，产生褐色溃疡型病斑，地上部表现为植株矮小和顶部丛生。

成熟期：主要侵染块茎，感病严重导致匍匐茎顶端不能膨大结实，感病较轻块茎畸形生长，变小。在成熟的块茎表面形成大小不一、数量不等、形状各异、坚硬的、颗粒状的黑褐色或暗褐色的斑块即病原菌的菌核，不易冲洗掉，菌核下边的组织保持完好。也有的块茎因受侵染而导致破裂、锈斑和末端坏死等。

（2）病原物　立枯丝核菌，属半知菌亚门真菌。菌核初白色，后变为褐色，大小 0.5~5 毫米。最低生长温度为 4 ℃，最适为 23 ℃，最高为 32~33 ℃，34 ℃时停止生长。菌核形成的最适温度 23~28 ℃。分枝处大多有缢缩，并在附近生有一隔膜，新分枝菌丝逐渐变为褐色，变粗短后纠结成菌核。

（3）侵染循环 病原菌为土壤习居菌，以菌核和菌丝体在土壤、病株病残体及感病植物体内越冬，病菌抗逆性较强，可在土壤中存活 2~3 年。该病菌有直接侵染的能力。初侵染源主要为病田土表及病残体中的越冬菌核，带病种薯为重要的初侵染来源，也是该病菌远距离传播的重要途径。翌年，当温湿度条件适宜时，越冬菌核萌发产生菌丝，侵染种薯、茎基部及根部等地下部分，引起发病，严重时在茎基部地上部分产生灰白色菌丝层。病部长出的气生菌丝向病组织附近扩展，进行再侵染，病部形成的菌核落入土中，通过雨水反溅，也可以进行再侵染。病菌的远距离传播通过种薯调运和移植传播，丝核菌菌丝可以在土壤中扩展蔓延一定范围进行传播，可以通过病根与健根接触进行传播。由于该病菌无性阶段不产生任何孢子，因此，在短期内扩展范围较窄。但是，土壤习居菌为积年流行病害，容易造成较大损失。

（4）发病条件 黑痣病发生与气候条件、种子质量和耕作栽培措施密切相关。

气候条件：主导因素，较低的土壤温度和较高的土壤湿度，有利于丝核菌的侵染，对于种薯则为出芽周期长，在土中埋的时间长，增加病菌侵染机会。结薯期土壤湿度太大，排水不良，会加重薯块上菌核的形成。

种薯质量：种薯健壮，生命力强，发病轻，反之则重。

播种时间：播种期过早或过迟都会造成病菌对幼芽的侵染。

耕作栽培：多年连作的地块发病重，管理粗放、土壤板结、透气性不良、排水性差的地块，种薯出苗时间长、长势弱，发病较重。整地播种作业期间遇雨，土壤潮湿，容易板结，不利于幼苗萌发和出土，易感染病菌。

管理措施：施用未经腐熟的肥料，常带有病原菌丝体和菌核，易导致病害发生且肥料在田间腐熟发热，会伤害种薯及幼芽、幼苗，形成伤口，易于病害侵染。

（5）防治措施 包括农业防治、生物防治和化学防治。

农业防治：选用脱毒种薯和抗病品种。选用无菌种薯或用多菌灵等杀菌剂浸种，可有效地阻断病原菌的侵染。适时栽植，栽前催芽，实行地膜覆盖，促种苗早发，降低病害发生。发病重的地区，尤其是高海拔冷凉山区要特别注意适期播种，避免早播。及时拔除病株，并在根际土壤中施用石灰等土壤处理剂处理土壤。在结薯根未干枯前提前 2 周前收获，可有效地降低薯块上黑痣的发生。马铃薯与小麦、玉米、豆类作物轮作，可有效地降低土壤中病原菌的含量。

生物防治：许多对土传病害有高效生防效果的生防菌株可以应用于丝核菌的防治，如假单胞杆菌、芽孢杆菌、木霉属、青霉属等，可以通过增强拮抗微生物的生理活动及改变土壤菌落结构来达到防病治病的目的。轮枝孢属真菌对丝核菌有一定的拮抗作用，对 AG3 融合群有非常明显的效果，且从栽植到收获再到贮存，均可发挥有效的生防作用，可用来作为丝核菌病害的生防菌。

化学防治：40% 菌核净可湿性粉剂或 50% 敌磺钠可溶性剂或 80% 代森锰锌可湿性粉剂按种薯量的 0.2% 浸种或拌种；播种前用 40% 多菌灵可湿性粉剂或 50% 福美双可湿性粉剂浸种 10 分钟。利用三唑类杀菌剂、多菌灵、五氯硝基苯、嘧菌酯等处理土壤，可收到较好的效果。

（二）细菌性病害

1. 黑胫病

马铃薯黑胫病俗称黑脚病、茎基病。青海省马铃薯产区都有不同程度的发生，是细菌性软腐病害，侵染茎和块茎，造成幼苗或成株死亡，严重减产。更严重的是窖藏期块茎腐烂，尤其在窖内高温或通风不良的条件下，病薯可以完全成为一团湿软腐败的物质，并侵染附近的健康块茎，造成贮藏大量损失。

（1）症状 病薯从脐部开始变黑，向髓部呈放射状扩展，并产生黏液，有臭味；横切观察可见维管束呈点状或断线状黑色，手压薯皮薯肉不分离，重者可在田间腐烂。病情轻的块茎仅脐部呈黑点，干燥时紧缩变硬，贮藏期间过热或过湿均会使其继续发展，变黑腐烂发臭。植株生长的任何阶段均可产生症状，一般多在株高为16~20厘米时，开始出现症状，最明显的症状是病株明显矮小、心叶黄化、变小、卷曲，皮层髓部均发黑，表皮组织破裂，根系极不发达，并发生水渍状腐烂。病株极易从土中拔出，多半死亡，结薯减少，块茎变小。若病害发展较慢时，植株不是很快死亡，而常表现坚硬直立，此系维管束邻近的纤维组织大量发展及皮层硬化细胞的数量增加。同时叶色表现为灰绿色，叶缘向上反卷，顶部叶片带有金属光泽。病株最终褪绿黄化、萎蔫死亡。在极为潮湿的气候中，病变可延伸到叶柄，有时可见株丛茎叶全部变黑。有时在1垄里可有1个或几个茎呈现病症，其他的茎枝表现健康。

（2）病原物 马铃薯黑胫病原细菌属真细菌目、肠杆菌科、欧氏菌属，兼性厌氧杆菌。短杆状，单细胞，周围有鞭毛，有荚膜，长1.3~1.9微米，宽0.53~0.60微米。革兰氏染色阴性。病原细菌在人工干燥的土壤里能存活8个月。其侵染寄主的温度范围较广，最适温度为26 ℃，但也能耐低温。

（3）侵染循环 病原细菌主要通过带菌种薯传播，也有一小部分是残留在地里的病菌越冬后没有完全分解而成为侵染来源。细菌只能通过薯块及植株的伤口才能侵入，已木栓化了的薯块和无伤的植株不受侵染。细菌主要生活于种薯表皮组织的细胞间隙里，沿维管束扩展。因为维管束里不能形成木栓层，此时细菌增殖并进入1个或多个幼芽，逐步进入茎部。在茎部大部分集中在皮层的细胞间隙。在根部主要侵染根的薄壁组织及髓部，导管中很少发现细菌。病原细菌具有溶解细胞中间层的作用，特别是能溶解皮层及髓部细胞，引起这些组织的分解，使其发生软腐。病原细菌通过匍匐茎进入块茎蒂端定居增殖，逐步进入块茎内部。而块茎与块茎之间的侵染，主要是通过切薯、田间昆虫、灌溉水带菌等。

（4）流行规律 病害的发生与外界条件有密切关系。温、湿度是病害流行的主要因素。气温在18~19 ℃，如雨水多、积水、低洼潮湿、土壤黏重等发病重；切种后，堆放时间长或遇雨淋发病也重。干燥、气温在23~25 ℃下块茎受侵较少；干旱和高温下形成块茎几乎不受侵染。播种时土壤低温潮湿，出苗后温度高，则利于苗期发病；土温高，利于种薯腐烂和幼苗死亡，高温地区造成的损失较大。在温暖潮湿的条件下，病原细菌可经皮孔侵入块茎。病原细菌因适应厌氧条件，故在灌水而排水不良的地块里表现旺盛的活力，致使带病的薯块易腐烂，特别是渍水的地块重复感染，会引起薯块大批腐烂。病原细菌由植株通过水流传递。薯块播在冷湿土中，马铃薯植株生长迟缓、影响受伤薯块的伤口木栓化，降低伤口抗侵染的能力，引起薯块腐烂。土壤干燥，病害不易扩展。马铃薯收获后，如果在高湿和通风不良的条件下贮藏，常使轻病薯腐烂，并由于腐烂时释放出大量的细菌，侵害健薯，造成严重损失。

（5）防治措施 ①选用抗病品种。精选种薯，剔除病烂薯，选用无病的小整薯播种。②选择地势高燥、疏松、排水好的田块。避免连作，以防土壤内部分病残体的再传播。③注意种薯的贮藏，避免在潮湿及通风不良的条件下贮藏，保持窖温在 2~5 ℃。④种薯切块时，用种薯重量 0.1% 敌磺钠加适量干细土混匀后拌种，随拌随播，以减少切刀传病的机会。

2. 环腐病

马铃薯环腐病俗称转圈烂、黄眼圈，是马铃薯种植地区的一种重要病害。由于环腐病为害性较重，损失率几乎相当于发病率，个别严重病田产量损失更大。

（1）症状 具体如下。

①薯块：病薯尾（脐）部皱缩凹陷，薯皮稍暗色，切开后可以看到环状的维管束部分变为有光的乳黄色腐烂，用手挤压可以从腐烂环挤出黏稠的乳黄色菌液。块茎维管束腐烂的程度不同，重病薯几乎整个环完全腐烂，大多有软腐细菌二次感染，使皮层分离。病薯外观表皮龟裂，轻病薯仅半环腐烂，极轻微病薯则无腐烂症状。

②植株：田间重病株出苗稍晚，有的早期枯死，有的植株瘦弱，生长缓慢，节间缩短，叶片脱水失色，叶缘卷曲，并有褐色斑驳，呈现早期矮缩病苗。早期病苗多数不结薯或结少量小薯，也会提早腐烂没有收成。一般病株前期生长正常，不表现明显症状。到现蕾开花后，病株症状陆续表现为萎蔫型。先是顶部叶片变小，叶缘向上卷曲，叶色变淡呈灰绿色，接着 1 枝或数枝茎秆萎蔫垂倒，而后逐渐黄化枯死，但枯死后叶片不脱落。病株维管束切开后多变黄褐色，花及浆果无病症表现。

（2）病原物 马铃薯环腐病原细菌属真细菌目、棒状细菌科，病原细菌短杆状，大小为（0.6~1.4）微米×（0.3~0.6）微米，无鞭毛，不能游动。无荚膜，无芽孢。菌落开始白色，经过移植可变为乳白色或淡黄色，稍呈隆起状，半透明，表面光滑，边缘整齐。革兰氏染色阳性，好氧性。生长最适宜温度为 20~23 ℃，适宜酸度为 pH 值 6.8~8.4。

（3）侵染循环 马铃薯环腐病菌在种薯中越冬，成为来年初侵染菌源。带病种薯播种后，很快使部分芽眼腐烂失去发芽力，出土的病芽，在幼苗生育过程中，病菌沿维管束扩展，可上升至茎的中部，可沿匍匐茎进入新结薯块，形成新病薯。病株自出苗至开花后期陆续显露症状，大多集中在现蕾至开花盛期。当年地下腐烂的病薯上的病菌可以通过灌溉传播，病株上的病菌可以通过昆虫传播，但概率不大。贮藏和田间生长期间如果维管束部分没有伤口就不能形成侵染。因此，在切块播种时由切刀带菌是侵染传播的重要传播途径。

（4）流行条件 播前病薯置高温下贮藏最适于春季传染病，种薯的新鲜切面是理想的侵染部位，若切面大，传病快。土温在 19~28 ℃ 下适于侵染，温暖、干燥天气通常可促进症状发展，超过最适温度时症状推迟。

（5）防治措施 应采用控制种薯传染病和选用抗病品种为主的综合防治措施。首先应选用抗病品种，如脱毒 175 号、青薯 2 号等，同时选择 100～150 克的壮龄无病整薯。为避免刀切传染病，应尽量采用整薯播种，如需切块则要严格切刀消毒，每切 1 个块茎换 1 把刀或消毒 1 次。消毒可采用火焰烤刀、开水煮刀，或用 75%酒精、0.2%升汞水、0.1%高锰酸钾等消毒。可用甲基硫菌灵、土霉素液等浸泡种薯 2 小时，然后晾干播种。也可用敌磺钠与适量干细土混匀后拌种，随拌随播。在生长期间经常巡视田间，发展病株及时拔除销毁。加强入窖前到出窖后的管理工作。

（三）病毒病

马铃薯感染病毒后，通过块茎积累，使块茎品质变劣，产量下降，一般减产 20%～50%，严重的达 80%以上。马铃薯病毒病有 3 种类型。青海马铃薯产区主要有 2 种类型。一是马铃薯普通花叶病毒。植株有轻型花叶坏死性病斑，矮化至植株由下向上枯死。叶脉间轻型花叶，表现为叶肉色泽深浅不一。花叶病严重时，可引起植株矮化和叶片皱缩。薯块无明显症状，略小。患病块茎经过一段时间的贮藏后，薯肉会出现浅灰色大小不等的坏死斑块。二是马铃薯卷叶病毒。植株上部个别小叶或零散叶片先褪绿，继而沿中脉向上卷曲，之后全株褪绿，叶片卷成筒状，甚至提早枯死。病叶质脆易折断，叶色变淡，背面有时呈现红色或紫红色，植株生长受到抑制，植株矮化，块茎小而密生。

防治方法：选用无病种薯，即脱毒马铃薯种薯；选用整薯播种；加强田间病毒检测工作，在苗期、现蕾期、开花期清除病株，控制病害蔓延；喷施杀虫剂防治传毒蚜虫；加强田间水肥管理，促进植株健康生长，提高自身抵抗力，减轻病害为害。

二、虫害

（一）地上害虫

在湟中区马铃薯地上害虫发生较少，对马铃薯造成的为害不大，主要是蚜虫（桃蚜），桃蚜属同翅目蚜科。一年多代。蚜虫是传播多种马铃薯病毒病的媒介体，传播病毒病的为害性远远大于其取食为害。蚜虫对马铃薯的为害有两种，一种是直接为害，蚜虫群居在叶片背面和幼嫩的植株顶部取食，刺伤叶片吸取汁液，同时排泄出黏物，堵塞气孔，使叶片皱缩变形，幼嫩部分生长受阻。另一种是蚜虫传播马铃薯病毒病，造成退化现象。

防治方法：①马铃薯种植区域，特别是马铃薯种薯繁育基地，要选择隔离条件好的高海拔的冷凉或多风、风大的地区；②远离油菜等十字花科作物；③在桃蚜盛发期，用高效氯氰菊酯、苦参碱、金龟子绿僵菌等防治；④利用蚜虫的天然天敌进行有效的生物防治，如瓢虫、食芽蝇等。

（二）地下害虫

湟中区为害马铃薯的地下害虫主要有金针虫、蛴螬、地老虎、蝼蛄等。

1. 主要地下害虫

（1）地老虎　是鳞翅目害虫。以幼虫为害，主要为害马铃薯的块茎及幼苗，在贴近地面的地方把幼苗咬断，使幼苗死亡。地老虎幼虫为黑褐色，喜欢阴湿环境。

（2）蛴螬　是鞘翅目金龟甲科幼虫的总称，其成虫通称金龟甲或金龟子，农民将金龟甲统称为斑蝥。金龟子主要有小云斑鳃金龟、云斑鳃金龟和黑绒鳃金龟。在马铃薯田中主要为害地下嫩根、地下茎和块茎，进行咬食和钻蛀，断口整齐，使地上茎营养水分供应缺失而枯死。块茎被钻蛀后，品质丧失或腐烂。成虫还会飞到植株上咬食叶片。蛴螬幼虫和成虫都能越冬，在地下垂直活动，成虫在地下 40 厘米以下、幼虫在 90 厘米以下越冬，春季活动到 10 厘米的耕作层。蛴螬喜欢有机质，喜欢在粪中活动。

（3）金针虫 是鞘翅目叩头虫科幼虫的总称，俗称铁匠虫、黄金虫、铁丝虫等，金针虫成虫叫叩头虫。常见种类有细胸金针虫、宽背金针虫和褐纹金针虫。以细胸金针虫分布最广，为害最重；宽背金针虫次之；褐纹金针虫在山区较多。幼虫春季钻蛀种下的薯块、根和地下茎，使幼苗逐渐萎蔫或枯死。秋季幼虫钻入块茎，薯肉内形成孔道，降低块茎品质。金针虫成虫和幼虫均可在土壤里 60 厘米以下的地方越冬，春季活动到耕作层。夏季地温高时，它向下活动。秋季又进入耕作层进行为害。幼虫孵化出来时为白色，后变为黄色，体硬，长 2~3 厘米。

（4）蝼蛄 俗称娃娃虫、地狗子等。蝼蛄有两种：非洲蝼蛄和华北蝼蛄，属直翅目、蝼蛄科。蝼蛄成虫和若虫在土中咬食刚播种的种子，特别是刚发芽的种子；也咬食幼根和嫩茎使其成乱麻状，造成缺苗断垄。同时，由于它们在土表穿行，形成很多隧道，使幼苗和土壤分离，失水干枯而死。蝼蛄在湟中区一年 1 代，以成虫或若虫在土穴内越冬。翌年 4 月开始活动取食，成虫于 5 月下旬至 7 月中旬交尾后，在土内做室产卵，每室产卵 30~50 粒，卵室在 25~30 厘米土内，每雌虫一生可产卵 200 粒，卵期 3~4 周。

蝼蛄喜爱香、甜物质，用炒香的麦麸，豆饼或煮半熟的谷子制成毒饵，可以进行诱杀。蝼蛄具有趋光性，尤其对电灯或黑光灯趋性最强；对马粪、粪土也有趋性，均可用来诱杀。

2. 地下害虫防治措施

地下害虫种类多，各种间为害习性亦有很多差异，各地区之间优势种又有所不同，因此，需要因地制宜，有针对性地运用以农业防治为基础的综合防治措施，达到抑制或减轻其为害的目的。当前主要防治方法如下。

（1）农业防治 秋季深翻地，破坏越冬环境；清除田地中的杂草和杂物，减少幼虫和虫卵数量；利用诱杀器和黑光灯、鲜粪堆等诱杀成虫，减少虫卵，降低幼虫数量。

（2）化学防治 药剂防治使用的杀虫剂必须是高效、低毒、低残留。用辛硫磷、噻虫嗪等药剂进行拌种或土壤处理。

三、草害

湟中区有立体农业的特征，由于温度、海拔高度等自然因素以及耕作措施、防除手段等人为因素的影响，马铃薯田间杂草发生有较大差别，川水地区主要以拉拉藤、密花香薷、卷茎蓼、刺儿菜为主，浅山地区主要以密花香薷、苦苣菜、繁缕、问荆为主，脑山地区主要以密花香薷、冬葵、藜、拉拉藤、苦苣菜为主；另外前茬为油菜的田块自生油菜发生密度较大。

防除马铃薯田杂草必须坚持"预防为主，综合防治"的方针。根据马铃薯田杂草发生实际，采用以农业防除为基础、化学药剂为辅的综合防治，将杂草消灭在前期；并加强农业、生物、机械、人工等综合措施的运用，把杂草为害控制在最低程度，以达到安全、高效、经济的目的。

一是非化学控草技术。农业措施：及时清除田边、路旁的杂草，防止杂草侵入农田；通过与禾本科、豆科、十字花科等作物轮作，行间套种其他作物等措施，减少伴生杂草发生。物理措施：在马铃薯苗期和中期，结合施肥，采取机械中耕培土，防除行间杂草；选用无色生物降解地膜、黑白相间膜、黑色地膜进行覆盖除草。

二是化学除草技术。马铃薯田杂草因地域、播种季节和轮作方式的不同，采用的化除策略和除草剂品种有一定差异。湟中区马铃薯种植区采用春播种植的一年一熟种植模式，杂草防控采用"封盖结合"或"封杀结合"策略。覆膜马铃薯田，采用土壤封闭处理加地膜覆盖防除杂草，在马铃薯播前3~7天，选用二甲戊灵、乙草胺等药剂进行土壤封闭处理，处理后地膜覆盖，防除单、双子叶杂草。覆膜马铃薯出苗后，在杂草3~5叶期，根据杂草发生情况，在行间及时喷施茎叶处理除草剂，选用精喹禾灵、烯草酮、高效氟吡甲禾灵及其混剂防除禾本科杂草，选用砜嘧磺隆、嗪草酮、灭草松及其混剂防除阔叶杂草；在禾本科杂草和阔叶杂草混发田块，选用精喹禾灵+砜嘧磺隆桶混进行茎叶喷雾处理。在不覆膜马铃薯种植区，选用上述除草剂进行土壤封闭处理和苗后茎叶喷雾处理。

四、鼠害

鼢鼠是青海省农业区作物的主要鼠害。鼢鼠属啮齿目仓鼠科鼢鼠亚科，俗称瞎老、瞎狯、瞎老鼠。鼢鼠在青海省发生的种类有中华鼢鼠、东北鼢鼠、草原鼢鼠、罗氏鼢鼠、高原鼢鼠和甘肃鼢鼠等。农田受害面积占耕地面积的75%，主要分布于高寒潮湿的脑山、浅山阴坡的农田和草坡，平滩湿润的草地等。食性很杂，取食各种植物的地下部分，尤喜食马铃薯等作物的块茎及多汁植物的根茎。挖掘隧道，串行地下，咬食根茎，堆土压苗，造成枯死苗，产量严重受损。

鼢鼠终年生活在地下，最喜生于土壤湿润、疏松多草的地区，为典型的穴居动物。雌雄分穴独居。雌鼠洞道弯曲，作物成片被害；雄鼠洞道较直，作物成线状或带状被害。喜食马铃薯块茎、豆类、麦类作物的籽粒和多汁的旋花、蕨麻、苦苣菜、冰草、野胡萝卜的根茎或块茎等。鼢鼠的活动与土壤温度有密切关系，一年中有两次活动高峰和两次活动低峰。在高寒山区，3月上、中旬土壤解冻，20厘米深土温上升在0℃，鼢鼠开始觅食活动；11月土温下降到0℃以下，土壤冻结，较少活动。活动高峰是3—10月，即20厘米土温下降到10℃以下，是鼢鼠贮备越冬食物的时期。11月后，20厘米土温下降到0℃以下，土壤结冻，鼢鼠深居地下1.7~2.4米深处的老洞内越冬，是活动低峰。

鼢鼠常在地表16厘米土层内打洞取食，边打洞，边取食，边啄土，每隔2~3米将土推出地面，形成土堆。一般土堆底直径35厘米左右，大者50~60厘米。雌鼠啄出的土堆，排列曲曲弯弯，雄鼠的土堆排得稍直。

鼠洞按其形状和用途，可分为老洞（老窝）、主洞（通道）、找食洞、贮藏洞和粪便洞5种。

鼢鼠每年生1胎。据鼠体解剖，4月怀孕，5月中旬产仔。一般雌鼠每胎产仔3~4只，大部分为4只，个别多者为9只，少者2只。

综合防治是多年来灭除鼢鼠的有效措施。主要防治措施包括药剂防治、人工捕打、天敌捕捉。

药剂防治主要采用敌鼠钠盐毒饵防治。

弓箭捕打法是青海省农民多年来使用的人工捕打方法，对灭鼠保产有较好的效果。青海省常见捕鼠弓有月牙式和背夹式两种，无论是哪种捕鼠弓在捕打鼢鼠时，先要找到鼢鼠主洞，确定鼠的方向，把有鼠的一边洞口搬开一段，铲净洞口土壤，土粒不要掉入洞内，禁止用手在洞内抓土，防止鼢鼠嗅到人手味而不出来，或堵死洞口，另打洞活动。再由洞口顶部中间向后量7~10厘米，此处即为下弓点。下弓时，弓背朝地，弓弦朝上，破尾箭的破尾夹住弓弦，箭插入洞的正中，用撑棍（或撑弓）的一端顶住弓背，把弓弦提起，箭头以不露出鼠洞内壁为宜；用撬棒撬起弓弦（如用撑弓，先将撑弓和洞成一角度插入土中）；把挂签插入洞壁，挂钩挂住挂签，挂钩的钩一定要向里；断命绳要和破尾箭对直，绳箭之间的距离为7~10厘米，方能打中鼢鼠的背心。用石块或土块把弓背压住，以防被风吹倒。然后将洞口堵死（称为暗洞），或不堵死，在洞口前做一段假洞，让鼠出来堵洞（称为明洞）。

第八节　块茎贮藏

收获的大部分块茎都需要贮藏。贮藏食用块茎应使贮藏期间有机营养物质的消耗降低到最小水平，避免食味变劣，保持新鲜状态；贮藏加工用块茎应防止淀粉转化成糖；贮藏种薯应保持健壮和优良种性。此外，还必须防止块茎腐烂、发芽和病害扩展蔓延。

一、块茎在贮藏期间的生理阶段

块茎在贮藏期间通常经过后熟期、休眠期和萌芽期3个生理阶段。与贮藏期间的科学管理有密切关系。

（一）后熟期

一般处在贮藏初期，15~30天。通过后熟的块茎表皮充分木栓化，蒸发强度和呼吸强度渐渐减弱，从而转入休眠期。

（二）休眠期

休眠是指块茎芽眼内幼芽相对处于静止不萌发的状态，时间长短因品种而异，通常早熟品种休眠期短。休眠期又分为自然休眠期和被迫休眠期，前者因生理原因在能够萌芽的条件下而不发芽，后者是块茎已通过休眠期而因环境条件不利发芽继续处在休眠状态。因此，可根据需要控制环境条件延长被迫休眠期贮藏块茎。

（三）萌芽期

块茎通过休眠后在适宜条件下开始萌芽，萌芽程度越大块茎重量减少越大。

二、贮藏的环境条件

块茎贮藏效果好坏虽与田间管理、适时收获、收获质量及入窖前的消毒处理等关系密切，但窖内热、温度、相对湿度、二氧化碳、光和通风等环境条件尤为重要。

（一）热

块茎在后熟期间表皮尚未充分木栓化，呼吸强度大，散出大量热量；同时块茎本身含有的热量亦高，需要散出；窖外较高气温进入窖内使窖温升高等，都使窖温高于贮藏所需要温度，必须通过通风、透气加以调节。

（二）温度

在-3~-1℃下经9小时块茎冻结，在-5℃下经2小时受冻、4小时冻透。块茎长期在0℃下芽的萌发和生长受抑制，生长力渐弱，2~4℃下自行萌芽，3~5℃下芽生长发育很弱，但很稳定，若在较高温度下变软、中心部分变黑。但受伤块茎要在较高温度下伤口才能迅速愈合，形成木栓组织，如2℃下需8天，10℃下需3天，21~35℃下于第二天即可愈合。周皮的形成也需较高温度，若低于7℃则不能产生真正的周皮，在7℃下需要7天，10℃下需4~6天，15℃下需3天，在21℃下于第二天形成周皮细胞。

（三）湿度

贮藏期间窖内空气过干块茎自然消耗大，过湿病害蔓延、烂窖严重。块茎表皮无伤而干燥，窖内湿度大些则无妨。窖内温度在1~3℃时，湿度变化的安全范围为80%~93%。

（四）二氧化碳

窖内通风不良，块茎呼吸放出的二氧化碳积聚，可妨碍块茎正常呼吸，作种时缺苗多，植株生长不良，产量低。

（五）光

贮藏期间，食用块茎在直射阳光、散光或长期照明的电灯光下表皮变绿而降低品质，应尽可能地避免透光。但光照下块茎表皮变绿能抑制病菌侵染，萌发短壮芽，利于提高产量。因此，透光利于种薯贮藏，特别对小薯和微型薯尤为重要。种薯与食用、饲用和加工用块茎应分窖贮藏。

（六）通风

通风能调节窖内温度和湿度，排除二氧化碳，保证有足够的氧气供块茎正常呼吸，是贮藏块茎的重要条件。通风主要通过窖门、窖口、出气孔、进气孔适时封闭和张开来进行调节。降低窖内温湿度，可在温度较低的白天或夜间通风，冬季通风时应注意防冻。

三、贮藏期间的管理

块茎入窖后的管理主要是调节窖内温湿度、通风透气，防止病害蔓延、块茎萎缩和发芽。

（一）窖内温度的控制与调节

青海省从块茎入窖到出窖长达6个月以上，贮藏期间既要防冻又要防热。贮藏初期块茎后熟放热，次春气温升高转暖，应注意防热。方法：入窖初期敞开窖门和气孔，气温降至-7~-5℃时封闭窖门、降至-10℃时堵住气孔；春季随着气温升高打开气孔或窖门，使窖内温度保持在1~3℃。为使窖温和薯堆内部温度基本一致，种薯堆高应为1.3~1.5米，食用薯堆高1.5~1.7米，贮藏量最好占窖容量1/2，最多不超过2/3。为使薯堆内外温度接近，可用树条、荆条、麦秆或菜籽秆扎成通气捆，立放在堆内，长度比薯堆约高 35 厘米。

（二）控制窖内湿度

薯堆上层形成水珠；窖壁出现水珠，块茎潮湿，则表明窖内湿度过大，应通过窖门、通气孔通风调节，若立春时在薯堆上盖一层麦草效果亦佳。

（三）防治贮藏病害蔓延、烂窖

块茎入窖前必须先在干燥、通气、避光处阴晾几天，严格淘汰病、烂、破损块茎，去除依附泥土。贮藏期间，窖温因病害升至 8 ℃以上，或 5%以上的块茎发生马铃薯软腐病，或 10%以上的发生马铃薯干腐病，或 4%以上的冻烂时，应立即倒窖，淘汰病、烂块茎；若窖温因其他原因升高，则应设法降至适宜范围。

四、贮藏方式

青海省马铃薯的贮藏方式主要为全地下式，基本上分为井窖、窑窖和多功能贮藏窖 3 种，窖的深度通常为 2.5~3.0 米。

（一）井窖

通常在干旱山区、地下水位低和土质坚实的地方采用。井口直径 70~80 厘米，井下部 100~120 厘米，深度 3~4 米。井壁上每隔一定距离挖一小洞作阶梯。在井底横向挖窖洞，高约 2 米，宽 80~90 厘米，通常长 3~4 米，依贮藏量而定；窖顶为半圆形，窖底为 1 米长，约向下斜 10 厘米的坡形。这是贮藏马铃薯的主要类型。

（二）窑窖

通常在土质坚硬的山坡或岩旁，向山坡或岩内挖成顶为半圆形、高 2.5~3.0 米、宽约 5 米的窑洞，长度因贮藏量而定，一般 8~10 米。通常安两道门，气孔安在门上方。若安 1 道门，应在窖门口放草防冻。

（三）多功能贮藏窖

通常为半地下式砖混结构或地上式钢筋砖混及框架结构，建筑层数为地上一层，建筑高度 6 米以下（室外地面至屋面），室内外高差 0~50 厘米。建筑结构为框架结构，抗震设防烈度 7 度，墙体材料多为多孔砖外墙，外墙厚 360 厘米，外墙做 80 厘米厚保温板。外墙砂浆抹面，外层防水涂料。屋面为普通黏土砖拱形屋面板，上层依次覆素土填实到顶处、混凝土屋面板、炉渣找坡、20 厘米厚细石混凝土找平层、100 厘米厚热固性改性聚苯保温板、20 厘米厚细石混凝土找平层、4 厘米厚高聚物改性沥青防水卷材（自带保护层）1 道、30 厘米厚细石混凝土保护层，每 1 米³ 留伸缩缝。走廊一侧设两道保温门，防止寒风直接吹入窖内引起窖温激变。贮藏窖内设两道 600 厘米×600 厘米地沟，由地沟分别引出进风口至每间偏洞，屋顶设排风口，采用自然通风。

五、分类贮藏

（一）商品薯的贮藏

主要指食用薯贮藏。食用薯要暗黑贮藏，块茎不要受光线照射。否则块茎表皮变绿，龙葵素升高，影响品质。长期受光的块茎绿色部分每100克鲜薯龙葵素含量达到25~28毫克时，人、畜食后可引起中毒，轻者恶心、呕吐，重者孕妇流产，牲畜产生畸形胎，甚至有生命危险。所以食用薯贮藏除控制温度、湿度外，特别要注意在黑暗条件下贮藏。在2~4℃低温下贮藏，淀粉可转化为糖，食用时甜味增加，不影响食用品质。

（二）种薯贮藏

种薯贮藏温度高于4℃，常会在贮藏期间发芽。如不及时处理，芽会大量消耗块茎养分，降低种薯质量，万一无法降温则应把种薯转入散射光下贮藏，抑制幼芽生长。贮藏的块茎如果有的幼芽太长无法播种，最多只能把幼芽掰掉一次，而后控制在散射光下，不要继续在黑暗窖内贮存。据试验，种薯去掉1次芽会减产6%，去掉2次会减产7%~17%，去掉3次减产30%左右。所以，最好在低温下贮藏，使种薯不过早发芽。

（三）加工薯贮藏

无论淀粉加工、全粉加工或炸片、炸条加工的马铃薯，都不易在太低的温度下贮藏。在4~5℃下贮藏固然可以不发芽，但淀粉在低温下容易转化成糖，对加工产品不利。尤其是还原糖超过0.4%的块茎，炸片或炸条都会出现褐色，影响产品质量和销售价格。贮藏时应根据品种的休眠期长短，调节贮藏温度。如果在20℃下32天可发芽的品种，贮藏在10℃下64天才发芽。大部分品种基本都是在10℃下可延长发芽期1倍的时间。不过加工品种贮藏往往时间更长，为了防止块茎发芽仍需低温（在4℃左右）贮藏，在加工前2~3周把准备加工的块茎放在15~20℃环境条件下进行处理，还原糖仍可逆转为淀粉，可减轻对加工薯品质的影响。

六、贮藏量的计算方法

由于块茎的最大堆高仅为窖深的2/3，可用容积约为窖容积的65%，每立方米块茎重量为650~750千克，故需计算出大小一定的窖的适宜贮藏量或据需要贮藏块茎数量计算需要窖的容积。根据窖的大小计算适宜贮藏量的公式为：窖总容积（米³）×0.65×750（千克/米³）＝适宜贮藏的块茎数量。如窖深2.8米、宽3.5米、长12米，则适宜贮藏量为：750×2.8×3.5×12×0.65＝57 330千克。

根据块茎数量计算所需窖容量的公式为：窖容量（米³）＝需要贮藏块茎数量（千克）÷750（千克/米³）÷0.65。如需贮藏73 857千克块茎，窖高为2.8米，宽3.5米，则窖的长度为73 857÷750÷0.65÷2.8÷3.5＝15.46米。

块茎虽然大小不同，其容重（每立方米块茎的重量）也不同，但通常大块茎为每立方米650千克左右。小块茎为每立方米750千克左右，可作参考。块茎入窖时必须做到轻拿、轻放、轻倒，尽量避免块茎相互碰撞，提高贮藏质量。总之，马铃薯贮藏涉及许多重要因素，这些因素相互影响、彼此制约，是一个很复杂的问题，必须抓好每一个环节，万万不可顾此失彼。

第四章　蚕豆种植技术

第一节　概述

蚕豆，因其豆荚形似老熟的蚕或因在蚕老时成熟而得名，在四川蚕豆又叫胡豆，罗马人以蚕豆祭女神又叫佛豆，还有称罗汉豆、仙豆、南豆、兰花豆等，青海省因其籽粒大称其大豆。蚕豆属豆科蝶形亚科蚕豆属的一年生草本植物。

青海省蚕豆生产稳定，品种结构合理。青海省蚕豆种植面积23万亩左右，产量4万~5万吨，平均产量在200千克/亩左右，主要分布于湟中、互助、大通、湟源、共和等县区的灌溉农业区，这个生态区的蚕豆种植面积占全省种植面积的70%~80%；从分布区域讲，蚕豆生产集中在东部农业区，占80%以上，黄南藏族自治州（简称黄南州）、海西蒙古族藏族自治州（简称海西州）、海北州、海南藏族自治州（简称海南州）等地均有种植分布。从品种结构讲，青海省蚕豆品种结构比较合理。有适宜在海拔2 300~2 600米川水地种植的中晚熟大粒蚕豆品种青海11号、青海12号等；也有适宜在海拔2 600~2 700米的高水位地种植的中熟中粒蚕豆品种马牙；也有适宜在海拔2 600~2 800米高的中高位山旱地和农牧交错区种植的粮饲兼用型早熟小粒蚕豆品种青海13号。针对市场需求和生态适应性，为灌溉农业区培育了一批大粒蚕豆新品种如青海11号、青海12号、青蚕14号等蚕豆在生产中发挥了重要作用，占蚕豆生产的80%左右，并一度成为推广的主导品种。

第二节　蚕豆特征特性

一、植物学特征

蚕豆为一年生或越年生的草本豆科植物，有冬性和春性两种类型。

（一）根

蚕豆的根为圆锥根系，种子萌发时，先长出一条胚根，随着胚根尖端生长点的不断分裂生长，形成圆锥形的主根，主根粗壮，入土可达100厘米以上，主根上生长着很多侧根，侧根在土壤表层水平伸长至35~60厘米时向下垂直生长，深达60~90厘米，蚕豆的主要根群分布在距地表30厘米以内的耕层内。

蚕豆的主根和侧根上有根瘤菌共生，形成根瘤。根瘤呈长椭圆形，常聚生在一起，粉红色，蚕豆的根瘤菌可和豌豆、扁豆互相接种。

（二）茎

蚕豆的茎秆直立，呈四棱形，表面光滑无毛，中空多汁，维管束大部分集中在四棱角上，使植株坚挺直立，不易倒伏，株高一般 130~150 厘米。蚕豆幼茎的颜色是苗期鉴别品种、进行田间去杂提纯的重要标志。一般绿茎开白花，紫茎开紫花或淡红色花，蚕豆成熟后茎变为黑褐色。

蚕豆茎上有节，节是叶柄、花荚或分枝的着生处，一般 15~20 个节，但不同品种节数的多少也不同。

蚕豆分枝习性强，主、侧茎基部易生分枝，植株分枝多少与品种、播种期、密度和土壤肥力等因素有关，一般为 3~5 个或 6~8 个分枝，有时更多。但中上部节间出现的分枝一般不能正常发育结实，为无效分枝。主茎基部 2 个节间生长的 2 个分枝有明显的生长优势。

（三）叶

蚕豆的叶有子叶和真叶。子叶两片，肥大，富含营养物质，因下胚轴没有延伸性，故发芽时子叶留在土中，真叶互生，为偶数羽状复叶，每片复叶由小叶、叶柄和托叶构成，小叶椭圆形，肥厚多肉质，叶面灰绿色，叶背略带白色。小叶数由植株基部逐渐向上增多，随着生殖生长的加快和籽粒的充实，小叶数又逐渐减少，小叶面积也逐渐缩小，植株顶端的小叶退化成短针状。托叶 2 枚，近似三角形，紧贴于茎与叶柄交界处的两侧，背面有一紫色斑点退化的蜜腺。

（四）花

蚕豆的花为短总状花序，花着生于叶腋间的花梗上，一般从第六片叶的叶腋起，每叶的叶腋都着生花序，每一花序上聚生 2~6 朵花，但落花很多，能结荚的只有 1~2 朵，花蝶形，由花萼、花冠、10 个雄蕊和 1 个雌蕊组成。花冠多为白紫色，也有全白色的，翼瓣中夹有 1 个黑色大斑点，花色可作为鉴定不同品种的特征，也有用花色命名的。

蚕豆的花器紧密，花药开裂早，花粉撒在龙骨瓣内，故大部分花为自花授粉，但也有一些植株花朵的龙骨瓣对花柱包被不严，或因昆虫采蜜传粉，导致有 20%~30% 的异交率，故蚕豆为常异花授粉作物。

每株蚕豆的开花顺序是自下而上进行的，8：00 左右开花，17：00—18：00 闭合，单朵花开 1~2 天，全株花期 2~3 周，开花后胚珠的平均受精率仅为 33% 左右，落花率高。

（五）果实

蚕豆的荚果，由 1 个心皮组成。荚果幼嫩时荚壁肉质多汁，内有丝绒状茸毛，未成熟时为绿色，成熟后，因所含酪氨酸氧化而变为黑色，豆荚扁平，呈筒状，形似老蚕。单株结荚 10~30 个或更多，每荚有种子 2~4 粒，少数 7~8 粒，荚果成熟时沿背缝线开裂。

蚕豆的种子由受精的胚珠发育而成，种子扁平，椭圆形，表面略有凹凸，种子着色光泽因品种而异，有白色、褐色、青绿色等，种皮中因含有凝缩单宁而略具涩味，种皮内包着 2 片肥大的子叶，多为淡黄色，也有绿色的，子叶富含蛋白质、淀粉等营养成分，供幼苗出土及初期生长用。有些种皮由于干燥等原因，细胞排列过于密集，水分难于渗入，成为"硬实籽"或称"铁籽"，播种后不发芽出苗。种子的一端与皮色有明显区别的为脐，种脐是种子与荚果皮连接的痕迹，脐的一端是合点，另一端可经透视到幼根，同时，此处有一个小孔叫珠孔，发芽时，幼根从此孔伸长。

二、生长发育

（一）种子萌发与出苗

蚕豆种子由胚和种皮组成。种子播种后，在适宜的外界条件下，种子吸收土壤中的水分，蚕豆发芽时吸收本身重量150%的水分，胚根突破种皮，发育成根，当根达种子长度等长时，便为发芽。胚根继续生长向下形成幼根。接着胚轴伸长，幼芽伸出地面，2片真叶展平为"出苗"，当全田有50%的真叶展平时为出苗期。蚕豆从播种到出苗需20天以上，出土后的真叶由黄变绿，开始光合作用。

（二）幼苗期

从出苗期到分枝出现叫作幼苗期。幼苗期的茎逐渐伸长，复叶形成，根迅速生长，而且根的生长速度快于地上部分，叶腋中开始有腋芽分化，并形成枝芽和花芽，将来发育成分枝和花簇。腋芽分化能力的强弱和幼苗生育健壮有关。此期的营养中心在于扎根。子叶中的营养物质以及吸收和制造的营养物质主要分配给根的生长，虽然根瘤在此时已逐渐形成，但还不能进行有效的固氮作用，根系吸收能力也不强。因此在苗期应从肥、水、气、温度等方面入手，加强苗期管理，促进蚕豆的正常生长发育，为以后增花保荚打下良好基础。

（三）现蕾开花期

从分枝开始出现至开花为现蕾开花期。蚕豆以分枝开始出现，即花蕾已形成，此期植株开始旺盛生长，一方面形成分枝，花芽迅速分化和继续扎根，另一方面植株积累养分，为下阶段旺盛生长准备物质条件，营养生长和生殖生长同时并进，但仍以营养生长为主，同时也是营养生长与生殖生长协调与否的关键时期。此时期的营养物质主要集中供给主茎生长点和分枝芽。此时，根瘤菌固氮能力较苗期旺盛，一般土壤肥力条件下，对氮素的需求已可以相当程度地依靠根瘤菌的作用来满足，应注意适当施用磷、钾元素来调节生长发育平衡。

（四）开花与结荚

蚕豆植株生长发育到一定时候就开始开花，全田开花的株数达10%的日期为始花期，达50%的日期为开花期，全部花已开过的株数达90%的日期为终花期。蚕豆自出苗到开花一般需50~60天。开花后子房逐渐膨大形成软而小的绿色豆荚，当荚长1厘米时，即称为结荚。田间有50%的植株已结荚，称为结荚期。

开花结荚期是蚕豆营养生长与生殖生长并进时期，一方面植株进行旺盛的营养生长，植株生长的速度在开花期最快，叶面积系数也升到最高值；另一方面花芽不断产生与长大，不断地开花受精形成荚粒。到盛花期，根系活动达到高峰，营养生长速度到结荚后期减缓，并逐渐停止。

开花期各层叶片光合产物输送具体情况：植株下部叶片的光合产物，绝大部分留在本叶中，一部分输送给本叶腋的花中，很少部分供给根系和根瘤，植株中部叶片的光合产物，较多地供给该叶腋的花蕾，部分供给植株下部一些花，植株上部叶片的光合产物除供给该叶腋的花外，大量地供给植株的生长点。因此，在盛花后进行打尖，能减少花荚脱落，防止倒伏。

（五）鼓粒和成熟

蚕豆在结荚以后，豆粒开始长大，当豆粒达到最大体积与重量时为鼓粒期。此期营养生长逐渐停止，生殖生长居于首位，光合产物向豆荚和籽粒转移。开花结荚后 40~50 天，种子具有发芽能力，这时植株本身逐渐衰老，根系死亡，叶片变黄脱落，种子脱水干燥，由绿色变成该品种的固有籽粒的色泽和籽粒大小，并与荚皮脱离，摇动植株时荚内有轻微响声，即为成熟期。

三、生物学特性

（一）对温度的要求

蚕豆喜温喜湿，即喜欢温暖和湿润的气候，种子发芽的最低温度为 1~4 ℃，最高温度 25~35 ℃，最适温度 15 ℃，温度过高过低均影响发芽速度。幼苗耐寒性不及豌豆，能耐短期−4 ℃的低温，−7~−5 ℃时即受冻害，故在北方寒冷地区多为春播。土壤温度 8 ℃时约 17 天出苗，10 ℃时 14 天出苗，32 ℃时只需 7 天出苗，对温度的要求也因生育期而不同，幼苗需温度较低，开花结荚期所需温度以 12~20 ℃为宜，若温度超过 26 ℃以上时则对生长发育不利。

（二）对光照的要求

蚕豆为长日照作物。延长光照可提早开花结实，缩短光照可延迟开花结实。因此，南方品种向北方引种，可缩短生育期，提早成熟，但一般品种的适应性较广，对光照长短的反应不敏感。

（三）对水分的要求

蚕豆属于喜湿怕涝作物。一般其需水高峰出现在种子发芽期和开花结荚期，蚕豆种子富含蛋白质和脂肪，在发芽过程中通过生物酶类的活动，将难溶性的物质分解成可溶性物质需要吸收大量的水分，故蚕豆种子发芽时要吸收种子重量 150%的水分。在开花结荚期间，正值营养生长和生殖生长的旺盛阶段，茎叶繁茂，荚果生长迅速，并积累大量的干物质，因此，需要大量的水分，此时是蚕豆需水临界期，如果此期受旱，往往会因落花落荚严重而造成花多荚少和荚多籽少，对产量影响很大，特别是大粒种子表现得更为突出。蚕豆又是怕涝的作物，土壤湿度过大或地面积水，不仅有碍于根系和根瘤的生长发育，而且又容易使它们患病，所以在栽培上要注意排涝。

（四）对养分的要求

蚕豆的需肥量比较大，但因其所需氮素大部分由根瘤固氮供给，只有在前期根瘤菌还未大量繁殖开始进行固氮时，幼苗生长需要氮素营养，根瘤菌生长也需氮素营养，故须供应少量的氮肥。对磷、钾、钙、硼、钼等元素则迫切需要，蚕豆有"喜磷作物"

之称。据测定，每生产100千克蚕豆籽粒，需从土壤中吸收氮5.44千克、五氧化二磷1.08千克、氧化钾4.04千克及适量的微量元素。蚕豆种子含磷酸1%~1.5%，而禾谷类作物籽实含磷酸只有0.5%~1%。磷肥对蚕豆增产显著，不仅因为施磷能提高生物固氮能力和根瘤的生长繁殖，而且磷本身也是蚕豆富含的核蛋白、核酸及磷脂类化合物不可缺少的成分。

蚕豆现蕾、开花、结荚期，是营养生长最旺盛的时期，又是生殖生长最迅速的时期，所以此时是蚕豆一生中需养分最敏感的时期。此期水肥充足，可促进花芽不断分化和幼荚的形成，减少脱落，提高结实率。结荚期水肥充足，可促进籽粒饱满，增加粒重，若水肥不足，造成蕾、花、荚严重脱落，降低产量。

（五）与根瘤菌共生特性

蚕豆与根瘤菌的共生是其重要的生物学特性，也是其不同于非豆科作物的重要特点。

蚕豆的根有大量根瘤，能固定空气中的游离氮素，除供给植株自身生长外，还留在土壤中供下茬作物生长发育需要。因此，蚕豆具有培肥地力的作用，是其他作物良好的前茬。

根瘤菌是一种杆状细菌，在蚕豆形成第一片复叶以前，一般出苗后15天左右，根瘤菌从根毛侵入根部而迅速繁殖，根部组织细胞受到根瘤菌分泌物的刺激而发生不正常的加速分裂，形成了根瘤，形状为圆形或椭圆形，有时聚集成花瓣状。根瘤的颜色有粉红色、白绿色等多种，粉红色根瘤是根瘤中含有豆红素之故，据研究，这种粉红色的根瘤固氮能力强，其他颜色的根瘤固氮能力弱。

根瘤菌与蚕豆过着典型的共生生活，蚕豆以其光合作用所形成的碳水化合物及其他物质供给根瘤菌的营养，而根瘤菌则固定空气中的游离氮素，转化为植物可以利用的状态，供给蚕豆氮素营养，从幼苗开始，至开花结荚盛期达到高峰，到了成熟期根瘤衰老，根瘤菌破瘤而出，留在土中。在土中单独生活的根瘤菌，没有固氮能力。

根瘤菌的生长及其固氮能力，受蚕豆的生长发育和环境条件的影响，只有蚕豆本身生长发育良好，制造大量的碳水化合物供给根瘤菌，才能促进根瘤菌的繁殖和活动，进而固定较多的氮素，根瘤菌的固氮作用是在好气条件下实现的，对土壤理化性质及土壤肥力因素要求虽不算太严，但富有磷、钙、钼、硼等元素，呈现中性或微酸性反应的疏松土壤，土壤湿度在田间持水量的50%~60%，土温在24~28 ℃，有良好的通气条件，这种土壤对根瘤菌的生长繁殖和固氮能力最为有利。根瘤菌能忍耐寒冷冰冻，但不耐高温，当土温超过31 ℃时，其活动和固氮能力均受到明显的抑制。

第三节　蚕豆品种

一、品种资源

品种资源是选育新品种的物质基础，由于长期的自然选择和人工选择，在不同生态和不同栽培条件地区形成许多不同类型的蚕豆品种。

我国蚕豆品种的分类方法很多，一般常用的有：按粒型大小分为大粒型、中粒型和小粒型 3 种；按种皮颜色分为白皮种、青皮种、红皮种和绿皮种；按生育期长短分为早熟种、中熟种和晚熟种。

（一）大粒型

种子宽而扁，百粒重 120 克以上，种皮颜色多为乳白色和绿色两种，植株高大。大粒型资源较少，约占全国蚕豆总资源数的 6%。主要分布在青海、甘肃、四川西部、云南等地。大粒型品种对水肥条件要求较高，多在水地种植。其特点是品质好、商品价值高、菜粮兼用，是我国传统的出口产品。

（二）中粒型

百粒重 70~120 克，种子椭圆形，种皮颜色以绿色和乳白色为主。中粒型资源最多，约占全国总资源数的 52%，主要分布在浙江、江苏、四川东部、云南、贵州、新疆、宁夏、福建和上海等地。中粒型品种适应性广，抗病性好，水田、旱地均可种植，产量高，宜作粮食和副食品用。

（三）小粒型

百粒重在 70 克以下，种子近圆形或椭圆形，植株较矮，结荚较多。小粒型资源约占蚕豆总资源的 42%，主要分布在湖北、安徽、山西、内蒙古、河北、广西、湖南、江西、陕西等地。小粒型品种比较耐瘠，对肥水要求不是很严格，适应性强，产量较高，品质较差，一般作为饲料和绿肥种植，也可加工成多种副食品。

二、品种选育

多年来，青海省农林科学院、四川省农业科学院、浙江省农业科学院、云南省农业科学院、临夏回族自治州农业科学研究所、江苏省沿江地区农业科学研究所等单位，先后育成了一大批优良品种，在我国蚕豆生产中发挥了重要作用。

我国蚕豆育种的目标是根据国内外市场的需求来确定的，蚕豆是一种多用途作物，它有粮用、菜用、饲用和绿肥等多种用途。粮用型蚕豆品种要求籽粒品质好，蛋白质含量高，粒大而高产；绿肥用蚕豆品种则要求早发、多分枝、根瘤发达、固氮能力强，生物学产量高；菜用型蚕豆要求适口性好，易贮运。

我国蚕豆的主要育种方法包括地方品种利用、引种、系统选种和杂交育种等。

三、优良品种

（一）青海 13 号

1. 品种来源

该品种由青海省农林科学院选育而成。

2. 特征特性

幼苗直立，幼茎浅绿色，叶姿上举，株高 105 厘米左右，株型紧凑，分枝 2~4 个，结荚集中，荚果着生状态为半直立型，荚长 8.8 厘米，荚宽 1.58 厘米，每荚 2.75 粒，单株双荚 5.27 个，种皮有光泽，半透明，脐白色。单株粒数 36.8 粒，单株产量

33.56 克，百粒重 81 克左右，籽粒粗蛋白质含量 30.19%，淀粉含量 46.5%，脂肪含量 1.01%，粗纤维含量 18.54%。属春性，生育期 95 天，属早熟品种。

3. 生产能力及适宜地区

适宜在青海省海拔 2 000~2 600 米的川水、中位山旱地及我国西北地区同类生态区种植。在中、高位山旱地较其他品种产量高、早熟耐旱、籽粒小且均匀，更适于机械化播种。

4. 栽培技术要点

一般亩施商品有机肥 60 千克或充分腐熟的农家肥 0.4~0.5 米³、35% 蚕豆配方肥 6.5 千克或磷酸二铵 5 千克，作基肥。3 月下旬至 4 月上旬播种，播深 6~8 厘米，播种量 14~15 千克/亩，亩保苗 1.5 万~1.8 万株（覆膜种植 1.1 万~1.2 万株）。

（二）青蚕 14 号

1. 品种来源

该品种由青海省农林科学院与青海鑫农科技有限公司共同选育而成。

2. 特征特性

株型紧凑，冠层透光性好，丰产性好。荚果半直立型。平均单株有效荚 14.6 个，荚长 11.9 厘米，荚宽 2.3 厘米，每荚 2.2 粒。成熟荚黑色，种皮有光泽、半透明、脐黑色。籽粒乳白色、中厚型，长 2.6 厘米、宽 1.9 厘米，脐端厚 1.0 厘米，粒端厚 0.6 厘米，百粒重 225 克左右。属中晚熟品种，在西宁市若采收鲜荚，从种植到采收需 115 天左右，若采收籽粒，从种植到采收需 143 天左右。适于春季种植，青荚保鲜，是粮菜兼用型品种。在一般水肥条件下每亩产量为 300~400 千克，高水肥条件下每亩产量为 400~500 千克。中抗倒伏，中抗褐斑病、轮纹病和赤斑病。

3. 生产能力及适宜地区

适宜在我国青海、甘肃、宁夏、西藏以及河北等海拔 2 000~2 600 米的春蚕豆产区水地种植，适宜机械点播或机犁人工点播。

4. 栽培技术要点

一般亩施商品有机肥 60 千克或充分腐熟的农家肥 0.4~0.5 米³、35% 蚕豆配方肥 6.5 千克或磷酸二铵 5 千克，作基肥。3 月下旬至 4 月上旬播种，播深 6~8 厘米，播种量 20~25 千克/亩，亩保苗 1.3 万~1.5 万株（覆膜种植 0.9 万~1.1 万株）。

第四节　蚕豆栽培技术

一、轮作倒茬

合理的轮作倒茬能使蚕豆良好地生长发育，是获得丰产的重要措施。蚕豆切忌连作，农谚说："重麦不重豆""蚕豆种豆将够豆"，因为蚕豆根瘤菌适宜在中性或微酸性土壤环境中发育，在酸性土壤则生长发育不良，连作时，蚕豆根瘤要分泌大量的有机酸，有机酸在土壤中大量积累就会抑制根瘤菌的繁殖和根际有益微生物的活动，所以蚕豆连作会影响蚕豆根系的生长，株高降低，结荚减少，病害加重，产量降低。合理轮作倒茬，不仅对蚕豆本身的产量有利，而且蚕豆根部分泌的酸性物质可将难溶性的磷变为有效磷，因此，蚕豆茬也是后茬作物的优良茬口。

农民在长期的生产实践中养成了轮作倒茬的习惯，蚕豆是其他作物的良好前茬。农民把蚕豆、油菜、马铃薯茬叫嫩茬，一般种植一茬蚕豆后种植小麦或其他作物 2~3 年，再种植蚕豆为好。

二、精细整地

蚕豆根系发达，主根入土深，要求有深厚的活土层，翻地必须深耕细耙，为蚕豆根系的生长创造良好的土壤条件。另外，蚕豆是双子叶作物，幼苗顶土能力弱，种子较大，发芽吸水多，根系入土深，根瘤菌又是好氧菌类，要求土壤疏松，因此，整地要求在深耕基础上进行。深耕可以加厚活土层，改良土壤结构，有利于蓄水保肥，深耕后土壤通气性能改善，也有利于根瘤菌的繁殖。具体做法：前作物收获后及时秋深翻 20~25 厘米，以积蓄雨水，冬季耙糖保墒，翌年春播时，为了提高出苗率，播前须进行耙糖，一定要耙深耙透，耙碎坷垃，耙平地面，达到上虚下实，为根系生长和根瘤菌生长繁殖，早出苗，出齐苗，保壮苗创造良好的条件。

三、选用良种

（一）选用良种，保持良种特性

青海省是春蚕豆播种区，生产历史悠久，形成了许多优良的地方品种，青海省农林科学院相继育成青海 11 号、青海 12 号、青海 13 号、青蚕 14 号、青蚕 16 号、青蚕 21 号等优良品种，各地种植时可根据各品种特性，依照当地自然条件和生产水平，按用途因地制宜地选择自己的栽培品种，目前湟中区川水地区一般选用青海 12 号、青蚕 14 号等品种，山旱地选用青海 13 号、青蚕 14 号等品种。

（二）粒选

在田间选株和选荚的基础上，再在播种前进行粒选，以提高种子质量，选种时应选出粒大、胚部饱满、皮色鲜明光亮、老熟、无病虫的籽粒作种子，剔除受伤、瘪粒、皱皮、皮色发红发暗、有病斑的种子，使发芽整齐，幼苗健壮。籽粒大，含营养物质丰富，能促幼苗健壮生长。

（三）晒种

晒种能促进种子的后熟作用，增强种子生物酶的活性，同时使种子降低水分，提高种子的发芽势和发芽率。晒种时，最好将种子薄薄地摊在晒场上，选择晴好天气，连续晒 2~3 天，温度低时可多晒 1~2 天，温度高时可以减少晒种时间，在水泥地上晒种时应特别注意，温度太高会使种子丧失发芽能力，晒种时要经常翻动种子，促使受热均匀，播前晒种可提早出苗 1~2 天。

（四）拌种

用根瘤菌拌种可以提高产量，尤其是长久未种或从未种过蚕豆的地块增产效果十分明显，根瘤菌粉每亩用量 0.02 千克，加水 0.3 千克拌成糊状，将种子倒入拌匀，阴干（避免阳光直射），当天拌种，当天播种，最好利用阴天或早晚光照不强时播种，以免阳光晒死根瘤菌。

四、适时播种

(一) 播种时期

蚕豆发芽时对温度和土壤干湿程度的要求比较严格，应在土壤水分充足的前提下，抓住适合时期播种。蚕豆适宜的播种时期，因各地气候条件和用途不同而异。蚕豆生长期长，幼苗耐寒，营养生长阶段需要较低的温度，因而蚕豆宜在播种适期内早播。早播能延长营养生长期及开花期，开花多，结荚率高，并能提早成熟，避免霜冻，同时早播墒气足，有利于种子发芽，对保全苗很有利。适宜播种时间是地温为 3~4 ℃、土壤解冻 8~12 厘米。湟中区的具体播种时间为 3 月下旬至 4 月上旬。

(二) 播种方法

蚕豆宜适当深播，以利蚕豆种子深扎根，保全苗，一般水地播深 6~8 厘米，以不低于 6 厘米为好，砂地土壤、干松的浅山播深 12 厘米左右，以利充分吸水，保证幼苗整齐出苗。播种时，应力求深浅一致，保证出苗齐，出苗全，出苗壮。

(三) 播种方式

采取人工点播和机械点播，点播行距 30~35 厘米、株距 20~25 厘米。

覆膜蚕豆采用精量式覆膜播种机，一次性完成种床整形、分层施肥、铺膜、膜上穴播、膜边覆土、膜上覆土和行间镇压等作业工序。青海 13 号：行距 25~30 厘米、株距 15~17 厘米。青蚕 14 号：行距 25~30 厘米、株距 18~20 厘米。

五、施肥技术

蚕豆的耐瘠性较强，根部的根瘤菌能固定空气中的氮素供给自身的生长发育。但是要获得高产，则需要较多的肥料，蚕豆在轮作中常配置于小麦之后，只有增施基肥，增施磷钾肥，才能提高蚕豆产量。蚕豆整个生育期内的肥料使用严格执行《绿色食品　肥料使用准则》。

(一) 蚕豆的需肥规律与营养特点

蚕豆的需肥特点与其生育特点有密切的关系。蚕豆在整个生长过程中可划分为营养生长阶段（出苗、分枝至现蕾）、营养生长和生殖生长并进阶段（始花至结荚）、生殖生长阶段（终花、鼓粒至成熟），各生育时期对养分的吸收量是不同的。

1. 蚕豆的需肥量

蚕豆籽粒养分含量比较丰富，是需肥较多的作物。除氮、磷、钾三要素比一般作物多以外，由于根瘤的形成和固氮过程，还需较多的钙素。湟中区每生产 100 千克蚕豆籽粒，需从土壤中吸收纯氮 5.44 千克、五氧化二磷 1.08 千克、氧化钾 4.04 千克、钙 3.9 千克。与春小麦相比三要素的吸收量高出一倍多，是粮食作物中所需营养物质最多的一种作物。

2. 蚕豆吸收养分的特点

蚕豆对营养元素的吸收在各生育阶段差异很大，对氮、磷、钾的吸收与小麦不同，表现在营养生长和生殖生长并进阶段，小麦的吸收量达到高峰，而蚕豆仅占吸收总量的1/3；小麦在籽粒形成期从土壤中吸收养分的数量较少，而蚕豆籽粒形成期吸收氮、磷养分进入高峰期。蚕豆在种子、茎秆中带走的磷、钾、钙总量要比小麦高出117%。

氮：蚕豆是需氮较多的作物，虽然根瘤有固氮作用，但仅靠根瘤固氮还不能满足整个生育阶段对氮的需要，必须从土壤中吸收氮素。蚕豆在根瘤形成前就要从土壤中吸收氮素，开花期逐渐增多，至盛花期达到高峰，而后吸氮量逐渐减少。蚕豆施氮的作用和效果不只是为植株提供营养，还可促进根瘤的发育，从而改善蚕豆植株与根瘤菌的共生关系，提高蚕豆的固氮量。氮素不足时，叶片发黄，植株矮小，分枝减少。氮素过多，尤其是硝态氮会阻碍根瘤形成反而降低其固氮能力。

磷：蚕豆施磷是增产的关键。因为蚕豆可以生长在缺氮的土壤上，但不能生长在缺磷的土壤上。磷素对促进蚕豆根系的伸长、枝叶繁茂、增加干物质积累及加速开花、结荚、籽粒饱满等方面都有良好的作用。土壤缺磷时，根瘤菌虽能进入根内，却不能形成根瘤。磷素供应充足，固氮能力增强，可达到以磷增氮的效果，磷素还可明显增加籽实的脂肪含量，提高蚕豆产量。

钾：钾在生育前期与氮一起加速蚕豆植株营养生长，中期和磷配合促进蚕豆脂肪和蛋白质的合成，后期钾促进养分向籽粒转移。钾素充足，根系发达，抗逆性增强，提高固氮能力，茎秆坚硬，减少倒伏；钾素不足，结荚少，籽小粒少，皱缩呈畸形，品质低下。因此，钾是蚕豆健壮生长的重要元素之一。

3. 微量元素的营养特点

蚕豆除需大量元素外，微量元素如硼、钼、锰、镁、锌等对蚕豆的生育也具有重要作用。施硼能提高稳荚率，减少落花、落荚；钼是根瘤固氮过程中不可缺少的元素，钼对蚕豆发芽有良好效果。其他微量元素对蚕豆产量也有一定影响。据报道，锌、钼和铁的混合施用，可促进蚕豆根瘤的形成和产量的提高。

（二）蚕豆施肥的适宜时期与方法

过去认为蚕豆有自身的固氮作用，可以不施肥。其实蚕豆是需肥较多、较全面的作物，肥料对蚕豆产量的影响很大。所以施肥中应以养分全面的有机肥为主，少施氮肥，适当搭配磷、钾肥和微量元素肥料，以满足蚕豆生长发育的需要。

1. 基肥

以有机肥为主施足底肥，适量施氮，增施磷、钾肥。亩施商品有机肥60千克或充分腐熟的农家肥2.5~4米³、35%蚕豆配方肥40千克或磷酸二铵13千克。蚕豆对磷、钾元素的需求量大，所以牛羊粪和炕灰是蚕豆良好的农家肥料，这些肥料中磷、钾含量较多，氮素相对较少，符合蚕豆需肥要求。由于蚕豆自身有固氮作用，一般不需大量施氮，氮肥过多会引起徒长、落花落荚，影响产量，但苗期根瘤尚未形成前供给适量的氮素，可保证蚕豆苗期对氮的需要，形成壮苗。

蚕豆施足底肥是非常重要的，蚕豆一生所需的肥料多数集中在苗期和花期，对氮素的需求花期最多。磷肥作底肥后，施入耕层有利于作物吸收利用，另外磷肥是根瘤生长发育的必要元素，有助于固定更多的氮素。

2. 根外追肥

蚕豆进入鼓粒期后根系生长减弱，吸收养分的能力降低，固氮能力变弱，但此阶段对肥料要求非常强烈。为了弥补蚕豆植株生理上的不足，进行根外追肥，对增加蚕豆的粒重有明显的效果，但一定要注意采用适宜的浓度。蚕豆根外追肥一般施微量元素效果最好，据试验，硼肥和钼肥对蚕豆鼓粒有一定作用。在盛花期和结荚期，根据作物田间长势喷施有机叶面肥，喷施 1~2 次，时间间隔 7 天左右。

六、合理密植

（一）产量构成因素之间的关系

蚕豆产量是由每亩株数、每株荚数、每荚粒数和籽粒重量决定的。在构成产量的这些因素中，又以每亩的总荚数（每亩株数×每株荚数）为主。因为蚕豆品种的每荚粒数和籽粒重量受栽培条件的影响较小，而单株荚数的变化易受密度大小的影响，一般说来，无论肥力或株距变化如何，在构成蚕豆产量的诸因素中，籽粒平均重量、荚粒数都比较稳定，而每株结荚节数，每个结荚节着生的荚数都易受环境条件的影响而产生变化。了解产量组成之间这种关系，合理密植，减少落花、落荚，是提高蚕豆产量的一个重要措施。

（二）种植密度

蚕豆具有分枝性，对于密度具有一定的自身调节能力，但这种调节能力比禾谷类作物低得多，地肥、水足、播期适合、分枝就多，密度宜小一些，反之，分枝少，密度又可以大一些。但是，外界条件的调节能力毕竟有限，超过了外界条件力所能及的范围，靠单株分枝来调节田间密度也是不行的。所以，蚕豆一定在"依靠主茎"的前提下妥善解决群体与个体的矛盾，适当利用分枝来实现增产。

合理密植可以充分而合理地利用地力，增加叶面积，经济有效地利用光能，因而适当的密植可以增产。因个别地区蚕豆的播种量和密度偏大，个体和群体的矛盾突出，个体生长发育不良，田间郁闭早，还可能过早发生倒伏，也会使呼吸的消耗超过同化积累，从而造成花荚的脱落而导致减产。密度过小，个体发育虽好，但却没有形成足够的群体，既不能充分利用光、热、土地资源，也不能有效地控制后生分枝，势必造成成熟参差不齐，籽粒品质下降。

（三）掌握合理的基本苗

基本苗是创造合理群体结构的基础，可根据地力、施肥水平、品种、播种期等综合考虑。肥水条件中下等地区的蚕豆分枝数不可多，适当增加密度，以充分利用光能和地力。高海拔地区为抑制分枝的发生，提早成熟，宜适当提高密度。土质肥沃、施肥又多的高产区，单株分枝数多，分枝结荚又多，可充分利用分枝来保证产量，密度就可以低一些。在土壤肥力特别差的地块，植株生长不良，也不宜用高密度，基本苗也应少一些。分枝性强的品种宜稀一些，分枝性弱的品种宜密；早播的宜稀，晚播的宜密。一般亩下种量 18~22.5 千克，川水地区保苗 1.0 万~1.2 万株，浅山地区保苗 1.8 万~2 万株，半浅半脑山地区保苗 1.6 万~1.8 万株。土壤肥沃的高产田，播种量可酌情下降，保苗 0.8 万 ~ 1.1 万株。浅山地区地膜栽培的小粒蚕豆亩保苗 1.2 万 ~ 1.3 万株。

七、田间管理

（一）查苗补苗

蚕豆植株比较大，单株产量较高，缺株对产量有一定的影响，所以，在出苗后必须及时进行查苗补苗，保证全苗。凡是缺苗的地方，应及时抢早补种，补种时应先挖穴灌水再放催过芽的种子，或在苗多的地方，挖苗带土移植补苗，移补的苗以健壮根多者易于成活。

（二）中耕除草

中耕与除草是紧密联系着的田间管理作业，除草和中耕不仅可以锄去田间杂草、减少土壤中养料的消耗，还可疏松土壤。表土疏松，改善了土壤的透气性，有利于空气流通，一方面可以使空气进入土壤，增强土壤微生物的活动，促进土壤养分的分解和转化，增强土壤中有效态养分，这对于蚕豆根瘤菌的生长有利；另一方面，疏松的土壤有利于土体中二氧化碳的释放，有利于提高光合作用。

在早春比较干旱而气温和土温又比较低的地区，蚕豆出苗后，加强中耕除草，可以减少土壤水分蒸发，提高土壤温度，这是通过农业技术措施来适应不良气候条件、促进蚕豆生长的重要措施。第一次中耕，可在苗高 10 ~ 12 厘米时进行，主要起松土作用，宜浅宜细，以提高其增温保墒效果；第二次中耕除草结合施肥灌水进行（即先施肥，后灌水，等合墒后再中耕），封行前如能再拔一次高草效果更好。

（三）适时灌水

蚕豆一生中喜欢温暖潮湿，必须及时灌溉，尤其是在比较干旱的地区，灌溉是保证蚕豆早熟丰产的关键性措施之一。

每亩蚕豆一生总耗水量为 328 ~ 371 米^3，土壤湿度保持田间持水量的 40% ~ 80% 最适于蚕豆的生长，以 60% 为最好，蚕豆的需水量在现蕾至终花期最多，播种至现蕾较少，结荚盛期至成熟又较少。

灌水要根据蚕豆的不同生长发育时期，不同的气候、土壤的物理化学性质而进行适期合理灌溉。灌水要适期进行，灌水过多过早、过少过晚都会影响植株的正常生长发育，各地栽培蚕豆一般灌水 2~3 次，灌水时间多在蕾期前、盛花期、结荚期和终花期。

总之，蚕豆的灌水原则：播前浇水保全苗，苗期浇水促花，花期浇水促荚，荚期浇水攻粒。

（四）追肥

蚕豆花芽分化早，生长期长，主要应抓好基肥和种肥，抓好磷、钾肥的使用。根据蚕豆的不同生长发育阶段适时喷施叶面肥补充作物对养分的需求，蚕豆一般在苗期、始花期，按照叶面肥施肥量和稀释比例调配后进行喷施 1 ~ 2 次，间隔 7 ~ 10 天。注意事项：叶面肥应在晴天 10：00 之前、16：00 以后或者阴天喷施，因为叶片背面气孔较多，吸肥能力比叶片正面强，所以特别注意喷施叶片背面。

（五）适时打尖摘心

蚕豆是无限生长型，可由而上不断开花结荚，往往下部豆荚已渐充实，而上部豆梢仍在生长茎叶，现蕾开花，顶部的花朵往往不能结荚或结荚而不饱满，反而由于消耗养分使落荚增多，影响后期荚果的充实并延长成熟。在密植情况下，更增加荫蔽，在后期多雨的条件下又易徒长。

后期摘心可以改善田间通风透光条件，控制徒长，防止倒伏，减少病虫害发生，同时也减少养分消耗，改善养分运输方向，使形成顶芽和顶部花序的养分转向下部的花和荚，以提高结荚率和下部籽粒的饱满度，从而实现早熟和成熟一致，尤其是对基肥足、长势旺的田块摘心后效果更为明显。摘心不宜过早、过迟，一般宜在中部盛花而下部已开始结荚时进行，适宜的时间以全田有80%以上的主茎8~12层花的时候打顶为好，旱地和土壤养分差的地块一般不宜打顶，以防后期早衰。

打顶的时间应选择晴天露水干后，在太阳下进行，阴雨天不摘心，以免伤口进水不易愈合，引起茎秆腐烂，摘心时摘去顶端生长点的1心1叶即可。

有的地方在摘心后还进行分行压行，意在改善行间的通风透光条件，但这仅仅是在下种量过大、行距又小、植株长势过旺的情况下不得已而采用的办法，这样一行的通风透光条件改善，但另一行或几行反而更加荫蔽，加之分行时难免机械损伤，因此在一般情况下，种植密度合理可以不分行压行，只需摘心打顶。

（六）病虫害防治

蚕豆植株柔嫩多汁，易受赤斑病、褐斑病、轮纹病、锈病等病害的为害，易受蚜虫、根瘤象、蚕豆象、蓟马、潜叶蝇及地下害虫金针虫的为害，在病虫害防治时必须采取"预防为主，综合防治"的原则，结合绿色防控技术在虫害低龄期、病害发病初期，优先选用生物农药进行防治，在防治效果不理想时选用高效、低毒、低残留的化学农药进行防治，并要求交替轮换用药，减少抗药性产生，农药的使用符合《绿色食品　农药使用准则》。

八、适时收获

蚕豆上、下部荚果不是同时成熟，必须注意适时收获。一般适宜的收获期：水地蚕豆叶片凋落，但又未全部脱落，茎基部4~5层荚已变黑，上层荚由绿变黄；旱地蚕豆中、下部籽粒脐呈黑褐色，是适宜收获时期。适时收获，茎基部的籽粒不致因过分干燥掉荚掉粒，上部种子也不会因成熟不充分而影响品质和产量。若以鲜荚销售，在鼓粒期摘嫩荚，现摘现销。收获时最好不要连根拔除，应将根茬留于地里，以增加土壤肥力。

蚕豆种子成熟后遇雨，为了避免豆荚在植株上发生霉变，除成熟后应及时收获外，还应注意防雨防霉。收获后还应适当后熟，后熟既可以提高产量，也有助于确保种子能正常发芽。反之，如收获后立即脱粒晒干，种子的发芽率会大大降低。打碾时应注意细打细收，保证颗粒归仓。

蚕豆脱粒后应充分晒干，以指甲划不起痕时才可安全收藏，要求籽实的安全含水量为15%以下。

第五节　蚕豆全程机械化生产技术

一、概述

蚕豆生产全程机械化生产技术是用机械代替人工进行蚕豆栽培技术的全过程。根据蚕豆种植生产特点，利用机械完成土壤耕整、化肥深施、机械播种、病虫草防治、节水灌溉、联合收获等全部生产工序，通过集成农机化技术和农机农艺融合，实现耕、种、管、收等全程机械化生产。

二、技术路线

蚕豆生产全程机械化技术路线为机械整地→播种→田间管理→收获（分段、联合）。

蚕豆全程机械化生产技术耕、种、管、收主要环节相互联系、相辅相成。各项技术规程参考落实，保证蚕豆生产取得更好的经济效益。

三、技术要点

（一）整地

蚕豆生产整地的质量直接影响着出苗和根系发育。做好播前整地作业，包括深耕、旋耕等，整地后达到土壤平整疏松；有条件的旱作地区采用深松联合整地作业效果更好。

（二）播种机具

蚕豆播种机具选择，应根据土壤墒情、前茬作物品种，选择具有一次性完成开沟、播种、施肥等多种工序的蚕豆分层施肥条播机。有条件的地区选用蚕豆覆膜播种机。

（三）播种

机械点播行距 30~35 厘米，株距 20~25 厘米。覆膜蚕豆采用精量式覆膜播种机，一次性完成种床整形、分层施肥、铺膜、膜边覆土、膜上覆土、膜上穴播和种行镇压等作业工序。小粒蚕豆：行距 27~30 厘米，株距 15~17 厘米。大粒蚕豆：行距 27~30 厘米，株距 18~22 厘米。

露地种植条件下，根据土壤墒情、前茬作物品种以及当地播种机使用情况，选择具有一次性完成开沟、施肥、播种等多种工序的蚕豆分层施肥条播机。按照机具使用说明书要求进行作业。播种作业质量应符合技术标准要求：漏播率≤2%，播深 6~8 厘米。

（四）种植密度

蚕豆机械种植密度参考当地农艺要求进行调整。

（五）田间管理

1. 除草

蚕豆草害防除应采取化学和机械除草相结合的办法。

（1）化学除草　一是土壤播前喷药整地处理；二是苗期机械喷药除草，用药及用量按农艺要求进行。

（2）机械除草　采用播前整地除草和苗期中耕除草相结合的办法，防治草害发生。实施蚕豆覆膜播种和使用 GPS 定位精准条播的田块，配套采用机械化中耕除草效果更佳。

2. 病虫防治

根据田间病虫害发生情况，利用高性能喷药机械、植保无人机进行病虫害防治、追叶面肥、作物杀青等作业。

（六）收获

1. 收获方式与机具选择

蚕豆收获分为分段收获和联合收获两种方式。各地应根据蚕豆种植方式、气候条件、种植规模、田块大小等因素因地制宜选择适宜的收获方式。

（1）分段收获法　蚕豆成熟期先将蚕豆人工收获，晾晒后期成熟后，再使用蚕豆脱粒机或蚕豆联合收获机进行脱粒作业。分段收获优点是蚕豆有后熟期特点，蚕豆籽粒饱满，产量损失较小。缺点是生产效率低、生产成本较高，小规模种植区域可采用。

（2）联合收获法　选择机械化收获的，收获前可选择草铵膦进行药剂杀青，待干枯后，用蚕豆联合收获机进行机械收获，一次性完成收割、脱粒和清选等工作。联合收割机作业前，需对割台主割刀位置、拨禾轮位置和转速、脱粒滚筒转速、清选风量、清选筛等部件和部位适当调整。优点是生产效率高、生产成本较低。缺点是顶层蚕豆成熟后期经药剂杀青处理，导致部分蚕豆百粒重降低，蚕豆有倒伏情况时损失增加。规模种植蚕豆区域多采用此方式。

2. 联合收获时间选择

采用联合收获方式时，主茎基部 4~5 层荚变黑、上部荚呈黄色时，用无人机喷洒草铵膦等杀青药剂进行收获前杀青脱叶处理。杀青后全田 95% 以上蚕豆植株外观颜色全部变褐色或干枯、成熟度基本一致的条件下进行联合收获作业。避免蚕豆籽粒染色状况出现。

3. 作业质量要求

蚕豆豆荚完全风干变黑时进行机械化联合收获或脱粒，总损失率≤6%。

四、机具配备参考方案

农业机械配备是蚕豆生产实现全程机械化生产的重要物质基础，是各生产环节必不可少的设备，对提高生产效率、提升产品品质、增加经济效益有直接影响。综合考虑生产条件、机具性能、经济因素等合理配备，有机联系，充分发挥机具效能，力求获得最好的综合经济效益（表 4-1）。

表 4-1　蚕豆生产全程机械化机具配备

机具名称	技术参数与特征	数量	备注
拖拉机	四轮驱动 69.9 千瓦以上	1	
拖拉机	四轮驱动 25.7~40.5 千瓦	2	

（续表）

机具名称	技术参数与特征	数量	备注
整地机械	深松联合整地（旋耕机）	1（2）	配套 69.9 千瓦以上拖拉机
播种机	蚕豆分层施肥条播机	1	配套 25.7~40.5 千瓦
铺膜播种机	机械铺膜精少量播种机	2	覆膜种植使用
植保机械	喷杆式喷雾机（植保无人机）	1（1）	
收获机	自走式蚕豆联合收割机	1	

第六节 蚕豆病害

一、褐斑病

蚕豆褐斑病在世界蚕豆种植区都有发生，为青海省蚕豆四大叶部病害之一。

（一）症状

叶、茎、荚、种子都可受害。受害叶片，病斑先是赤褐色小点，以后发展成圆形或椭圆形深褐色斑，边缘紫红色，一般无轮纹。后期病斑中心变灰白色，上生许多黑色小颗粒，是病菌的分生孢子器，也是与蚕豆轮纹病区分的特征。病斑多时，可相互愈合成不规则的大型斑，引起叶片枯死。受害茎、荚的病斑长圆形、凹陷，上面也生长许多小黑点，严重时荚果枯萎干秕，种子瘦小，有的不能发芽。受害种子、种皮上病斑灰色，边缘褐色，圆形或不规则形。种子受害，种皮表面产生褐色或黑色污斑。

（二）病原

蚕豆褐斑病菌，属真菌类半知菌类的球壳孢目寄生引起。分生孢子器形成扁球形，黑色，有孔口，其中产生大量分生孢子，分生孢子圆形或长圆形，无色，多数双细胞，分隔处稍收缩。病菌生长最适温度为 20~26 ℃，最低 8 ℃。

（三）侵染循环

病菌以分生孢子器在病残体组织内越冬，也能以菌丝体潜伏于种子内部越冬。翌年蚕豆开花以后，以分生孢子进行初侵染，或以带菌种子为初侵染源。田间发病后，病菌借风或昆虫传播，能进行多次重复侵染。种子带菌率高，田间遗留病残组织多，植株稠密，长势较弱，温湿度高，都有利于病害发生。

（四）防治方法

（1）清洁田园 蚕豆收获后，及时收集田间病残组织，加以烧毁或高温堆肥，消灭越冬菌源。

（2）种子处理 如种子带菌，先将种子冷水浸泡 24 小时，然后移进 45~50 ℃温水中浸 10 分钟或 56 ℃温水中浸 5 分钟。

（3）农业防治 适当密植，增施肥料，轮作倒茬，适时摘心，增强植株的抗病能力。

（4）药剂防治　发病初期优先选用生物农药嘧啶核苷类抗菌素（抗生素）；在防治效果不理想时选用高效、低毒、低残留的化学农药多菌灵或甲基硫菌灵或三唑酮。间隔10～15天防1次。

二、轮纹病

（一）症状

蚕豆轮纹病主要为害叶片，有时也为害茎，常与蚕豆赤斑病、蚕豆褐斑病同时发生。受害叶片，叶面先出现红褐色圆形小斑，以后病斑扩大，中央灰褐色至黑褐色，周缘红褐色，环带状，病部与健部界限分明，病斑面上有深浅相间的同心轮纹，天气潮湿时，病斑的正面、背面长出灰色霉层，这是病菌的分生孢子梗和分生孢子，雨天病斑往往腐败穿孔。病叶多发黄，易凋落。受害茎上病斑长梭形，灰黑色。

（二）病原

蚕豆轮纹病菌，属真菌类的半知菌、丛梗孢目。菌丝在寄主组织内形成块状分生孢子座，座上簇生分生孢子梗，3～5根成丛，从气孔穿出，分生孢子梗褐色，基部略膨大，顶端弯曲，一般不分枝，少数作1次叉状分枝。分生孢子长筒形，基部粗，顶端尖细如鞭状，有6～12个分隔，无色或淡褐色。菌丝在20～25℃发育最好，5℃以下或30℃以上不发育，分生孢子萌发适温12～20℃，最低温度10℃左右，侵染所需温度相同。

（三）侵染循环与发病规律

病菌以分生孢子座随病叶遗落土壤越冬，翌年产生分生孢子，借风雨传播，初次侵染。以后病部产生大量分生孢子，扩散蔓延，再次侵染，病菌发育适温为25℃，蚕豆生育中后期，若多雨潮湿，通风不良，土质黏重时，生长衰弱，发病严重。否则，发病轻。

（四）防治方法

同蚕豆褐斑病。

三、锈病

蚕豆锈病是世界性病害，凡种植地区，都有发生。

（一）症状

蚕豆的叶、叶柄、茎、荚均可受害，以叶片受害最重，其次为害幼荚和茎部。叶片受害，两面先出现黄白色小点，不久变红褐色，突起呈疱状，外围带有黄色晕环，有时在疱状老斑四周有一圈新的疱状斑，这是病菌的夏孢子堆。表皮破裂，散出黄色粉状物，这是病菌的夏孢子。受害茎和叶柄的病斑与叶上的相同，稍大，略带纺锤形，后期叶片的病斑上，特别是茎和叶柄上产生大而明显的突起黑色肿斑，这是病菌的冬孢子堆。破裂后，散出黑褐色粉状物，这是病菌的冬孢子。受害病株，茎叶易早枯。

（二）病原

蚕豆锈病病菌属真菌类的锈菌目、柄锈菌科的病菌寄生引起。夏孢子堆锈褐色，内有无数夏孢子。夏孢子椭圆形或卵形，单细胞，淡褐色，表面有细刺。冬孢子暗黑色，大小不一。冬孢子圆形或卵形，单细胞，棕褐色，表面光滑，顶端突起或较平，壁特厚，色较深，下端有长柄，淡黄褐色。夏孢子的萌发温度 10~30 ℃，以 16~22 ℃ 最适宜；夏孢子的形成和侵入寄主适温为 15~24 ℃，下降到 2~6 ℃ 时停止侵入。

（三）侵染循环

蚕豆锈病以冬孢子在病株残体上越冬，翌年蚕豆开花期，冬孢子萌发产生担孢子，通过气流传播，侵害蚕豆的叶片，先在寄主组织内形成性孢子器和锈孢子器。锈孢子成熟后，再经气流传播，落于附近豆叶上，侵入组织内，约经 1 周，即产生夏孢子堆，散发出黄褐色粉末，夏孢子可进行重复侵染，至蚕豆成熟前，在病斑处产生冬孢子堆越冬。

（四）发病规律

蚕豆过度密植，株间温湿度较高，易于发病。蚕豆生育后期，气温在 15~24 ℃ 阴雨天多，发病严重。

（五）防治方法

（1）选用丰产抗病品种　蚕豆品种间抗病性差异显著，选择抗病品种，减轻为害。

（2）轮作倒茬　清理田中病残组织，力争减少病菌来源。

（3）药剂防治　发病初期优先选用生物农药嘧啶核苷类抗菌素（抗生素）；发病严重时，选用高效、低毒、低残留的化学农药代森锌或三唑酮。间隔 10~15 天防 1 次。

第七节　蚕豆虫害

一、蚜虫

为害蚕豆的蚜虫，主要是苜蓿蚜和桃蚜，都属同翅目蚜科。蚜虫又叫腻虫、蜜虫。青海省为害蚕豆以苜蓿蚜为最多。

（一）为害状

苜蓿蚜多群集蚕豆嫩茎、嫩梢、花序等处，刺吸汁液，造成嫩头萎缩，形成"龙头"。受害轻的，生长矮小，不能开花结实，严重的整株枯死。桃蚜为害使叶片卷缩，严重时，也可引起枯死。蚜虫除吸食汁液外，还能传播病毒病害。

（二）形态特征

苜蓿蚜成虫体长 1.5 毫米左右，有翅胎生雌蚜较无翅胎生雌蚜稍小，身体黑色，腿节及胫节端部黄白色。无翅蚜深紫黑色，足黄白色，腿节及胫节端部黑褐色。腹部分节不明显，第一至第六节背面有斑点。腹管漆黑色。

桃蚜体长 2 毫米，有翅型头胸部黑色，腹部淡暗绿色，背面有淡黑色斑纹，无翅型全身绿色、橘黄色或赤褐色，并带光泽。

（三）生活习性

苜蓿蚜以卵在苜蓿、苦苣菜、车前、酸模、苦蒿等杂草根茎处越冬。翌年孵化为干母，先在杂草上繁殖为害，后产生有翅蚜转移到蚕豆上为害。在蚕豆上孤雌胎生繁殖多代；密度大时，产生有翅蚜向周围蔓延扩散。雨季之前是蚜虫主要为害期。夏季温暖，有少量降雨，最适宜蚜虫的发生和为害。蚕豆成熟前，飞回越冬寄主上生活，至深秋产生两性有翅蚜，经过交配，在杂草上产卵越冬。桃蚜以卵在桃、杏及窖藏白菜等处越冬。

（四）测报方法

蚕豆开花前，抽查一定面积，分别检查蚕豆嫩尖、嫩茎上苜蓿蚜和叶上桃蚜的发生情况。蚜虫为害株达 0.1% 时，进行全田普治，蚜虫为害株不足 0.1% 时可采取点、片防治，田间零星发生时拔除受害株，并深埋，以防扩散。

（五）防治方法

蚜虫低龄期可选用生物农药苦参碱或金龟子绿僵菌；严重时，可用吡虫啉。间隔 7~10 天防 1 次。铲除蚜虫的越冬寄主，在深秋或早春铲除田间及地埂杂草，可减少越冬虫卵或刚孵化的若虫。

二、根瘤象

根瘤象，属鞘翅目象甲科。分布于青海省东部农业区各县，是浅山与半脑山地区的主要害虫，成虫为害蚕豆和豌豆的叶片，幼虫取食根瘤，个别受害严重地块，幼苗叶片被吃光，引起植株枯死。

（一）形态特征

成虫体长 3~4.5 毫米，是一种灰色或褐色象甲，头管粗短，延伸向前方。触角膝状，着生于头管前半部，全体密布灰色鳞片，两翅鞘上有鳞片构成的纵行条纹；卵为长椭圆形，长 2~3 毫米，乳白有光泽；幼虫老熟后长约 5 毫米，头浅褐色，身体白色，稍弯曲，具稀疏而相当长的黑色茸毛，无足；蛹裸蛹，长椭圆形，长约 3 毫米。

（二）生活习性

一年 1 代，以成虫在土内越冬，翌年 4 月中旬蚕豆幼苗出土后开始活动取食，5 月上中旬是为害盛期。4—7 月，成虫在植株叶片上或土缝内交尾。卵产于根际土内，7 月上旬开始，陆续发现幼虫为害根瘤，老熟后在土内 5 厘米深处做土室化蛹。8 月下旬起，可见当年成虫，至 9 月底开始越冬。

成虫有假死性，受惊后迅速落入地面或心叶内躲藏，成虫以 12：00 以前和 17：00 左右活动最盛。

（三）防治方法

（1）农业防治　选用侧枝多、生长势强的品种，并适当早播，可减轻受害程度。

（2）药剂防治　成虫期喷施高效氯氰菊酯防治。在成虫发生量大的地块四周喷施 1 米宽的药带，能杀迁入成虫，效果好。

三、蓟马

蓟马，属缨翅目蓟马科，是一种多食性害虫，除为害蚕豆外，还为害瓜类、马铃薯等。

（一）形态特征

成虫　体细长而扁平，多为淡褐色、黑色。体表光滑有细毛及刚毛，体长1.3~1.8毫米。翅细狭长，前后翅边缘有很多的细长毛，腹部最末一节有多根较长的黑色刺毛，雄虫无翅。刺吸式口器；卵呈肾脏形，长0.12毫米，呈白色或黄绿色，有光泽；若虫黄色，与成虫相似但无翅，若虫至成虫共经4龄期，1~2龄即若虫，活动力不强；蛹2龄若虫老熟后入土化蛹，3龄为前蛹期，4龄为蛹期。

（二）生活习性

蓟马以成虫、若虫多隐藏在寄主植物或田间杂草中越冬，蛹则在附近的土里越冬。翌年春天开始活动，苗期为害较重，以刺吸式口器刺破蚕豆叶片表皮吸食汁液，使蚕豆生长前期出现萎蔫，叶片出现银白色斑点。少雨、干旱时，发生较重，受害植株生长缓慢，严重者枯死，此虫还能传播病毒病。

（三）防治方法

1. 农业防治

彻底清除田间杂草，消灭蓟马越冬场所。

2. 药剂防治

低龄期可选用生物农药苦参碱；严重时，可用吡虫啉、菊酯类化学农药。间隔7~10天防1次。

四、蚕豆象

蚕豆象，俗称豆牛，属鞘翅目豆象科，是蚕豆籽粒害虫，为青海省植物检疫对象。以幼虫蛀食蚕豆籽粒，造成空粒，严重影响产量、品质和发芽率，被害新鲜豆粒，种皮外部有小黑点。受害豆粒容易引起霉菌侵入，变黑有苦味，不能食用。成虫略食豆叶、豆荚皮及花粉，对产量无影响。

（一）形态特征

成虫体长3.5~4.5毫米，体宽略超过体长之半，近椭圆形。黑色，密布黄褐色细毛，头顶狭而隆起，复眼黑色，触角锯齿状，黄褐色或赤褐色，前胸背板前缘较后缘略狭，两侧缘中央各有1个齿突，后缘中央有1个近三角形白色毛斑；小盾片方形，上生白细毛；鞘翅矩形，近末端1/3处的白色毛斑呈较狭的弧形，左右鞘翅的白斑组成"M"字形斑纹。腹部背面末节（臀板）外露，密生灰白色细毛或有2个明显黑斑；卵椭圆形，长约0.6毫米，乳白色至淡黄色；幼虫体长约6毫米，乳白色，肥胖，稍弯曲；蛹体椭圆形，长5~5.5毫米，淡黄色，前胸前方的中央有突起，前胸及前翅密布细纹。

（二）生活习性

蚕豆象每年发生1代，以成虫在豆内越冬。蚕豆开花时，成虫飞往田间活动，产卵于豆荚上。孵化的幼虫，穿破豆荚角皮，蛀入豆粒取食，一般每粒有虫 1~2 个，雌成虫一生产卵 35~40 粒，卵期 7~12 天，幼虫期 70~100 天，蛹期 6~20 天，成虫寿命 6~9 个月。

（三）防治方法

（1）严格加强植物检疫 严格加强植物检疫制度，严防蚕豆象传入，保证蚕豆生产安全。

（2）药剂熏蒸 在仓库处理大量种子时，用 56%磷化铝进行熏蒸，每 200 千克蚕豆用 56%磷化铝 3.3 克，把药片插入蚕豆堆空隙间或豆包中。密封熏蒸 3 天后，取出药包开启散气，4~5 天后再贮藏备用。

（3）花期喷药防治 如果成虫传入田间，在蚕豆开花或第一批嫩荚出现时，4.5%高效氯氰菊酯乳油 1 000~1 500 倍液喷洒，效果良好。

第五章　常见蔬菜种植技术

第一节　番茄温室种植技术

番茄属茄科，根系发达，再生能力强，易生侧根，根茎和茎节上易生不定根。为喜温喜光喜肥作物，适宜的气温范围为 18~25 ℃，土壤温度为 20~22 ℃。

一、品种选择

应选择具有抗病毒、丰产、耐贮运等特点的品种，目前生产上可选用克瑞斯、齐达力、大红袍、粉 107、福星、二农一号等杂交 1 代品种。

二、茬口安排

青海地区日光温室栽培茬口主要有春秋一大茬栽培、秋延后栽培、越冬栽培。

三、育苗

（一）播种床的制作

可利用 72 孔穴盘或营养钵（规格 10 厘米×8 厘米）进行容器育苗。

（二）育苗营养土的配制

肥沃田园土 6 份、腐熟农家肥 3 份、麻渣 1 份。配制每立方米营养土加三元复合肥 500 克，混匀。

（三）苗床消毒土准备

每平方米苗床用福美双可湿性粉剂 8 克、甲霜灵可湿性粉剂 8 克等量混合，再将混合农药与 30 千克营养土混拌。

（四）种子处理

亩用种量 30 克。播种前在 55 ℃水中浸种 15 分钟，再在 30 ℃水中浸种 6~8 小时。将浸好的种子放在 28~30 ℃条件下催芽，每天用温水清洗 1 次。48~60 小时后种皮张开露芽，即可播种。种子带包衣时，不需处理。

（五）苗期管理

从播种到 70%出苗期间，白天控制在 25~30 ℃，夜间控制在 15~18 ℃；定植前 10 天白天控制在 20 ℃左右，夜间 8 ℃。

四、播种

（一）播种期

春秋一大茬：2月上旬。

秋茬：6月上旬。

冬茬：8月中旬。

（二）播种方法

先把育苗盘（钵）浇足水，待水渗下后，将配好的药土的2/3撒在苗盘或苗床上，每穴（钵）内播放1粒，种子上面再覆剩余的药土约1厘米厚，最后在盘（钵）上盖层报纸保湿。

（三）苗期管理

1. 温度管理

具体见表5-1。

表5-1　番茄苗期温度管理　　　　　　　　　　　　　　　　单位：℃

生长时期	白天		夜间	
	土壤温度	气温	土壤温度	气温
播种至齐苗	20~25	30~32	20	20~22
齐苗至2~3片真叶	18~20	20~25	18~20	16~18

注：用小拱棚或遮阳网调节温度和光照。

2. 水分管理

加强水分管理，防止苗床干旱。应根据苗情、土壤含水量情况浇水，一般3~5天喷1次水，每次以喷湿苗床为宜。

3. 苗期病虫害防治

立枯病可用福美双可湿性粉剂；猝倒病用甲霜灵，或用以上两种药配成药土撒施；白粉虱、美洲斑潜蝇可用银灰色防虫网覆盖育苗棚，蚜虫张挂黄板诱杀成虫，斑潜蝇可用吡虫啉可湿性粉剂防治。

4. 壮苗指标

苗龄30~45天，苗高15厘米左右，3~4片真叶，茎粗0.4~0.5厘米，无病虫害。

五、定植

（一）整地施肥

整地前20~30天清理枯叶，深翻30厘米。封棚高温灭菌10~15天。

（二）施基肥

每亩施腐熟优质农家肥10 000千克、麻渣500千克、三元复合肥80千克。

（三）起垄

做成60厘米宽、20厘米高的小高垄，垄沟宽70厘米。在垄上铺设1道或2道塑料滴灌软管，再用 90~100 厘米宽地膜覆盖，垄两边地膜用土压实。

（四）定植时间

春秋一大茬：3 月中旬；秋茬：7 月上旬；冬茬：9 月中旬。

（1）定植密度　垄上行距 40 厘米、株距 35~40 厘米。

（2）定植方法　定植时在膜上打孔定植，苗根低于垄面 1 厘米，然后再用土把定植孔封严（也可先定植，缓苗后再覆膜）。定植后随即浇透水或随定植随灌水，防止幼苗失水萎蔫。

六、定植后管理

（一）前期管理

1. 温度管理

缓苗期室内适宜气温白天 28~30 ℃，夜间 20~18 ℃，10 厘米地温 20~22 ℃。缓苗后，室内气温白天 26 ℃，夜间 15 ℃；花期气温白天 26~30 ℃，夜间 18 ℃；坐果后气温白天 26~30 ℃，夜间 18~20 ℃。外界最低气温下降到 15 ℃时，为夜间密封棚临界温度指标。

2. 水肥管理

定植后如果外界气温较高，可用小水勤灌以降低地温，一般 7 天左右浇 1 次，每亩每次灌水 7 米³。第一穗果直径 4~5 厘米、第二穗果已坐住时进行水肥重点管理，催果壮秧，可在植株旁边开小沟每亩追施复合肥 15 千克或随滴灌施尿素 10 千克，灌水 15 米³ 左右。以后 7~10 天浇 1 次水，每亩每次灌水 8~10 米³。10 月中旬后应控制浇水。

3. 植株调整

采用单干整枝，当杈枝长至 6 厘米时及时摘除。随着植株生长，把茎秆缠绕在吊绳上。冬季花期用防落素喷花保果，同时注意疏花疏果，每穗留 3~5 个果。喷花后 7~15 天，摘除幼果残留的花瓣、柱头，防止灰霉病的侵染。

4. 其他管理

定植后及时查苗、补苗，保证全苗，及时打掉植株底部老叶。

（二）采收期管理

1. 温湿度管理

温度白天 26~28 ℃，夜间 15~18 ℃。空气湿度以 50%~65% 为宜。越冬期要注意防寒保温，日光温室可加盖保温毯或草苫。气温升高时，应注意逐渐加大放风量，外界最低气温稳定在 15 ℃时，为昼夜开放顶窗通风的温度指标，并据气温情况遮阳降温。

2. 水肥管理

每 7~10 天灌水 1 次，定植后至拉秧共灌水 5~8 次。追肥一般按平均每 3 穗果追施 1 次，每次亩施三元复合肥 20 千克加磷酸二铵 10 千克或硫酸钾 10 千克，共追肥 8~10 次。总追肥量为三元复合肥 120 千克、磷酸二铵 80 千克、硫酸钾 80 千克。冬季栽培番茄坐果后可进行二氧化碳施肥，二氧化碳体积分数以 700~1 000 毫升/升为宜。一般在每天日出后施用，封闭温室 2 小时左右，放风前 30 分钟停止施肥，阴天不施肥。一般在番茄坐果后可用 0.3% 磷酸二氢钾水溶液叶面施肥，每 15~20 天喷洒 1 次。

3. 光照管理

采用透光性好的无滴薄膜覆盖温室，及时清除膜上灰尘、积雪等物。

4. 植株管理

随时去掉新生侧枝和植株下部老、黄叶片，当植株顶部长至上方铁丝时，及时放蔓，每次放蔓 50 厘米左右，下部茎蔓沿畦方向分别平卧在垄的两边，同一垄的两行植株卧向相反。

5. 灾害性天气管理

加强防寒保温，日光温室在阴天外界温度不太低时（保证温室内气温 8 ℃以上）中午前后要揭苦见光；注意控水和适当放风，防止室内湿度过大而发病，用粉尘剂或烟雾剂防病；久阴暴晴，注意回苦；日光温室也可采用临时性加温措施防寒流袭击。

七、采收

应据市场需要及时采收，一般果实表面 50%~70% 红熟时采收。

八、病虫害防治

（一）虫害防治

1. 蚜虫

温室放风口设置防虫网，室内挂黄板诱杀（每 20 米^3 挂 1 块黄板）。药剂防治蚜虫可用抗蚜威、吡虫啉喷雾防治。

2. 温室白粉虱

白粉虱可用吡虫啉、噻嗪酮喷雾防治。

3. 美洲斑潜蝇

在幼虫 2 龄前（虫道很小时），可用阿维菌素等喷雾防治。

（二）病害防治

1. 病毒病

加强田间管理，增强植株抗性；防止田间农事操作传毒，可用磷酸三钠洗手或浸泡工具。也可喷施吗胍·乙酸铜、高锰酸钾喷雾防治。

2. 早疫病、晚疫病

加强管理，及时打掉病叶和清除病果及病残株。药剂防治可用百菌清、霜脲·锰锌、甲霜·锰锌、代森锰锌，在发病前或发现中心病株立即喷施，5~7 天喷 1 次，连喷 2~3 次。

3. 灰霉病

加强田间管理，发病后及时摘除病果、病叶，集中烧毁或深埋。药剂防治可用多菌灵喷雾防治。

4. 叶霉病

合理通风降湿。发病初期选用春雷·王铜喷雾防治，7~10 天 1 次，连喷防 2~

3 次。

第二节 黄瓜温室种植技术

一、品种选择

青海省常用的品种有 736B、津春 2 号、津春 3 号，津优 1 号、津优 2 号、新世纪、绿箭、博杰、博耐 35B 等。

冬春季栽培：选用优质、高产、耐低温弱光、抗病性强的黄瓜品种，如津绿 3 号、宇航 3 号、中农 27、津优 12 号等。

夏秋季栽培：应选优质、高产、耐高温、结果期长、抗病性强的黄瓜品种，如博杰 605、津优系列和超级先锋等。

二、栽培季节

冬春季栽培：1—3 月定植，2—4 月上市，4—6 月拉秧。

夏秋季栽培：6—8 月定植，7—9 月上市，9—11 月拉秧、育苗。

三、育苗

（一）播种前的准备

1. 苗床准备

可选用育苗床，有条件的可选用穴盘、营养钵、纸筒，并对育苗设施进行消毒处理，创造适宜秧苗生长发育的环境条件。

2. 营养土配制

用近 3~5 年内未种过瓜类蔬菜的田园土与优质有机肥混合，有机肥比例不低于 30%。普通苗床或营养钵育苗营养土配方：70%田园土+30%腐熟农家肥+2 千克/米³ 过磷酸钙+0.3 千克/米³ 尿素+1 千克/米³ 硫酸钾。

3. 药土配制

用多菌灵与福美双按 1∶1 比例混合，每平方米苗床用药 0.008~0.01 千克与 15~30 千克细土混合，播种时 2/3 铺苗床，1/3 覆盖在种子上。

（二）种子处理

1. 种子消毒

防治黄瓜黑星病、炭疽病、病毒病、菌核病，用 55 ℃温水浸种 15~20 分钟，不断搅动至水温 30 ℃，再继续浸种 4~5 小时待用。防治黄瓜枯萎病、黑星病，用多菌灵浸种 1 小时，捞出冲洗干净后催芽待用。种子带包衣时，不需消毒。

2. 催芽

催芽时先放在 20 ℃条件下处理 2~3 小时，然后增温 25 ℃，健芽 1~2 天，种子皮张开露芽，即可播种。

四、播种

（一）播种期

冬春茬：12 月初至 1 月底。

夏秋茬：5 月初至 7 月初。

（二）播种量

每亩定植用种量 0.15~0.2 千克。苗床播种量 0.005 千克/米^2。穴盘育苗一般用 50 孔穴盘，将洒水（加一定浓度的多菌灵）拌匀后的基质用塑料覆盖 2~3 天（高温消毒）。

（三）播种方法

当催芽种于 70% 以上种皮张开露芽即可播种。播种前 1 天浇足底水，翌日在畦面撒些药土刮平，使畦面平整。播种黄瓜按行距 10 厘米、穴距 10 厘米点播，一般每穴点一粒种子，点籽 3 行后用药土盖种子，形成 2 厘米厚的小土堆。播后育苗床面上覆盖地膜，70% 幼苗顶土时撤除地膜。

（四）苗期管理

1. 温度

白天保持 25 ℃ 左右，夜间保持 18 ℃，地温不低于 20 ℃。

2. 光照

保持棚膜的清洁，冬春季保温被尽量早揭晚盖，在温度满足的条件在 8：00 左右揭开保温被，16：00 左右盖上，日照时数 8 小时左右。阴天根据情况也要正常揭、盖保温被。

3. 水分

浇足底水，以后视育苗季节和墒情浇水。

4. 秧苗锻炼

定植前 7~10 天，停止加温，加大通风量，夜间的覆盖物也要减少，白天温度保持在 20~25 ℃，夜间在不遭受冻害前提下，最低温为 5~15 ℃。

五、定植

（一）整地施肥

（1）定植前准备　定植前清除前茬残株、杂草、杂物等。

（2）基肥　每亩施尿素 7 千克、过磷酸钙 5 千克、硫酸钾 12 千克。深翻土壤可结合施肥，肥料与土壤混匀。

（3）起垄　起成 60 厘米宽、20 厘米高的垄，垄沟宽 50 厘米。

（4）铺膜　在垄上铺 1 道或 2 道滴灌软管，再用 90~100 厘米宽的地膜覆盖。垄两边地膜用土压实。

（二）温室消毒

定植苗前，每栋温室（0.5 亩）用硫磺粉 0.75 千克，加干锯末分东、西、中 3 点放置，点燃密闭 24 小时后通风。蚜虫和白粉虱多的温室可采用密闭温室阳光暴晒 2~3 天。

（三）选苗

选具有 3~4 片真叶、株高 10~15 厘米、茎粗 0.5 厘米、冬春季栽培苗龄 30~45 天、夏秋季栽培苗龄 25~30 天、子叶健全、根系发达、无病虫害的壮苗。

（四）定植方法及密度

根据品种特性、气候条件及栽培方式，每亩定植 3 300~4 800 株。

六、定植后管理

（一）温、湿度

白天气温 25~30 ℃，夜间气温 10 ℃以上，地温保持 12 ℃以上，相对湿度保持 85% 以下。

（二）光照

采用透光性好的无滴长寿膜，冬春季节保持棚面清洁，白天揭开保温覆盖物，温室后墙内张挂反光幕，尽量增加光照强度和时间，夏秋季节适当遮阴降温。

（三）浇水

定植后 5~7 天缓苗时浇 1 次透水，中耕松土，待 80% 植株根瓜坐住有 1 厘米粗时结束蹲苗，浇 1 次透水，结瓜期 4~6 天浇 1 次水。

（四）追肥

原则是少量多次，从定植到采收结束，追肥 4~5 次，除根瓜坐住追 1 次外，其余在采收盛期施，每次每亩施尿素 2~2.5 千克，每次每施钾肥 2.3 千克，隔水追施。

（五）植株调整

黄瓜株高 20~30 厘米时进行吊秧、绑蔓。冬春季栽培，侧蔓长到 3~4 厘米时摘除。春夏季栽培，部分品种侧枝结瓜性好，宜留中部以上侧枝结瓜，每侧蔓留 1~2 个瓜，3~4 叶摘心。龙头过架时及时摘去下部老叶、黄叶、病叶，进行落蔓，雄花、卷须以及过多的雕花应及时疏除。

在黄瓜长到棚顶或超过人们田间操作的正常高度时，就要将瓜蔓落下。落蔓要掌握正确的方法，以保证大棚黄瓜优质高产。

（1）落蔓时间　落蔓宜选择晴暖的中午前后进行，此时茎蔓柔软，茎蔓不易损伤。不要在茎蔓较脆的早晨、上午或浇水后落蔓，以免损伤茎蔓，影响植株正常生长。

（2）落蔓高度　应将黄瓜蔓落到 1.5 米高左右，落成南低北高的弧形，以利于提高光热利用率。

（3）落蔓方法　落蔓时首先将缠绕在茎蔓上的吊绳松开，顺势把茎蔓落于地面，切忌硬拉硬拽，使茎蔓要有顺序地向同一方向逐步盘绕于栽培垄的两侧。盘绕茎蔓时，要顺着茎蔓的弯打弯，不要硬打弯或反方向打弯，避免扭裂或折断茎蔓。

（4）清除病叶　落蔓时先将病叶、丧失光合能力的老叶摘除，带至棚外烧毁，避免落蔓后靠近地面的叶片因潮湿的环境而发病。

（5）控制浇水　落蔓前 7 天最好不要浇水，这样有利于降低茎蔓组织的含水量，增强柔韧性，同时还可以减少病原菌从伤口侵入的机会。

（6）注意事项　落蔓要使叶片均匀分布，保持合理采光位置，维持最佳叶片系数，提高光合效率。前期落蔓时，茎蔓较细，绕圈可以小些，茎蔓长粗后，绕圈应该大些，一般落蔓后要保持每株 20 片以上功能叶。

七、采收

根瓜膨大后，根据植株长势适时采收。植株长势弱时在根瓜未膨大前采收，植株有徒长现象时在根瓜充分膨大后采收。进入采收期后，一般品种在商品瓜长到 0.24~0.30 千克时采收。

八、病虫害防治

（一）病害防治

（1）霜霉病　合理通风降湿，发病后及时摘除病叶，防止传染。可喷一定浓度的百菌清、三乙膦酸铝、霜脲氰、霜霉威防治，6 天喷 1 次，连喷 3~4 次。

（2）白粉病　合理通风降湿，发病后及时摘除病叶。可喷一定浓度的硫磺、三唑酮、甲基硫菌灵、春雷·王铜等防治，7 天喷 1 次，连喷 2~3 次。

（3）细菌性角斑病　可喷琥胶肥酸铜、氢氧化铜等防治，6~7 天喷 1 次，连喷 2~3 次。

（二）虫害防治

（1）蚜虫　可喷氯氟氰菊酯、吡虫啉等防治，7~10 天喷 1 次，连喷 2~3 次。

（2）白粉虱　可喷吡虫啉、噻嗪酮等防治，7~10 天喷 1 次，连喷 1~2 次。

（3）红蜘蛛　可喷双甲脒、炔螨特等防治，10 天喷 1 次，连喷 3 次。

第三节　辣椒温室种植技术

一、品种选择

选择抗旱、耐弱光、抗病、丰产好的航椒 8 号、航椒 9 号、航椒 11 号、航椒 605 等做接穗；选生长势、抗病性强的格拉笑特、铁不钻 F、威壮贝尔等做砧木。

二、栽培季节及适宜区域

日光温室辣椒栽培主要有 2 种茬口类型。

早春茬一般在 10 月下旬至 12 月上旬播种育苗，2 月中下旬定植，3 月中旬开始收获。

冬春茬 8 月下旬至 9 月中旬育苗，可在元旦前或春节前上市。

三、育苗

（一）用种量

每亩嫁接苗需要砧木和接穗品种，种子均为 50~100 克。

（二）种子处理

选用粒大、饱满、色泽鲜亮的种子。用 55 ℃热水（两杯开水加杯凉水）浸种 30 分钟，常温浸种 6~8 个小时，在 28~32 ℃温度下催芽，播种。

（三）营养钵育苗

（1）营养土配制　用田园土 5 份、腐熟有机肥 2 份、木屑 1 份、草木灰 2 份，充分混合，或选用比较肥沃、连续 5 年未种过蔬菜的田园土和充分腐熟肥混合后按照 6∶4 的比例混合，每立方米营养土再添加硫酸钾 0.5 千克、过磷酸钙 1.5~2 千克。

（2）营养土消毒　每立方米营养土可用 50%多菌灵可湿性粉剂 25~30 克配成水溶液喷洒，拌匀后用塑料薄膜严密覆盖。

（3）营养钵选择　选用 8 厘米×8 厘米×10 厘米的营养钵，也可根据育苗数量和场地选择不同型号的营养钵。

（4）育苗方法　营养土装钵，浇透水，点播种子后覆土 1 厘米，盖地膜。营养钵育苗只针对砧木品种，接穗选用苗床育苗，先将处理后的接穗种子均匀撒在苗床上，然后覆消毒后的细河沙 1~2 厘米，盖上薄膜。接穗航天辣椒比砧木品种晚播 6~10 天。

（四）苗床育苗

苗床土用 50%充分腐熟的有机肥、40%田园土、10%炉灰混合均匀配成营养土，过筛后铺于宽 1~1.5 米的苗床，厚 8~10 厘米，浇足底水后，将砧木和处理后的接穗种子分别均匀播撒在各自的苗床上，然后覆盖消毒后的细河沙 1~2 厘米，盖上薄膜。接穗播种比砧木晚 6~10 天。当砧木和接穗真叶长到 2~3 片叶时分苗，砧木移入营养钵内，接穗移入分苗床内，苗间距离 7 厘米×7 厘米。砧木长到 6~8 片真叶、接穗长到 4~6 片真叶、茎秆半木质化、茎粗 2~3 毫米开始嫁接。

（五）嫁接

（1）嫁接工具　嫁接在温室里进行，嫁接时选用锐利的刀片，用树枝或竹竿做成特制的嫁接刀，刀片钝时及时更换。

（2）嫁接方法　劈接法：将砧木苗保留 2 片真叶，用刀横切砧木基部，至横切面中部向下切入 1 厘米左右的切口，然后取出去掉上部，在真叶以下 1 厘米处横切，去掉下端，将上部保留 2 个接穗苗，削成楔形，楔形的大小与砧木切口相当，随即将接穗插 2~3 片真叶，制成对齐后用特制嫁接夹固定好。

（3）嫁接苗管理　在嫁接操作温室中搭建小拱棚，拱棚地面铺地膜，浇水，盖上塑料膜，四周密闭，盖上遮阳网，将嫁接苗及时移入小拱棚内。拱棚内温度白天控制在 24~25 ℃，夜间控制在 18~22 ℃。嫁接苗移入后，前 3 天拱棚内湿度要保持在 95%以上，4~5 天不进行通风，密封期后应选择温度及空气湿度较高天气的清晨或傍晚通风，每天通风 1~2 次，以后逐渐揭开塑料，以防止伤口上的病菌滋生。通风后仍要保持较高的空气湿度。嫁接后 3~4 天内要全面遮光，防止高温和保持环境内湿度稳定，避免因阳光直接照射秧苗，引起接穗萎蔫。10~15 天嫁接苗完全成活后，管理方法按照一般育苗的温湿度管理进行正常管理。砧木侧芽生长极其迅速，要及时去掉侧芽，促进接穗的生长发育。成活嫁接苗待缓苗后去掉夹子，15~20 天后即可定植。

四、整地施肥

定植前 1 个月重施底肥，并深翻入土，每亩施腐熟农家肥 800~1 000 千克、磷酸二铵 50 千克，浇足底水。定植前 10~15 天扣棚，尽量提高地温，使 10~15 厘米土壤温度保持在 15 ℃以上，温室用 3.5 千克硫磺粉和 0.4 千克敌敌畏与锯末混合均匀，分 3~5 堆点燃 24 小时，然后放大风。

五、定植

定植选在阴天或晴天下午或晴天温室加盖遮阳网后进行。采用起垄覆膜、膜下滴灌栽培方式。垄高 20~25 厘米，垄宽 60~70 厘米，将毛管铺于垄面，正常供水后覆膜。按株行距 30 厘米×40 厘米在滴灌孔旁定植，每穴栽大小一致的壮苗 1~2 株，定植后立即浇透水。也可采用膜下暗灌栽培方式。垄宽 70 厘米，垄高 25 厘米，垄中间开 25 厘米宽、20 厘米深暗灌沟，选大小一致的壮苗定植，单株定植株距 25 厘米，双株定植 35 厘米。定植后覆膜，垄间距 40 厘米。

六、温湿度管理

定植后 3~5 天闭棚提温，以利缓苗，每天可适当通风，以降低棚内温度，温度白天保持在 25~30 ℃，夜间在 16~17 ℃；缓苗后温度白天降至 20~25 ℃，夜间 18~14 ℃，相对湿度保持在 70%~80%，气温高于 28 ℃通风；门椒坐果后，控制温度白天 25~30 ℃，夜间 18~20 ℃，相对湿度 60%~65%。在维持适宜温度范围内，草帘以早揭晚盖为好，争取植株多见光，使温室内有较长时间光照。为提高温室后部光照强度和地温，在温室北侧和东西墙可张挂反光幕，早晚卷起，中午前后展开。冬季覆盖双层草帘。注意清洁棚面，保持棚膜光洁，增加进光量；进入盛果期要逐步加大通风量，直到完全不用覆盖草帘。

七、肥水管理

定植后至结果前不浇水追肥，促根控秧，当门椒长到 3 厘米长时，结合浇水第一次追肥，每亩可追施磷酸二铵 25 千克及钾肥 8~10 千克。

进入盛果期要根据情况进行浇水追肥，一般 7~10 天浇 1 次水，每隔 2~4 天追 1 次肥；也可在采摘一层果后追肥 1 次；每亩追肥量为磷酸二铵 15~20 千克、钾肥 8~10 千克。

浇水要坚持"少量多次"的原则，不要大水漫灌，水位不过垄面。灌水一定要选择晴天上午，浇水后要注意通风排湿。

盛花期叶面喷 0.3%（45 克药兑 15 千克水）硼砂水溶液或 0.3%磷酸二氢钾喷施，

7～10 天喷 1 次。

八、植株调整

进入盛果期后要逐垄搭架或逐行吊秧，防止倒伏；及时清除砧木萌发的侧芽，节约养分。

九、主要病虫害防治

（一）为害辣椒的主要病虫害

病害有疫病、根腐病、炭疽病、病毒病等。虫害有蚜虫、白粉虱、潜叶蝇等。

（二）病害防治

加强田间管理，及时拔除根茎部患病病株，用代森锰锌、甲基硫菌灵喷雾防治病株及其周边土壤，防止病菌再次侵染。

（1）疫病　门椒开花期是防治疫病的关键时期，因此，这时可在植株茎基部和地表喷洒药剂。甲霜灵、代森锰锌喷雾可防治初侵染；进入生长中后期以叶间喷雾为主。可用霜霉威、三乙膦酸铝、甲霜·锰锌等药剂喷雾或灌根防治，每隔 10 天防治 1 次，连续防治 3 次。

（2）根腐病　在发病初期用络氨铜、多菌灵、氢氧化铜灌根，每隔 7～10 天喷 1 次，连续 2～3 次。

（3）炭疽病　发病前或发病初期喷百菌清、代森锌、甲基硫菌灵、多菌灵、福·福锌等，上述药剂交替使用，每隔 7～10 天喷 1 次，连续 2～3 次。

（4）病毒病　用吗胍·乙酸铜、宁南霉素在发病初期喷雾防治，隔 7～10 天喷 1 次、连喷 3～4 次。

（三）虫害防治

设置粘虫黄板透杀白粉虱、蚜虫、潜叶蝇。每亩按规格 25 厘米×40 厘米放粘虫黄板 25～30 片，同时温室通风处加装防虫纱网。

在蚜虫、白粉虱发生初期开始，用抗蚜威、吡虫啉、氯氟氰菊酯等药剂喷雾防治，每隔 7 天防治 1 次，连续 3 次。

对于潜叶蝇，用炔螨特、吡虫啉等药剂喷雾防治，每隔 7～10 天喷 1 次，连喷 2～3 次。

十、适时采收

门椒、对椒应适当早收，以免坠秧影响生长。此后，在果实充分膨大，果实变硬后采收。

第四节　露地大葱种植技术

大葱属百合科葱蒜类蔬菜作物，对光照强度要求不高，对土壤的适应性较广，生长适应性很强，耐旱耐寒、喜凉怕热。大葱产量高，栽培容易，病虫害较少，耐贮存又耐运输。

一、茬口安排

春茬种植，避免连作，合理轮作倒茬。

二、品种选择

选用优质、抗病、高产、商品性好的品种，如幕田一本、喜悦等。

三、育苗

育苗时间一般为 3 月育苗，育苗土选择近 3 年未种过葱蒜类蔬菜的土壤，苗床一般做成长 7~10 米、宽 1~3 米的平畦。苗床应整平压实，播前床面渗透水，撒播，每亩大田用种量为 60 克。播种前种子用 55 ℃温水搅拌浸种 20~30 分钟，或用 0.2%高锰酸钾溶液浸种 20~30 分钟，捞出洗净、晾干后播种。播种后覆土 1~2 厘米，然后覆稻草或地膜，以保温保湿，加快出苗。秧苗生长期施入足够水肥，拔除苗田杂草，棚内温度达到 35 ℃时，及时通风降温，使棚内温度保持在 25~35 ℃。定植前要蹲苗、炼苗、促进壮苗以提高成活率。

四、定植

（一）定植前准备

（1）前茬选择 选择非葱蒜类蔬菜，如娃娃菜、莴笋等蔬菜。大葱忌连作，不但不能与大葱、洋葱重茬，还不能与大蒜、韭菜重茬。

（2）整地施肥 深耕细耙，做到田平、土碎、疏松、草净。一般每亩施磷酸二铵 25 千克左右、过磷酸钙 50 千克、复合肥 50 千克左右。

（二）定植

（1）定植期 一般在 5 月中旬至 6 月下旬。

（2）栽植密度 一般行距 8~10 厘米，株距 8~10 厘米，亩 6 万株左右，栽植的深度以露心为宜。

（3）定植方法 葱秧高到 30~40 厘米、横径宽 1~1.5 厘米时适于定植，盖土不宜过深，达到葱心即可。

五、田间管理

（一）间苗定苗

幼苗期间苗 1~2 次，除去弱苗、病苗、留壮苗，并拔除杂草。

（二）水肥管理

立秋、白露后进入葱白生长盛期，是大葱产量形成的关键时期，应结合浇水追施"壮棵肥" 2 次，每次每亩施尿素 15 千克左右、复合肥 10 千克左右，追施于行间，浅中耕后浇水，以加快肥料的吸收利用。

（三）培土

为软化葱白，防止倒伏，要结合追肥、浇水进行 4 次培土。将行间的潮湿土尽量培到植株两侧并拍实，以不埋住五杈股为宜。培土能增加植株高度、葱白长度和重量。培土应注意要在上午露水干后、土壤凉爽时进行，否则容易引起假茎腐烂。

六、病虫害防治

采用标准化生产技术生产，以"预防为主，综合防治"为目标，优选采用农业防治、物理防治，配合合理、及时的化学防治，达到生产无公害蔬菜的目的。

（一）主要病虫害

包括紫斑病、霜霉病、锈病、葱蓟马、葱潜叶蝇、蚜虫等。其中为害较大的有紫斑病、锈病、潜叶蝇、蚜虫。

（二）防治方法

（1）农业防治　选用无病种子及抗病优良品种；培育无病虫害蔬菜壮苗；合理布局，实行轮作倒茬；注意灌水、排水，防止土壤干旱或积水；清洁田园、加强除草，降低病虫源数量等。

（2）物理防治　积极推广黄板及性诱剂诱杀蚜虫。

（3）化学防治　露地大葱病虫害防治药剂见表 5-2。

表 5-2　露地大葱病虫害防治药剂

病虫名称	防治药剂	施用方式	安全间隔期（天）
紫斑病	百菌清	喷雾	10
霜霉病	百菌清	喷雾	10
	霜霉威	喷雾	10
	恶霜灵	喷雾	10
锈病	三唑酮	喷雾	5
葱蓟马	辛硫磷	喷雾	
葱潜叶蝇	阿维菌素	喷雾	
地下害虫	辛硫磷	灌根	

七、采收

露地大葱一般在 10 月以后叶色变黄绿色、心叶停止生长时收获。收获时，可用四齿或铁锨将葱垄一侧挖深，露出葱白，用手轻拔即可拔出葱株。收获时忌猛拔猛拉，避免损伤假茎，拉断茎盘或断根，从而降低商品葱的质量。收获后的大葱应抖净泥土，在地里晾晒 2~3 天。须根跟葱白表面半干时，除去枯叶，分级帮捆，每捆 7~10 千克。大葱收获时还应避开早晨霜冻，应待日间气温上升、葱叶解冻时再收获。

第五节　蒜苗种植技术

蒜苗属于耐寒性蔬菜，喜冷凉短日照环境。生长适宜温度为 18~22 ℃，生长后期对温度要求低一些，播种后对土壤湿度要求较高。对土壤要求不严，但以富含腐殖质而肥沃的壤土为最好，喜氮、磷、钾全效性肥料。

一、品种选择

选用不易抽薹、耐贮藏、产量高、生长迅速且品质好的品种。

二、茬口安排

蒜苗忌连作，与葱蒜类蔬菜重茬时，植株细弱，叶片变黄，产量降低，还容易遭受病虫害为害。蒜苗除了避免重茬外，对前茬要求不严格，以菜豆、菜瓜、甘蓝、茄果类等蔬菜以及小麦、青稞、豆类等大田作物为宜。蒜苗喜肥，所以施肥量较大。根的分泌物有一定的杀菌作用，是其他除葱以外蔬菜的理想前茬。

三、整地施肥

底肥每亩施有机肥 4~5 米^3、磷酸二铵 25 千克、碳酸氢铵 15 千克，撒匀后深耕 25 厘米，整细耙平做成 3 米宽畦。

四、种子处理

播前先将有病、干腐、带伤的蒜种剔除，把蒜瓣按大、中、小 3 个等级分级，播种前 1 天将蒜瓣装在容器中用 40% 辛硫磷乳油 400~450 倍液浸种（浸种时每 80~85 千克蒜种用辛硫磷 0.5 千克兑水 200~225 千克），药液淹过蒜种，浸泡 2~5 小时后将蒜瓣捞出放在避光阴凉处晾干蒜种表皮水分后播种。

五、播种

（一）播种量

亩用种量 160~200 千克（毛重）。

（二）播种前杂草处理

播种前，喷施除草剂，常用的有二甲戊灵，杀草谱广，持效期长，正常使用不会引起药害，施用量为每亩 100~200 毫升，兑水 20~30 升。还有氟乐灵和乙氧氟草醚，前者每亩适用 100~150 毫升，兑水 30~40 升喷地表；后者每亩适用 30~40 毫升，兑水 50~60 升。若有条件，可在畦面再盖一层草木灰。

（三）适时播种

播期从 3 月下旬开始到夏至前 10 天结束。播种时浇透水，待土壤表层稍干后，按

20厘米的行距开沟（沟深5~6厘米），按3~4厘米的株距摆放蒜瓣。播种时蒜瓣应按大小分级播种，以便于管理。蒜种摆放时应保持直立，以使覆土厚度一致，保证出苗整齐。覆土厚度一般以埋没蒜瓣的顶尖为宜。播种完毕后依据墒情浇一次透水。

六、田间管理

（一）水肥管理

萌芽期一般不浇水，若土壤失墒不能及时出土，可浇小水，然后耙松畦面以利生根出苗。幼苗期植株生长迅速，苗高15厘米时浇1次透水，结合浇水，亩追施尿素20千克、磷酸二铵15千克，化肥撒施后及时中耕松土。以后见干即浇，全生育期浇7~8次水。根据蒜苗生长情况，及时进行追肥，一般追肥4次，每次每亩追尿素10千克。若蒜苗叶色发黄，每亩可冲施碳酸氢铵15~20千克。采收前20天不施用任何肥料。

（二）防除杂草

采用人工除草效果较好。也可用除草剂防除，当幼苗生长至10厘米高时在行间喷施除草剂防除杂草（喷药时在喷雾器的喷头上面放上小罩，防止药液喷洒到蒜苗上）。

（三）病虫害防治

蒜苗病虫害主要有叶锈病、根蛆、潜叶蝇等。在锈病初期（发现中心病株）全田用三唑酮喷雾2次，间隔时间为7~10天。潜叶蝇用阿维菌素喷雾。根蛆：蒜苗生长到20厘米时结合浇水用辛硫磷、敌百虫灌根预防根蛆发生，若已发生根蛆的地块连续灌根2次，间隔7天。采收前20天禁止使用任何农药。

七、采收

蒜苗上市没有严格的标准，收获期可根据市场需求调节。

第六节　娃娃菜种植技术

娃娃菜是一种风味独特、优质爽口、小型的结球白菜。娃娃菜为半耐寒性蔬菜，有肥大的肉质直根和发达的侧根。生长适宜温度15~23 ℃，在发芽和幼芽期要求温度稍高，对土壤要求较严，适宜在土层深厚肥沃、保水保肥力强的土壤栽培。

一、茬口安排

春夏茬在4月下旬至6月上旬播种；夏秋茬在6月下旬至7月下旬播种。

二、品种选择

春季栽培品种，在青海省以春玉黄为主，该品种呈圆筒形，上下一致，开展度小，结球紧实，外叶少且浓绿，黄心，口味特佳，耐寒、耐抽薹，成熟一致，口味极佳，抗病力强，极早熟，耐贮运，可以密植。

三、整地施肥

（一）前茬选择

选择地势平坦、排灌方便、耕层深厚，前茬为葱、蒜类蔬菜的地块。

（二）整地施肥

整地前浇透底水，施足底肥。每亩均匀撒施腐熟农家肥 3 000~5 000 千克、过磷酸钙 50 千克、磷酸二铵 10 千克、硫酸钾 12 千克。深翻耙平。

（三）起垄栽培

采用地膜覆盖起垄栽培，垄高 10~15 厘米，垄宽 60 厘米，垄间距 40 厘米。

四、播种

（一）亩用量

娃娃菜每亩用种 100~150 克。

（二）播种方式

直播，在垄上刨拳头大小、深 2 厘米的浅穴，每穴下种子 2~4 粒。然后覆土 0.5 厘米，压平。垄上按双行定植，娃娃菜株行距为 20 厘米×30 厘米。

五、田间管理

（一）间苗定苗

幼苗长至 4 片真叶时间苗 1 次，每穴留 2~3 株。长至 6~8 片真叶时进行定苗，每穴留 1 株。去除病弱苗。发现缺苗应及时补苗，越早越好。间苗后及时中耕除草，莲座前中耕 2~3 次，中耕时前浅后深，避免伤根。

（二）水肥管理

（1）定苗期 间苗定苗补苗后，浇 1 次稳根水（缓苗水）。为保证幼苗期得到充分养分，可随水每亩施入尿素 5~8 千克，若土壤底肥足，底墒好，可省略这次追肥。此后 10~15 天不浇水，进行蹲苗。

（2）莲座期 指定苗后植株呈团棵状态、陆续长成莲座叶的时期。应追施"发棵肥"，随水每亩施尿素 15~20 千克。此时期浇水过多植株易徒长，结球期延迟。

（3）结球期 当心叶抱合，形成肥大叶球期，应及时追施"结球肥"。随水每亩施尿素 10~15 千克、过磷酸钙 10~15 千克。结球中期随水每亩施尿素 10 千克，此后视天气情况每隔 10~15 天浇 1 次水。

（4）莲座期和结球期 可进行叶面追肥 1~2 次，叶面喷施 1%磷酸二氢钾（每亩每次施用 300~700 克，兑水 40~60 千克）。

（5）后期管理 减少浇水，不施化肥，保持土壤表面湿润不干即可，采收前 7~10 天停止浇水。

六、病虫害防治

采用标准化生产技术生产，以"预防为主，综合防治"为目标，优选采用农业防治、物理防治，配合合理、及时的化学防治，达到生产无公害蔬菜的目的。

（一）主要病虫害

娃娃菜生产中虫害主要是蚜虫和菜青虫，病害主要是软腐病。

（二）防治方法

1. 农业防治

提前3~10天及早腾茬，深翻晒垡。选抗病品种，增施农家肥和钙肥。严格实行轮作倒茬，加强中耕除草，清洁田园。

2. 物理防治

积极推广黄板及杀虫灯。

3. 化学防治

（1）菜蚜　用吡虫啉、啶虫脒等喷雾防治。

（2）菜青虫　用辛硫磷等喷雾防治。

（3）软腐病　用敌磺钠等喷在发病部位或灌根，或用氢氧化铜喷雾防治。

七、采收

净单球重量100~150克时应及时采收，叶球过大或过于紧实易降低商品价值。采收时应全株拔掉，去除多余外叶，削平基部，如有需要可用保鲜膜打包。

第六章　生猪饲养管理技术

第一节　猪的经济类型与品种

一、猪的经济类型

根据消费者对瘦肉和脂肪要求不同以及地区供给饲料的差异，经过长期选育而形成脂肪型、瘦肉型和兼用型3个类型的猪种。各型猪种在体质外形、生产性能、肉脂品质、生活习性和对环境条件的要求等方面都各有特点。

（一）脂肪型

其特点是生产脂肪多，一般脂肪占胴体（指屠宰后去除毛、头、蹄、内脏后的猪体）比例的55%~60%，瘦肉占30%左右。第六至第七肋间的背膘厚6厘米以上，如汉普夏。

（二）瘦肉型

与脂肪型相反，瘦肉占胴体比例55%~60%，脂肪占30%左右。第六至第七肋间背膘厚达3厘米以上，如长白猪、约克猪和瘦肉型杂交猪等。

（三）兼用型

本型猪脂肪和产肉能力较强，肥、瘦各占胴体一半左右。第六至第七肋间背膘厚达3~5厘米，如长白猪、以约克为父本改良的地方猪等。

二、猪的品种

我国地方猪种大致可分华北型、华南型、华中型、江海型、西南型、商原型6个类型。但最常见品种主要有以下几种。

（一）约克夏猪，原产于英国

（1）外貌特征　约克夏猪体格大，体型匀称。耳直立，鼻直，背腰微弓，四肢较长，头颈较长，脸微凹，体躯长，全身被毛白色，故称大白猪。成年公猪体重250~300千克，成年母猪体重230~250千克。

（2）生产性能　增重速度快，省饲料，出生6月龄体重可以达100千克左右。在营养良好、自由采食的条件下，日增重可达700克左右。每千克增重消耗配合饲料3千克左右。体重90千克时屠宰率71%~73%，瘦肉率60%~65%；经产母猪产仔数11头，乳头7对以上，8.5~10月龄开始配种。

（二）长白猪，原产于丹麦

（1）外貌特征　全身被毛呈白色，头小清秀，耳大前倾，四肢高细，后躯发达，背腹平直，体躯长，有 16 对肋骨，乳头 6~7 对。

（2）生产性能　长白猪生长发育快，省饲料，屠宰率高，胴体瘦肉率高；繁殖性能好，饲料利用率高，具有产仔数较多、对饲料营养要求高等特点。各地用长白猪做父本与本地母猪开展二元或三元杂交，均有较好的杂交效果。日增重比本地猪提高 10%~26%，瘦肉率增加 5%~8%。长白猪性成熟较晚，6 月龄开始出现性行为，9~10 月龄体重达 120 千克左右开始配种。初产母猪产仔数 10~11 头，经产母猪产仔数 11~12 头。

（三）杜洛克猪，原产于美国

（1）外貌特征　全身被毛呈棕红色，体躯高大，粗壮结实，全身肌肉丰满、平滑，后躯肌肉特别发达，头较小，颜面微凹，鼻长直，耳中等大小，向前倾，耳尖稍弯曲，胸宽而深，背腰略呈拱形，腹线平直，四肢强健，蹄黑色。

（2）生产性能　增重快，饲料报酬高［料肉比为（2.8~3.2）：1］，具有胴体品质好、眼肌面积大、瘦肉率高等优点，而在繁殖性能方面较差些，故在与其他猪种杂交时，经常作为父本，以达到增产瘦肉和提高产仔数的目的。

（四）汉普夏猪，原产于美国

（1）外貌特征　汉普夏猪毛黑色，前肢白色，后肢黑色。最大特点是在肩部和颈部接合处有一条白带围绕，包括肩胛部、前胸部和前肢，呈一白带环，在白色与黑色边缘，由黑皮白毛形成一灰色带，故又称银带猪。头中等大小，耳中等大小而直立，嘴较长而直，体躯较长，背腰呈弓形，后躯臀部肌肉发达，性情活泼。

（2）生产性能　汉普夏猪原属脂肪型，生长速度快，饲料利用率高，肉质良好，繁殖力较低。

（五）八眉猪，地方品种

（1）外貌特征　八眉猪头较狭长，额有"八"字皱纹，故名八眉。被毛黑色。体格较大，头粗重，皱纹粗而深，纵横交错，耳大下垂，长过鼻端，嘴直，背腰稍长，腹大下垂，尾粗长，被毛粗长，乳头 6~7 对，多达 9 对。

（2）生产性能　猪性成熟较早，30 日龄左右即有性行为，母猪于 3~4 月龄（平均116 天）开始发情，发情周期一般为 18~19 天，发情持续期约 3 天，产后再发情时间一般在断乳后 9 天左右（5~22 天）。八眉猪的肉质好，肉色鲜红，肌肉呈大理石纹状，肉嫩，味香，胴体瘦肉含蛋白质 22.56%。

第二节　生猪饲养管理

一、种公猪饲养管理

（一）饲养

在饲养公猪时，必须时刻注意营养供给，公猪的日粮以精饲料为主，适当搭配青饲料，一般大豆饼、花生饼、棉籽饼、大麦、蚕豆和小麦都是饲养公猪的优良饲料，玉米、米糠等含脂量较高，不宜大量用来饲喂公猪。日粮中必须提供优质的蛋白质饲料，特别需要氨基酸平衡的动物性蛋白质，尤其是在配种旺季更不可忽视。蛋白质饲料组成的种类来源尽可能多样化，相互间可以互补，以提高蛋白质的生物学价值。同时，应注意钙和食盐的补充，公猪的日粮钙、磷比例以 1.25∶1 为宜，如钙磷不足或比例失调，会使精液品质显著降低。缺硒地区，日粮中应注意对硒的补充。

（二）饲养方式

根据公猪一年内的配种任务，分为两种饲喂方式。

一是母猪实行全年分娩，公猪需负担常年的配种任务，为此，一年内都要均衡地保持公猪配种所要求的营养水平。

二是母猪实行季节性分娩，在配种季节开始的前一个月，对公猪应逐渐提高营养水平，配种季节保持较高的营养水平，配种季节过后，逐渐降低营养水平。

饲喂公猪应定时定量，每次不要喂得过饱，体积不宜过大，应以精饲料为主。每天饲喂量：体重在 150 千克以内的公猪 2.3～2.5 千克；150 千克以上 2.5～3.0 千克。宜采用生干料或湿料，加喂适量的青绿多汁饲料，供给充足清洁的饮水。

二、空怀母猪的饲养管理

（一）空怀母猪的饲养

空怀母猪指断奶后配种前的母猪，这时期的主要目的是使母猪发情，多产卵。保证母猪身体健康，按期发情，消除不孕因素，提高受胎率。配种前母猪的膘情达到六七成为宜。对于经产母猪，应保证尽快恢复体力，正常发情、受胎，可在配种前 1 个月增加营养水平，即在非配种期基础上增加 60%～100%。对初产母猪应适当降低营养水平，少喂精饲料，增加青绿多汁饲料和粗饲料的喂量。空怀母猪在饲喂期间一般要求每千克饲料含蛋白质 13%，同时要保证维生素 E 及钙的供应，日喂量为体重的 2.5%～3%，日喂 3 次，并适当补充青绿多汁饲料。

（二）饲养方式

空怀母猪两种饲养方式。一是单栏饲养，是近年来工厂化养猪生产中采用的一种形式，即将母猪固定在栏内禁闭饲养，活动范围很小。二是小群饲养，是将 4～6 头同时断奶的母猪饲养于同一栏（圈）内，能够自由运动。

（三）空怀母猪的管理

断奶母猪干乳后，多供给营养丰富的饲料和充分休息，可使母猪加快恢复体力。此时日粮的营养水平和喂养要和怀孕后期相同。最好喂动物性饲料和优质青绿料。

对哺乳后膘情不好、过度消瘦的母猪，断奶前后可适当减料，干乳后多增加营养，使其尽快恢复体质。有些母猪断奶前膘情相当好，断奶前后少喂配合饲料，多喂青、粗饲料，加强运动，使其恢复到适度膘情，及时发情配种。

空怀母猪需要干燥、清洁、温湿度适宜、空气新鲜等环境条件，如母猪得不到良好的饲养管理，将影响发情排卵和配种受胎。

三、妊娠母猪的饲养管理

（一）饲养

母猪的妊娠期在 114 天左右，一般将其分为妊娠前期（妊娠开始至 60~85 天）和妊娠后期（妊娠 70~85 天至结束）。妊娠前期母猪对营养的需要主要用于自身维持生命和复膘，初产母猪还要用于自身的生长发育，而用于胚胎发育所需极少。妊娠后期胎儿生长发育迅速，对营养要求增加。因此，应采取前低后高的饲养方式，即妊娠前期在一定限度内降低营养水平，到妊娠后期再适当提高营养水平。整个妊娠期内，经产母猪增重保持 30~35 千克为宜，初产母猪增重保持 35~45 千克为宜。

（二）饲养方式

根据妊娠母猪的体况来确定。对于营养状况不好、体瘦的经产母猪，以高—低—高的营养水平进行饲养。即在妊娠初期就增加营养，达到中等营养水平时，适当增加品质好的青绿多汁饲料和粗饲料，一直喂到怀孕 80 天后，再加强营养、增精饲料，满足胎儿的生长发育需要。对于体况良好的妊娠母猪，采取前粗后精的饲养方式，即前期按一般喂养方法，后期再加强营养。对于初产繁殖力高的母猪，采取营养水平逐步增加的方式进行饲养。

（三）妊娠母猪的管理

日粮必须有一定的体积，最好按母猪体重的 2% 供给日粮。营养要全面，饲料多样化，适口性好，青、粗、多汁饲料搭配好，饲料种类也不宜经常变换。严禁喂霉变、冰冻和有毒饲料，以防流产和死胎。建议湿拌料饲喂，供水充足。

对妊娠母猪要加强管理，防止流产。夏季注意防暑，严禁鞭打，跨越污水沟和门栏要慢，防止拥挤和惊吓，防止急拐弯和在光滑泥泞的道路上运动。雨雪天和严寒天气应停止运动，以免受冻和滑倒，保持安静。母猪要在产前 1 周进入分娩舍，上产床前用洗涤剂和消毒液给母猪体表清洗、消毒。

四、哺乳母猪的饲养管理

（一）哺乳母猪的饲养

母猪在哺乳期间，尤其是在泌乳旺期（哺乳期前 30 天）其物质代谢比空怀母猪要高得多，所需要的饲料量，也就显著增加。对哺育 5 头仔猪的母猪，可饲喂 4 千克饲粮，一窝仔猪超过 5 头时，每多一头仔猪，需多喂 0.4 千克饲粮，带 10 头仔猪，每天应喂给 6 千克的饲粮。

（二）饲养方式

以日喂 4 次为好，时间为每天的 6：00、10：00、14：00 和 22：00 为宜，最后一餐不可再提前。哺乳母猪最好喂生湿料，料水比例为 1：（0.5~0.7），给饲料中添加经打浆的南瓜、甜菜、胡萝卜、甘薯等催乳饲料。

（三）哺乳母猪的管理

一般母猪分娩当天不喂料，第二天喂 1 千克左右，以后每天增 0.5 千克，至 1 周后每天喂 4~5 千克，直到断奶为止。

母猪在临产前 3~7 天，一般只在圈内逍遥运动，分娩后，应随时注意母猪的呼吸、体温、排泄和乳房的状况，保持产房安静，让母猪充分休息。

哺乳期母猪饲料结构要相对稳定，不要频变、骤变饲料品种，不喂发霉、变质和有毒饲料。

猪舍内要保持温暖、干燥、卫生、空气新鲜，除每天清扫猪栏、冲洗排污道外，还必须坚持每 2~3 天用对猪无副作用的消毒剂喷雾消毒猪栏和走道。尽量减少噪声、大声吆喝、粗暴对待母猪等各种应激因素，保持安静的环境条件。

五、仔猪的饲养管理

(一) 哺乳仔猪的饲养管理

哺乳仔猪是指从初生到断奶前这一阶段的仔猪。

1. 哺乳仔猪的生理特点

哺乳仔猪的主要特点是生长发育快和生理上的不成熟性，主要表现在 4 个方面。一是调节体温机能不完善，体内能源贮备有限。二是消化器官不发达，消化机能不完善。三是缺乏先天免疫力，抵抗疾病能力差。四是生长发育迅速，新陈代谢旺盛。

哺乳仔猪的以上特点导致仔猪难饲养，成活率低。成活率与饲养方式有密切关系，其主要影响因素有分娩架和育仔栏的设计、分娩舍内的温湿度控制、仔猪保温箱的加热方式、疾病的控制、母猪的营养和卫生条件等。

2. 哺乳仔猪的饲养管理

第一，及早吃足初乳，保温防压，这是护理好猪仔的根本措施。仔猪初生 2 个小时内吃上初乳，初乳的蛋白质特别高，富含免疫抗体，维生素含量也丰富，初乳是哺乳仔猪不可缺少的营养物质。

第二，在仔猪生后 2 天内应进行人工扶助固定乳头，使它吃足初乳。在分娩过程中，让仔猪自寻乳头，待大多数仔猪找到乳头后，对个别弱小或强壮争夺乳头的仔猪进行再调整，把弱小的仔猪放在前边乳汁多的乳头上，体大强壮的放在后边的乳头上。固定乳头要以仔猪自选为主，个别调整为辅，特别要注意控制抢乳的强壮仔猪，帮助弱小仔猪吸乳。

第三，仔猪生后的第一天，对窝产仔数较多、特别是在产活仔数超过母猪乳头数时，可以用消毒后的铁钳子剪掉仔猪的犬齿。用于育肥的仔猪出生后，要尽可能早地断尾，一般可与剪犬齿同时进行。方法是用钳子剪去仔猪尾巴的 1/3（约 2.5 厘米长），然后涂上碘酒，防止感染。注意防止流血不止和并发症。

第四，做好仔猪保温防压工作。可采用保育箱，箱内吊 250 瓦或 175 瓦的红外线灯，距地面 40 厘米，或在箱内铺垫电热板，满足仔猪对温度的需要。在母猪身体两侧设护栏的分娩栏，可有效防止仔猪被压伤、压死。

第五，仔猪生后 5~7 天即可开食，仔猪诱食料要适合仔猪的口味，有利于仔猪的消化，最好是颗粒料。并及时补铁，目前最有效的方法是给仔猪肌肉注射铁制剂，如培亚铁针剂、右旋糖酐铁注射液、牲血素等，一般在仔猪 2 日龄注射 100~150 克。在仔猪 3~5 日龄，给仔猪开食的同时，一定要注意补水，最好是在仔猪补料栏内安装仔猪专用的自动饮水器或设置适宜的水槽。

第六，预防仔猪下痢是养育哺乳仔猪的关键技术之一，提高青年母猪的免疫力，才能使仔猪从初乳中获得某种特定的抗体。通过寄养的仔猪，平衡窝仔猪数。要注意保温，防止湿冷及空气污浊。

（二）断奶仔猪的饲养管理

断奶仔猪是指仔猪从断奶至 70 日龄左右的仔猪。

第一，仔猪断奶后要继续喂哺乳期饲料，不要突然更换饲料，特别是实行早期断奶的仔猪，一般要在断奶后 7 天左右，开始换饲料。实行 35 天以上断奶的仔猪，也可以在断奶前 7 天换料。更换仔猪饲料要逐渐进行，每天替换 20%，5 天换完，避免突然换料。断奶仔猪的日粮以制成颗粒为好，饲喂颗粒料可以减少饲喂时的浪费。

第二，对断奶的仔猪要精心管理，在断奶后 2~3 天要适当控制给料量，不要让仔猪吃得过饱，每日可多次投料，防止消化不良而下痢，保证饮水充足、清洁，保持圈舍干燥、卫生。

第三，断奶时把母猪从产栏调出，仔猪留原圈饲养。不要在断奶同时把几窝仔猪混群饲养，避免仔猪受断奶、咬架和环境变化引起的多重刺激。

第四，断奶仔猪保育栏的面积通常是 240 厘米×165 厘米，每头仔猪的适宜占栏面积为 0.3~0.4 米^2，按窝转群，每栏养一窝仔猪 10~12 头，这种转群方法可以减少仔猪相互咬斗产生的应激。也可以不按窝进行，把同一天断奶的仔猪，按体重、公母、强弱分群，分群后 2 天内仔猪相互打架，以后逐渐稳定。这种转群方法能使同栏内仔猪生长发育整齐，特别是弱小仔猪分在同一栏，易于管理。

第五，保育舍内温度应控制在 22~25 ℃，保持干燥、卫生，经常打扫、消毒，预防传染病发生。定期通风换气，保持舍内空气新鲜，湿度控制在 65%~75% 为宜。

六、育成猪的饲养管理

育成猪是指 70 日龄至 4 月龄留作种用的猪。育成猪的饲养管理是断奶仔猪的继续，公母猪可继续混合饲养，根据圈栏面积的大小而确定猪的数量。保证饲粮中矿物质、蛋白质和必需氨基酸水平极为重要，采用高蛋白、高能量饲粮，自由采食或不限量按顿饲喂，以促进育成猪骨骼的充分发育和肌肉的快速生长。

七、后备母猪的饲养管理

后备猪是指仔猪育成阶段结束到初次配种前的青年种猪。

生产实践中母猪的年淘汰率较高，达 30%~50%，后备母猪的饲养管理是整个繁殖猪群饲养管理的一个重要环节。

（一）后备猪的饲养

后备猪培育期的饲养水平，要根据后备猪的种用目的来确定，后备猪生后 5 月龄体重应控制在 75~80 千克，6 月龄控制在 95~100 千克，7 月龄控制在 110~120 千克，8 月龄控制在 130~140 千克。适宜的喂料量，既可保证后备猪的良好发育，又可控制体重的快速生长。

（二）后备猪的管理

后备猪在体重 60 千克以前，可以 4~6 头为一群进行群养。60 千克以后，按性别和体重大小再分成 2~3 头为一小群饲养，这时可根据膘情进行限量饲养，直到配种前，或视猪场的实际情况而定。后备猪于 6 月龄以后，应测量活体背膘厚，按月龄测量体长和体重。要求后备猪在不同月龄阶段有相应的体长与体重。对发育不良的后备猪，要及时淘汰。

后备猪生长到一定月龄以后，要加强调教，建立人畜亲和关系。饲养人员要经常接触猪只，抚摸猪只的敏感部位，如耳根、腹侧、乳房等处，促使人畜亲和。

注意防寒保暖，防暑降温，保持清洁卫生等适宜的环境条件。在后备公猪达到性成熟后，应实行单圈饲养，合群运动。后备母猪要在猪场内适应不同的猪舍环境，与老母猪一起饲养，与公猪隔栏相望或者直接接触，这样有利于促进母猪发情。

（三）后备猪的性成熟

猪的性成熟随品种类型、饲养水平和气候环境不同而异。我国地方猪种特别是南方的地方猪种性成熟早，而培育猪种和引进猪种性成熟晚些。一般地方早熟品种的公猪 2~3 月龄达到性成熟，培育和引进猪种要在 4~5 月龄才达到性成熟。地方品种的母猪 3~4 月龄、体重 30~40 千克即可达到性成熟；而培育猪种或大型瘦肉型猪种到 5~6 月龄、体重 60~80 千克才能达到性成熟。

八、生长育肥猪的饲养管理

饲养生长育肥猪是养猪生产最后一个重要环节，可为种猪生产和幼猪培育的成果提供检验依据，也为市场提供高质量的商品育肥猪，达到养猪的最终目的。

根据育肥猪的生理特点和发育规律，按猪的体重将其生长过程划分为两个阶段即生长期和育肥期。体重 20~60 千克为生长期。体重 60 千克以上到出栏为育肥期。

（一）生长育肥猪的生长发育规律

生长育肥猪的生长速度先是增快（加速度生长期），到达最大生长速度（拐点或转折点）后降低（减速生长期），转折点发生在成年体重的 40% 左右，相当于育肥猪的适宜屠宰期。

生长育肥猪 20~30 千克为骨骼生长高峰期，60~70 千克为肌肉生长高峰期，90~110 千克为脂肪蓄积旺盛期。因此，在生长育肥猪生长期（60~70 千克活重以前）应给予高营养水平的饲粮，到育肥期（60~70 千克以后）则要适当限饲，特别是控制能量饲料在日粮中的比例，以抑制体内脂肪沉积，提高胴体瘦肉率。

生长育肥猪体内水和脂肪的含量变化最大，而蛋白质和矿物质的含量变化较小。

（二）生长育肥猪的饲养管理

1. 育肥方式

育肥方式对生长育肥猪的增重速度、饲料转化率和胴体瘦肉率均有很大影响。生长育肥猪的育肥方式一般可分为"吊架子"和"一条龙"两种。

（1）"吊架子"育肥法 也叫"阶段育肥法"，一般将整个育肥期划分为小猪阶段、架子猪（中猪）阶段和催肥阶段。小猪阶段饲喂较多的精饲料，饲粮能量和蛋白质水平相对较高。架子猪阶段利用猪骨骼发育较快的特点，采用低能量和低蛋白的饲粮进行限制饲养（吊架子），一般以青、粗饲料为主，饲养 4~5 个月。而催肥阶段则利用肥猪易沉积脂肪的特点，增大饲粮中精饲料的比例，提高能量和蛋白质的供给水平，快速育肥。这种育肥方式可通过"吊架子"来充分利用当地青、粗饲料等自然资源，降低生长育肥猪饲养成本，但它拖长了饲养期，生长效率低，已不适应现代集约化养猪生产的要求。

（2）"一条龙"育肥法 也叫"直线育肥法"，是按照猪在各个生长发育阶段的特点，采用不同的营养水平和饲喂技术，在整个生长育肥期间能量水平始终较高，且逐阶段上升，蛋白质水平也较高。以这种方式饲养的猪增重快，饲料转化率高，这是现代集约化养猪生产普遍采用的方式。

然而，按"一条龙"育肥法饲养的生长育肥猪往往使育肥猪沉积大量的体脂肪而影响其瘦肉率。因此商品瘦肉猪应采取"前敞后限"的饲养方式，即在育肥猪体重 60 千克以前，按"一条龙"饲养方式，采用高能量、高蛋白质饲粮；在育肥猪体重达 60 千克后，适当降低饲粮能量和蛋白质水平，限制其每天采食的能量总量。

2. 饲喂方式

生长育肥猪的饲喂方法，一般分为自由采食和限量饲喂两种。限量饲喂又主要有两种方法，一是对营养平衡的日粮在数量上予以控制，即每次饲喂自由采食量的 70%~80%，或减少饲喂次数；二是降低日粮的能量浓度，把纤维含量高的粗饲料配合到日粮中去，以限制其对养分特别是能量的采食量。推荐日粮配方如下。

10~20 千克体重：玉米粉 57%、豆粕 20%、鱼粉 5%、麦麸 15%、磷酸氢钙 1%、贝壳粉 0.5%、食盐 0.35%、预混料 1%。

30~60 千克体重：玉米粉 62%、豆粕 20%、麦麸 15%、磷酸氢钙 1.2%、贝壳粉 0.8%、食盐 0.35%、预混料 1%。

60~100 千克体重：玉米粉 70%、豆粕 15%、麦麸 12%、磷酸氢钙 1.0%、贝壳粉 0.8%、食盐 0.35%、预混料 1%。

自由采食和限量饲喂对增重速度、饲料转化率和胴体品质有一定影响。自由采食增重快，沉积脂肪多，饲料转化率降低；限量饲喂饲料转化率改善，胴体背膘较薄，但日增重较低。因此，若要得到较高日增重，以自由采食为好；若只追求瘦肉多和脂肪少，则以限量饲喂为好。如果既要求增重快，又要求胴体瘦肉多，则以两种方法结合为好，即在育肥前期采取自由采食，让猪充分生长发育，而在育肥后期（55~60 千克以后）采取限量饲喂，限制脂肪过多沉积。

3. 饲料调制

饲料加工调制与饲料的适口性、转化率有着密切关系。30 千克以下仔猪的饲料颗粒直径以 0.5~1.0 毫米为宜，30 千克以上猪以 1.5~2.5 毫米为宜。配合饲料一般宜生喂，玉米、高粱、大麦、小麦等谷实饲料及其加工副产物糠麸类，生喂营养价值高，煮熟后饲料营养价值约降低 10%，尤其是维生素会被严重破坏。但大豆、豆饼、棉籽饼、菜籽饼等以煮熟喂为好，这样可破坏其内含的胰蛋白酶抑制因子，提高蛋白质的消化率。湿喂对猪有利，湿拌料料水比一般以 1 ：（0.9 ~ 1.8）为好，但应现拌现喂，避免腐败变酸。

4. 饲喂次数

采取自由采食方法时不存在饲喂次数的问题，而在限量饲喂条件下，可日喂 3 次，且早晨、午间、傍晚 3 次饲喂时的饲料量分别占日粮的 35%、25% 和 40%。

5. 饮水

猪的饮水量随生理状态、环境温度、体重、饲料性质和采食量等而变化，一般在春秋季节其正常饮水量应为采食饲料风干重的 4 倍或其体重的 16%，夏季约为 5 倍或其体重的 23%，冬季则为 2 ~ 3 倍或其体重的 10% 左右。猪饮水一般以安装自动饮水器为好，或在圈内单独设一水槽经常保持充足而清洁的饮水，让猪自由饮用。

6. 合理分群及调教

生长育肥猪一般采取群饲方法。分群时，除考虑性别外，应把来源、体重、体质、性情和采食习性等方面相近的猪合群饲养，每群头数应根据猪的年龄、设备、圈养密度和饲喂方式等因素而定。猪在新合群或调入新圈时，要及时加以调教。

7. 去势、防疫和驱虫

一般在仔猪 35 日龄、体重 5 ~ 7 千克时进行去势。去势的猪性情安静，食欲增强，增重加快，肉的品质得到改善。制订合理的免疫程序，认真做好预防接种工作。应每头接种，避免遗漏，对从外地引入的猪，应隔离观察，并及时免疫接种。及时驱除内外寄生虫，通常在 90 日龄进行第一次驱虫，必要时在 135 日龄左右再进行第二次驱虫。

8. 管理制度

对猪群的管理要形成制度化，按规定时间给料、给水、清扫粪便，并观察猪的食欲、精神状态、粪便有无异常，对不正常的猪要及时诊治。要完善统计、记录制度，对猪群周转、出售或发病死亡、称重、饲料消耗、疾病治疗等情况加以记载。

第三节　商品瘦肉型猪育肥配套技术

一、选择优良品种及适宜的杂交组合

瘦肉型猪种与兼用型猪种、脂肪型猪种相比较，其对能量和蛋白质的利用率更高，增重快，耗料省，瘦肉率高。我国地方猪种的增重速度和饲料转化率不及长白猪等瘦肉型猪种，其胴体短、膘厚、脂肪多、瘦肉少，但对粗纤维的消化率较高，且肉质优良。不同品种或品系之间进行杂交，利用杂种优势，是提高生长育肥猪生产力的有效措施。在我国大多利用二元和三元杂种猪育肥。

二、饲喂配合饲料，确定合适的日粮营养水平

配合饲料是根据猪的不同生长阶段、不同生产目的的营养需要配制出来的营养全面的饲料。因此要合理使用配合饲料，达到提高经济效益的目的。另外要有适宜的饲粮营

养水平，在生长育肥猪饲养实践中，多采用不限量饲喂，在一定范围内，饲粮的能量浓度对其生长速度和饲料转化率的影响程度较小。饲粮蛋白质和必需氨基酸水平不仅与生长育肥猪的肌肉生长有直接关系，也对其增重有重要的影响。添加适量的矿物质和维生素，以保证其充分生长。粗纤维含量是影响饲粮适口性和消化率的主要因素，应控制在5%~8%。

三、加强饲养管理，提高仔猪初生重和断奶重

仔猪的初生体重越大，生命力越强，其生长速度越快，断奶体重也就越大。仔猪断奶体重越大，则转群时体重也越大，生长快速、育肥效果好。

四、建设标准猪舍，创造适宜的环境条件

建设标准猪舍，保证所需的适宜温度、湿度、光照、密度等条件。

五、适时屠宰

生长育肥猪的适宜屠宰活重的确定，要结合日增重、饲料转化率、每千克活重的售价、生产成本等因素进行综合分析。由于我国猪种类型和经济杂交组合较多、各地区饲养条件差别较大，生长育肥猪的适宜屠宰活重也有较大不同。地方猪种中早熟、矮小的猪及其杂种猪适宜屠宰活重为70~75千克，其他地方猪种及其杂种猪的适宜屠宰活重为75~85千克；我国培养猪种和以我国地方猪种为母本、国外瘦肉型品种猪为父本的二元杂种猪，适宜屠宰活重为85~90千克；以两个瘦肉型品种猪为父本的三元杂种猪，适宰活重为90~100千克；以培育品种猪为母本、两个瘦肉型品种猪为父本的三元杂种猪和瘦肉型品种猪间的杂种后代，适宰活重为100~115千克。

第四节 猪人工授精技术操作规范

一、公猪调教

（一）调教年龄
后备公猪7~8月龄可开始调教，有配种经验的公猪也可进行采精调教。

（二）调教方法
将成年公猪的精液、包皮部分泌物或发情母猪尿液涂在假母猪上，将公猪引至假母猪训练其爬跨，每天可调教1~2次，但每次调教时间最好不超过15分钟。

二、采精前准备

（一）器械清洗消毒
尽量使用一次性用品，对于不能用一次性用品代替的器械使用后必须清洗消毒。玻璃类、金属类、纱布、毛巾先煮沸后干燥（煮沸15~30分钟）；温度计采用酒精棉球消

毒；稀释液采用蒸馏水并隔水煮沸 10~15 分钟或直接煮沸消毒；消毒过的器械使用前用蒸馏水冲洗一遍。

（二）采精公猪的准备

剪去公猪包皮的长毛，将公猪体表脏物冲洗干净并擦干体表水渍。

（三）采精器械的准备

集精器置于 38 ℃的恒温箱备用。并准备消毒清洁的干纱布，用于采精时清洁公猪包皮内的污物。

（四）配制精液稀释液

用蒸馏水按精宝使用说明上的比例配制好所需量的稀释液，置于水浴锅中预热至 35~37 ℃。

（五）精液质检设备的准备

调节好质检用的显微镜，开启显微镜载物台上恒温板以及预热精子密度测定仪。

（六）精液分装瓶的准备

准备好分装精液所需的瓶或袋。

三、采精

（一）采精地点

采精应在采精室内进行。采精室应清洁卫生，安静无干扰，地面平坦不滑。

（二）采精员要求

采精员穿戴洁净工作衣帽、长胶鞋、胶手套，胶手套应先用 75%酒精消毒、晾干，30 分钟后使用。

（三）采精公猪的清洁

采精员将待采的公猪赶至采精栏，用 0.1%高锰酸钾溶液清洗其腹部和包皮，再用温水清洗干净，避免药物残留对精子的伤害。

（四）采精程序

采精员一手带双层手套，另一手持 37 ℃保温杯（内装一次性食品袋并覆盖 2~3 层纱布）用于收集精液。挤出包皮内的积尿，按摩包皮，刺激其爬跨假母猪，待公猪爬跨假母猪并伸出阴茎，脱去外层手套，用手（大拇指与龟头相反方向）握住伸出的阴茎螺旋状龟头，顺其向前冲力将阴茎的"S"状弯曲拉直，握紧阴茎龟头防止其旋转。待公猪射精时用滤纸过滤收集全部精液于集精杯内，最初射出的少量（5 毫升左右）精液不接取，直到公猪射精完毕，一般射精过程历时 5~7 分钟。

（五）采精频率

采精频率以单位时间内获得最多的有效精子数来决定，做到定时、定点、定人。成年公猪每周采精不超过 3~4 次，青年公猪每周 1~2 次。

四、精液品质检查

（一）采精量

采集精液后称重或用量筒量取，公猪的射精量，一般为 150~300 毫升。

（二）颜色

正常的精液是乳白色或浅灰色，精子密度越高，色泽越浓，其透明度越低。如带有绿色、黄色、浅红色、红褐色等异常颜色的精液应废弃。

（三）气味

猪精液略带腥味，如有异常气味，应废弃。

（四）pH 值

以 pH 计或 pH 试纸测量，正常范围 6.8~7.5。

（五）精子活力检查

精子活力是指呈直线运动的精子所占比例，在显微镜下观察，一般按 0.1~1.0 的十级评分法估计，鲜精活力要求不低于 0.7，检查活力时要求载玻片和盖玻片都应 37 ℃预热。合格的精子活力不能低于 0.7。

（六）精子密度

按照猪精液密度仪的操作规程进行操作，测定每毫升精液中所含的精子数。

（七）精子畸形率

畸形率一般要求不超过 18%，其测定可用普通显微镜，但需伊红或吉姆萨染色。要求每头公猪每 2 周检查 1 次精子畸形率。

五、精液稀释

（一）时间要求

精液采集后应尽快稀释，原精贮存不超过 20 分钟。

（二）品质要求

未经品质检查或检查不合格（活力 0.7 以下）的精液不能稀释。

（三）温度要求

稀释液与精液要求等温稀释，两者温差不超过 1 ℃，即稀释液应加热至 35~37 ℃，以精液温度为标准来调节稀释液的温度，绝不能反过来操作。

（四）操作细节

稀释时，将稀释液沿盛精液的杯（瓶）壁缓慢加入精液中，然后轻轻摇动或用已消毒的玻璃棒搅拌，使之混合均匀。如作高倍稀释时，应先作低倍稀释［1∶（1~2）］，待半分钟后再将余下的稀释液沿壁缓缓加入。

（五）稀释倍数的确定

要求每个输精剂量含有效精子数 30 亿以上，输精量以 80~100 毫升确定稀释倍数。

（六）稀释镜检

稀释后要求静置片刻再做精子活力检查，如果稀释前后活力无太大变化，即可进行分装与保存；如果活力显著下降，不能使用。

（七）精液混合

新鲜精液首先按 1∶1 稀释，根据精子密度和混合精液的量记录需加入稀释液的量，将部分稀释后的精液放入水浴锅中保温，混合 2 头以上公猪精液置于容器，加入剩余部分稀释液（要求与精液等温），混合后再进行分装。

六、精液的分装

（一）分装数量

一般为 10~20 毫升/瓶（袋），将精液分装在精液瓶或袋中。

（二）填写标签

在瓶（袋）上标明公猪耳号、生产日期、保存有效期、稀释剂名称和生产单位等。

七、精液贮存

（一）温度要求：

精液置于室温（25 ℃）1~2 小时后，放入 17 ℃恒温箱贮存，也可将精液瓶或袋用毛巾包严直接放入 17 ℃恒温箱内。

（二）注意事项

稀释后的精液一般可保存 3 天，贮存过程中每隔 12 小时轻轻翻动 1 次精液瓶（袋），防止精子沉淀而引起死亡，对贮存的精液应尽快用完。

八、精液运输

精液运输应置于保温较好的装置内，保持在 16~18 ℃恒温器中运输，防止受热、震动和碰撞。

九、输精

（一）输精时间

母猪输精时机以发情后期为好，当按压母猪腰尻部，母猪表现很安定，两耳竖立或出现"静立反应"，此时是输精最佳时机。如用公猪试情，一般在母猪愿意接受公猪爬跨后的 4~8 小时之内输精为宜，之后每间隔 8~12 小时进行第二或第三次输精。

（二）精液检查

从 17 ℃恒温箱中取出精液，轻轻摇匀，用已灭菌的滴管取 1 滴放于恒温的载玻片上，用显微镜检查活力，精液活力≥0.7，方可使用。

（三）输精管

检查一次性输精管前端的橡皮头是否松动，输精管 1 头猪 1 支。

（四）输精程序

输精人员清洁消毒双手。清洗母猪外阴、尾根及臀部周围，再用温水浸湿毛巾，擦干外阴部。

从密封袋中取出输精管，手不应接触输精管前 2/3 部分，在橡皮头上涂上润滑剂。将输精管 45°角向上插入母猪生殖道内，当感觉有阻力时，缓慢逆时针旋转同时向前移动，直到感觉输精管前端被锁定（轻轻回拉不动），并且确认被子宫颈锁定。

从精液贮存箱取出品质合格的精液，确认公猪耳号。缓慢颠倒摇匀精液，用剪刀剪去输精瓶瓶嘴，接到输精管上，轻轻压输精瓶，确保精液能够流出输精瓶。控制输精瓶的高度（或进入空气的量）来调节输精时间，输精时间要求 5~10 分钟。当输精瓶内精液输完后，放低输精瓶约 15 秒，观察精液是否回流到输精瓶，若有倒流，再将其输入。在防止空气进入母猪生殖道的情况下，把输精瓶后端一小段折起，放在输精瓶中，使其滞留在生殖道内 5 分钟以上，让输精管慢慢滑落。

做好母猪圈号、耳牌号、配种时间、与配公猪耳牌号、配种方式和配种员等的相关记录。

第五节　猪疫病防治

一、传染病防治概述

传染病是由病原微生物（细菌、病毒、真菌等）引起的具有传染性的疾病。动物传染病的种类很多，按病原微生物的种类来分，包括如细菌性传染病、病毒性传染病、立克次氏体病和衣原体病等；按畜禽的种类来分，包括牛、羊、猪、禽、兔、犬、猫等传染病和多种动物共患的传染病等。人畜之间能互相传染的疾病称为人畜共患传染病，如口蹄疫、炭疽、布鲁氏菌病、结核病、狂犬病等。

（一）传染病流行的基本环节

（1）传染源　指患传染病的动物，包括带菌（毒）动物和隐性感染动物。

（2）传播途径　指病原体从传染源排出后，经一定的方式再侵入其他易感畜禽所经的途径。

（3）易感动物　指对某种传染病具有易感性的动物。

（二）传染病流行的特征

（1）流行过程的表现形式　分为散发性、地方流行性、流行性、大流行。

（2）流行过程的季节性和周期性　某些畜禽传染病常在一定的季节发生，或在一定的季节发病率显著上升的现象。

（三）传染病的防疫措施

畜禽传染病的防治原则，必须采取包括"养、防、检、治"4 个基本环节的综合性措施，分为平时的预防措施和发生疾病时的扑灭措施。

（1）平时的预防措施　加强饲养管理，增强畜禽机体的抗病力。坚持"自养自繁"，以减少病原体的传入机会。定期进行预防注射。搞好环境卫生，定期消毒，定期杀虫灭鼠。认真贯彻执行国境检疫、交通检疫、市场检疫和屠宰检疫等工作。

（2）发生传染病时的扑灭措施　迅速报告疫情、早期诊断、隔离和封锁、紧急接种和治疗病畜、消毒。

二、常见传染病防治

（一）口蹄疫

口蹄疫（FMD）是由口蹄疫病毒引起的一种急性、热性、高度接触传染性和可快速远距离传播的动物疫病。FMD 是世界上为害最严重的家畜传染病之一，世界动物卫生组织将此病列为 15 个 A 类传染病的第一位，我国将其列为 11 个一类动物传染病的第一位。FMD 主要感染牛、猪、羊、骆驼、鹿等偶蹄家畜及其他野生偶蹄类动物，易感动物多达 70 多种。

口蹄疫具有如下为害。

一是直接对畜牧业生产造成巨大的经济损失。幼畜死亡率高达 50%～100%；成畜发病后严重掉膘，产奶量下降，耕畜不能使役。二是严重影响国际贸易。一旦发生疫情，各国限制进出境动物及其畜产品的流通与贸易，严重影响国际贸易和出口，由此造成的损失比直接经济损失高 10 倍以上。口蹄疫影响到国际关系、国家声誉和世界各国的经济发展，有人称为"政治经济病"。三是花费大量的控制开支。为了控制扑灭此病，采取封锁、禁运、关闭市场及屠宰加工、扑杀大量病畜和同群畜、尸体销毁和处理，消毒等耗费大量人力、物力和财力，全世界每年由此造成的直接经济损失可达数百亿美元。四是严重影响到人类身体健康和人民生活。人畜共患病对人体健康造成威胁；市场控制影响人们的饮食生活；对给农牧业生产造成混乱；等等。

1. 症状

潜伏期通常为 2～3 天，有的可达 7 天，甚至 14～21 天，个别动物仅为 12～14 小时。主要症状：在口、舌、鼻、蹄、乳房、会阴等部位出现水泡、溃疡，蹄痛跛行，蹄壳边缘溃裂，重者蹄壳脱落；流泡沫状口涎，牛特别明显，羊一般不见流口涎。新生幼畜可引起心肌炎，仔猪或犊牛常因心肌变性引起心脏停搏而死亡。仔猪致死率高达 80%～100%，犊牛为 40%～60%，羊发病较轻微，死亡率较低。成年动物感染后死亡率较低，一般为 2%～5%。

2. 防控

贯彻"预防为主，综合防治"的防治原则。建立防疫制度，加强兽医防疫管理，做好"强制免疫、强制消毒、强制检疫、强制封锁、强制扑杀"工作，强化疫情报告，强化监督管理。发病后，坚持"早、快、严"的灭病原则，持之以恒抓好综合防治。

3. 防治技术措施

接种疫苗是防治 FMD 的有效措施，坚持强制免疫、常年免疫。疫情发生后，尽快采集病料鉴定毒型，以同毒型的疫苗进行紧急预防注射。紧急预防注射应采用环形免疫注射方法，由疫区外向内注射。先从安全区开始，再注射受威胁区，最后注射疫区内的安全畜群和受威胁畜群。严禁疫区的工作人员到非疫区进行免疫注射工作。

（二）高致病性猪蓝耳病

由猪繁殖与呼吸综合征病毒变异株引起的一种急性高致死性传染病。仔猪发病率可达100%、死亡率可达50%以上，母猪流产率可达30%以上，育肥猪也可发病死亡。高致病性猪蓝耳病广泛流行，仔猪，尤其是从外省引进的仔猪发病率高，死亡率高，为害严重。发病猪主要表现为高热、喘气、耳朵发青、拉稀、皮肤发红、共济失调等。

1. 症状

体温明显升高，可达41℃以上；眼结膜炎、眼睑水肿；咳嗽、气喘、呼吸困难等呼吸道症状；部分猪后躯无力、不能站立、摇摆、圆圈运动、抽搐等神经症状；部分病猪表现顽固性腹泻；仔猪发病率可达100%、死亡率可达50%以上，母猪流产率可达30%以上，成年猪也可发病死亡。耳朵发青发紫；皮肤发红、有出血斑块；母猪流产、产弱仔、死胎、木乃伊胎。病死猪肺脏弥漫性间质性肺炎，肺出血、淤血，以心叶、尖叶为主的灶性暗红色实变。脾脏边缘或表面出现梗死灶，显微镜下见出血性梗死；肾脏呈土黄色，表面可见针尖至小米粒大出血点斑；皮下、扁桃体、心脏、膀胱、肝脏和肠道均可见出血点和出血斑。显微镜下见间质性肾炎，心脏、肝脏和膀胱出血性、渗出性炎症等病变；部分病例可见胃肠道出血、溃疡、坏死。

2. 防治

目前尚无特效药物彻底治愈；防重于治，采取综合防治措施；疫苗免疫是目前控制高致病性猪篮耳病的有效措施之一；做好其他动物疫病防控，如猪瘟、伪狂犬病及其他细菌病（副嗜血杆菌病、链球菌病、大肠杆菌病等）的免疫防控工作，防止继发与并发感染；同时要加强饲养管理，改善环境卫生。主要应做好如下几点。

（1）加强饲养管理　采用"全进全出"的养殖模式，各阶段猪专场或出栏后，彻底消毒栏舍，空置2周以上。在高温季节，做好猪舍的通风和防暑降温，冬天既要注意猪舍的保暖，又要注意通风。夏天，提供充足的清洁饮水，保持猪舍干燥，保持合理的饲养密度，降低应激因素。保证充足的营养，增强猪群抗病能力，杜绝猪、鸡、鸭等动物混养。提倡规模化、集约化养殖，改变落后的散养方式。

（2）科学免疫　免疫是预防各种疫病的有效手段。变异株蓝耳病病毒灭活疫苗安全，高效（普通蓝耳病弱毒苗和灭活苗基本没有效果）；猪群免疫变异株蓝耳病病毒灭活疫苗，是预防和控制目前国内高致病性猪蓝耳病最有效的措施。

（3）药物预防　选择适当的预防用抗菌类药物，预防猪群的细菌性感染，提高健康水平。

（4）严格消毒　搞好环境卫生，及时清除猪舍粪便及排泄物，对各种污染物品进行无害化处理。对饲养场、猪舍内及周边环境增加消毒次数。

（5）规范补栏　要选择从没有疫情的地方购进仔猪，严禁从发生疫情的养殖场和地区引进种猪和商品猪；购买前要查看检疫证明；购买后一定要隔离饲养2周以上，体温正常再混群饲养。

（6）报告疫情　发现病猪后，要立即对病猪进行隔离，并立即报告当地畜牧兽医部门，要在当地兽医的指导下按有关规定处理。

（7）坚持"四不一处理"　对病死猪进行严格管理；不准宰杀、不准食用、不准销售、不准转运病死猪；对病死猪必须进行无害化处理。

（三）猪瘟

猪瘟俗称"烂肠瘟"，是由黄病毒科瘟病毒属猪瘟病毒引起的一种高度接触性、出血性和致死性传染病。世界动物卫生组织将其列为必须报告的动物疫病，我国将其列为一类动物疫病。是一种具有高度传染性疫病，是威胁养猪业的一种主要传染病，其特征：急性，呈败血性变化，实质器官出血、坏死和梗死；慢性呈纤维素性坏死性肠炎，后期常有副伤寒及巴氏杆菌病继发。本病一年四季均可发生。病猪是主要传染源，病猪排泄物和分泌物，病死猪和脏器及尸体，急宰病猪的血、肉、内脏、废水、废料污染的饲料、饮水都可散播病毒，猪瘟的传播主要通过接触，经消化道感染。此外，患病和弱毒株感染的母猪也可以经胎盘垂直感染胎儿，产生弱仔猪、死胎、木乃伊胎等。

1. 症状

潜伏期一般为 5~7 天，根据临床症状可分为最急性型、急性型、慢性型和温和型4 种。

（1）最急性型　病猪常无明显症状，突然死亡，一般出现在初发病地区和流行初期。

（2）急性型　病猪精神差，发热，体温在 40~42 ℃，呈现稽留热，喜卧、弓背、寒战及行走摇晃。食欲减退或废绝，喜欢饮水，有的发生呕吐。结膜发炎，流脓性分泌物，将上下眼睑黏住，不能张开，鼻流脓性鼻液。初期便秘，干硬的粪球表面附有大量白色的肠黏液；后期腹泻，粪便恶臭，带有黏液或血液。病猪的鼻端、耳后根、腹部及四肢内侧的皮肤及齿龈、唇内、肛门等处黏膜出现针尖状出血点，指压不褪色，腹股沟淋巴结肿大。公猪包皮发炎，阴鞘积尿，用手挤压时有恶臭浑浊液体射出。小猪可出现神经症状，表现磨牙、后退、转圈、强直、侧卧及游泳状，甚至昏迷等。

（3）慢性型　多由急性型转变而来，体温时高时低，食欲不振，便秘与腹泻交替出现，逐渐消瘦、贫血、衰弱，被毛粗乱，行走时两后肢摇晃无力，步态不稳。有些病猪的耳尖、尾端和四肢下部呈蓝紫色或坏死、脱落，病程可长达 1 个月以上，最后衰弱死亡，死亡率极高。

（4）温和型　又称非典型，主要发生较多的是断奶后的仔猪及架子猪，表现症状轻微、不典型，病情缓和，病理变化不明显，病程较长，体温稽留在 40 ℃左右，皮肤无出血小点，但有淤血和坏死，食欲时好时坏，粪便时干时稀，病猪十分瘦弱，致死率较高，也有耐过的，但生长发育严重受阻。大肠的回盲瓣处形成纽扣状溃疡。

2. 防治

用猪瘟苗免疫接种。及时淘汰隐性感染带毒种猪。坚持"自繁自养，全进全出"的饲养管理制度。做好猪场、猪舍的隔离、卫生、消毒和杀虫工作，减少猪瘟病毒的侵入。处理病猪，做无害化处理，认真消毒被污染的场地、圈舍、用具等，粪便进行堆积发酵、无害化处理。

（四）猪肺疫

猪肺疫是由多种杀伤性巴氏杆菌引起的一种急性传染病（猪巴氏杆菌病），俗称"锁喉风""肿脖瘟"。急性或慢性经过，急性呈败血症变化，咽喉部肿胀，高度呼吸困难。

1. 症状

潜伏期 1~5 天。最急性型：晚间还正常吃食，次日清晨即已死亡，常看不到表现症状；病程稍长的，体温升高到 41~42 ℃，食欲废绝，全身衰弱，卧地不起，呼吸困难，呈犬坐姿势，口鼻流出泡沫，病程 1~2 天，死亡率 100%。急性型（胸膜肺炎型）：体温 40~41 ℃，痉挛性干咳，排出痰液呈黏液性或脓性，呼吸困难，后成湿、痛咳，胸部疼痛，呈犬坐、犬卧，初便秘，后腹泻，在皮肤上可见淤血性出血斑。慢性型：持续有咳嗽，呼吸困难，鼻流少量黏液，有时出现关节肿胀，消瘦，腹泻，经 2 周以上衰竭死亡，病死率 60%~70%。

2. 防治

根据本病传播特点，首先应增强机体的抗病力。加强饲养管理，消除可能降低抗病能力因素和致病诱因如圈舍拥挤、通风采光差、潮湿、受寒等。圈舍、环境定期消毒。新引进猪隔离观察 1 个月后健康方可合群。预防接种是预防本病的重要措施，每年春秋用猪三联苗免疫注射。发生本病时，应将病猪隔离、封锁、严密消毒。同栏的猪，用血清或用疫苗紧急预防。对散发病猪应隔离治疗，消毒猪舍。对新购入猪隔离观察 1 个月后无异常变化合群饲养。治疗可采用以下药物。

一是青霉素 80 万~240 万肌注，同时用 10% 磺胺嘧啶 10~20 毫升加注射用水 5~10 毫升肌注，12 小时 1 次，连用 3 天。

二是 45 千克以上猪用氯霉素 2 500 毫克、链霉素 3 000 毫克、10% 氨基比林 20 毫升肌注，6 小时 1 次，连用 2 次。

三是庆大霉素 1~2 毫克/千克体重、四环素 7~15 毫克/千克体重，每天 2 次，直到体温下降为止。

（五）猪丹毒

猪丹毒是由猪丹毒杆菌引起的一种急性热性传染病。病程多为急性败血型或亚急性的疹块型，转为慢性的多发性关节炎、心内膜炎。本病主要发生于猪，其他动物、人也可感染，称为类丹毒，主要侵害架子猪。

1. 症状

潜伏期短的 1 天，长的 7 天。急性型：常见精神不振、体温 42~43 ℃ 不退，突然暴发，死亡高；不食、呕吐，结膜充血，粪便干硬，附有黏液；小猪后期下痢，耳、颈、背皮肤潮红、发紫；临死前腋下、股内、腹内有不规则鲜红色斑块，指压褪色后而融合一起；常于 3~4 天死亡。亚急性型（疹块型）：病较轻，1~2 天在身体不同部位，尤其在胸侧、背部、颈部甚至全身出现界限明显的圆形、四边形，有热感的疹块，俗称"打火印"，指压褪色；疹块突出皮肤 2~3 毫米，大小一至数厘米，从几个到几十个不等，干枯后形成棕色痂皮；口渴、便秘、呕吐、体温高，也有不少病猪在发病过程中，症状恶化而转变为败血型而死；病程 1~2 周。慢性型：由急性型或亚急性型转变而来，也有原发性，常见关节炎，关节肿大、变形、疼痛，跛行，僵直。溃疡性或花椰菜样疣状赘生性心内膜炎。心律不齐、呼吸困难、贫血；病程数周至数月。

2. 防治

加强饲养管理，农贸市场、屠宰厂、交通运输检疫工作，对购入新猪隔离观察

21 天，对圈、用具定期消毒。发生疫情隔离治疗、消毒。未发病猪用青霉素注射，每天 2 次，3~4 天为止，加强免疫。预防免疫，种公、母猪每年春秋 2 次进行猪丹毒氢氧化铝甲醛苗免疫。育肥猪 60 日龄时进行猪丹毒氢氧化铝甲醛苗或猪三联苗免疫 1 次即可。对发病猪抢时间治疗，可采用青霉素每千克体重 10 000 单位静注或四环素每千克体重 5 000~10 000 单位或康迪注射液 0.1~0.2 毫升/千克体重，1 天 2 次。氨苄西林静注或用链霉素或复方磺胺嘧啶钠或林可霉素、泰乐菌素等治疗。

（六）猪传染性胃肠炎

猪传染性胃肠炎是一种高度接触性传染的病毒性传染病，引起 2 周龄以下的仔猪呕吐、严重腹泻和高死亡率（通常为 100%）。虽然不同年龄段的猪对这种病毒均敏感，但 5 周龄以上的猪死亡率很低。育成猪、育肥猪临床症状轻微，只表现数天厌食或腹泻。一般情况下，7 天即可耐过。后备母猪、基础母猪及公猪表现腹泻或厌食，即可耐过。如果有发病史，可能有抵抗力，而不表现任何发病症状。目前商品疫苗效率不高。

此病的特点：新生仔猪死亡率高；没有实际有效的治疗方法；冬天、初春，尤其秋冬、冬春换季，天气骤变时易发。

1. 症状

本病潜伏期短，18~72 小时大部分猪感染发病，根据此特点可作为临床诊断的依据。仔猪：典型症状为短暂呕吐，水样黄色腹泻，脱水快，腹泻中常含有凝乳块，有恶臭味，2 周龄以下的仔猪高发病率、高死亡率。生长猪：表现为厌食，腹泻一至数天，伴有呕吐，不用药而耐过。母猪：少量母猪体温升高，无乳，呕吐，厌食，腹泻；大部分母猪症状轻微，无腹泻表现。后备公母猪与生长猪症状表现类似。

2. 防治

不引进带病种猪，做好消毒工作，冬季做好保暖，换季和气候突变时要特别注意防贼风，做好保温工作。按免疫流程做好疫苗注射工作。可采用中国农业科学院哈尔滨兽医研究所生产的传染性胃肠炎疫苗，务必按照说明使用，最好从母猪预防本病发生，也就是不要对仔猪进行该病疫苗的免疫注射。管理上执行全进全出。

如果发生了传染性胃肠炎，首先要确认发病群。如果是生长猪群，要严格进行隔离管理，做好其他猪舍的消毒和保温措施，尤其是产仔舍和母猪舍的管理一定要加强。如果是空怀和妊娠母猪群，采用投喂病料办法，使母猪尽快感染，并康复。控制本病进入产房。如果在产房发生，仔猪和母猪均有发生，此为最严重疫情。采取措施：2 周后产仔母猪接触病料（已感染猪的肠组织），以便于产生自然免疫；2 周以内产仔母猪，要提供好的环境条件和设施，加强管理，做好保温，提供无贼风、干燥环境，提供充足饮水和营养液。

在治疗方面，生长猪、后备公母猪、种公母猪均无须治疗。对仔猪治疗措施：提供 32 ℃的温暖环境，无贼风、干燥；提供干净饮水，提供电解质，如糖盐水等；减少饥饿，防止脱水，预防酸中毒；仔猪腹腔补液，链霉素治疗，有一定的效果。

（七）猪副伤寒

猪副伤寒又称猪沙门氏菌病，是由沙门氏菌引起的仔猪传染病。急性病例为败血症变化，慢性病例为大肠坏死性炎症及肺炎。本病常发生于 6 月龄以下的猪，主要是

1~4月龄、体重10~15千克的猪多发，常呈散发性、有时呈地方性流行。主要传染来源是病猪及带菌猪（临床上健康猪的带菌现象相当普遍），通过粪尿把病原菌不断排泄到外界，污染环境，经消化道感染发病。传播的特征是由一个猪栏到另一个猪栏。本病一年四季均可发生，但以春冬气候寒冷多变时发生最多。仔猪饲养管理不当，圈舍潮湿、拥挤，仔猪缺乏运动，饲料单纯、缺乏维生素及矿物质或品质不良，突然更换饲料，气候突变，长途运输等都是发病的主要诱因。

1. 症状

本病可分为急性、亚急性和慢性。急性（败血型）：当机体抵抗力弱而病原体毒力又很强时，病菌感染后可能迅速发展为败血症，表现为体温突然升高达40.5~41.5 ℃，精神沉郁，不食，不爱活动；一般不见腹泻，发病3~4天后才出现水样、黄色粪便；耳尖、胸前和腹下及四肢末端皮肤有紫红色斑点；本病多数病程为2~4天，有的出现症状后24小时内死亡；发病率差别较大，但多在10%以下，死亡率很高。亚急性和慢性：亚急性和慢性是临床上常见的类型；病猪体温升高达40.5~41.5 ℃，精神不振，寒战，堆叠一起，眼有黏性或脓性分泌物，上下眼睑常被黏着；少数发生角膜混浊，严重发展为溃疡，甚至眼球被腐蚀；病猪食欲减退，初便秘后下痢，粪便呈水样淡黄色或灰绿色，恶臭；由于下痢，失水，很快消瘦；部分病猪在病的中、后期皮肤出现弥漫性湿疹，特别腹部皮肤，有时可见绿豆大、干枯的浆性覆盖物，揭开可见浅表溃疡；病程往往拖延2~3周或更长，最后极度消瘦，衰竭而死；死亡率低。有时病猪症状逐渐减轻但以后生长发育不良或经短期又复发。有的猪群发生所谓潜伏性"副伤寒"，小猪生长发育不良，被毛粗乱、污秽，体质较弱，偶尔下痢。体温和食欲变化不大，部分患猪突然症状恶化而引起死亡。

2. 防治

本病对应用于猪的大多数抗生素均具有抗药性，治疗的目的在于控制其临床症状到最低程度。发病时对易感猪群要进行药物预防，可将药物拌在饲料中，连用5~7天。治疗的药物有庆大霉素、诺氟沙星、环丙沙星、恩诺沙星、磺胺嘧啶、磺胺治菌磺等抗生素药。最好进行药敏试验，选择敏感药物。预防：1月龄以上哺乳或断奶仔猪，用仔猪副伤寒冻干弱毒菌苗预防，用20%氢氧化铝生理盐水稀释，肌注1毫升，免疫期9个月；口服时，按瓶签说明，服前用冷生理盐水稀释成每份5~10毫升，拌入料中喂服；或将每头猪用量疫苗稀释于5~10毫升冷开水中给猪灌服。改善饲养管理和卫生条件，消除引起发病的诱因，圈舍彻底清扫、消毒，特别饲料要干净，粪便堆积发酵后利用。

（八）仔猪白痢

主要由大肠杆菌属包括普通大肠杆菌、类大肠杆菌及副大肠杆菌等引起，是初生猪肠道内的各种条件致病的菌，上述细菌皆为革兰氏阴性，用2%福尔马林、3%苯酚等可迅速将其杀死。6~10日龄以内的仔猪发病最多，出生3天以内或30天以上的猪发病者较少见。主要经消化道感染。大肠杆菌是家畜肠道内的常在细菌，在正常的条件下不能致病，但在家畜机体抵抗力弱时引起仔猪下痢。因此，一切使仔猪抵抗力降低的因素都是促使本病发生的诱因。仔猪白痢一年四季都可发生，但以冬天、早春及夏天炎热时较多。

1. 症状

病初精神沉郁，体温升高，表现腹痛下痢，后期肛门失禁。粪便呈乳白色、黄绿色或灰白色，混有未消化的奶瓣并复有黏液、血丝和气泡，发出恶臭。下腹收缩，腰背拱起，常钻入垫草或母猪腹下，眼结膜潮红，体温下降，全身发冷，尾部、肛门被稀臭粪便沾污，常经2~3天死亡。

2. 预防

引起仔猪白痢的原因较多，必须采取综合性防治措施，才能获得良好效果。

做好母猪的饲养管理是防制仔猪白痢的重要环节，母猪选择不宜过肥或过瘦，防止近亲繁殖，最好避免在严寒和酷热季节产仔。合理调配饲料，尽可能多喂糖化饲料，适当补贴青饲料。保证母猪泌乳量平衡。母猪产前应逐渐减料，产后先给一些易消化的稀食并加喂青饲料，随着母猪的需要再逐渐增料。同时，要保持母猪乳房清洁，注意调教母猪在猪舍外排粪、排尿，适当运动，增强体质。

加强仔猪的饲料管理，提高其抗病能力，断乳后应给足够的饮水，合理配合饲料，如米粥、麸皮、胡萝卜并适量添喂骨粉、蛋壳粉、食盐等。同时适当增加运动。

改进猪舍和环境卫生，地面保持平整、干燥、清洁，墙壁不留缝隙、漏洞，圈门坚固耐用。猪舍要定期清扫、消毒，不使粪尿、污水积存，同时保持通风向阳，冬暖夏凉，冬季更要防止潮湿，勤换垫草。

仔猪出生后立即喂给0.1%高锰酸钾溶液2~3升。发现有仔猪下痢，应隔离治疗，加强护理，并做好消毒工作。

3. 治疗

一是磺胺脒0.5~1克，用水调成糊状，用小匙把药放于舌后半部使其咽下，每日2~3次。

二是呋喃西林0.1克，1天2次，连续3天，可加入骨炭末0.2克，或呋喃唑酮每千克体重5~10毫克，分2次1天服完。

三是土霉素或合霉素，连服2次，以后减半。

三、猪常见寄生虫病防治

（一）寄生虫病概述

家畜寄生虫病是由于寄生虫的侵袭并寄生在动物体表或体内造成的慢性消耗性疾病。有些动物不能靠自己采食为生，要生活在另一种动物身体上，直接从血液、体液或其他组织吸取营养来维持生活、发育和繁殖，并把一些有害的物质分泌出来，这样的生活是寄生生活，这种动物就是寄生虫，被寄生的动物叫宿主；由寄生虫引起的动物疾病称为寄生虫病。寄生虫病分为内、外寄生虫病两种。

1. 寄生虫病的为害

（1）影响家畜健康 寄生虫通过剥夺宿主营养、入侵和移行造成损伤，挤压占位性病变，分泌排泄产物的毒害反应等方式妨害牲畜的代谢、生长、发育和繁殖。

（2）造成经济损失 寄生虫病使畜禽产肉、产奶、产毛或产蛋性能下降，幼畜发育迟缓，皮张质量降低，畜禽死亡率增加，同时因每年防治寄生虫病还要耗费大量的资金和人力。

（3）**妨害公共卫生** 人畜共患的寄生虫病，如猪囊虫病、肝包虫病、血吸虫病等对人体健康有很大的为害。

2. 家畜寄生虫病的综合防治

加强饲养管理、改善卫生条件、增强动物抵抗力是预防寄生虫病的重要手段。具体的防治措施有以下几条。

一是药物驱虫，对有病的感染动物采用治疗性投药，或采用预防性投药，即在可能感染的动物群体全面（盲目）投药，以达到预防发病的目的。

二是在外界环境中采取措施控制和消灭寄生虫卵和幼虫的传播媒介，如及时清扫棚圈、畜舍中的粪便，堆肥发酵，杀灭病源。

三是处理患病脏器，中断感染环节，防止传播，如在屠宰场对有病的肝、肺器官进行无害化处理，杜绝随意抛弃，防止被狗摄食，造成棘球蚴病的发生。

四是定期，特别是在易发病的季节使用药物进行棚舍消毒，消灭蚊蝇，实施轮牧。放牧一般晚出早归，高山放牧，不要在低洼潮湿的草场放牧，以减少寄生虫虫卵从口吃入而发生寄生虫病。

五是加强饲养管理，注意家畜的营养需求，特别是蛋白质饲料及维生素、微量元素的补充。

（二）猪囊尾蚴病（米猪）

猪囊尾蚴病是一种人畜共患寄生虫病，猪囊尾蚴（幼虫）寄生于猪或人的肌肉中，为一个黄豆或米粒大小的乳白色囊泡，其内充满液体，在囊壁上可见一小白粒头节，多寄生于腹内侧肌肉，严重时可寄生于脑。猪带绦虫（成虫）寄生于人的小肠，虫体长2~4米，头节球形，与幼虫形态相同。节片700~1 000片，每一节片有一组生殖器官，孕节子宫每侧分枝7~13枝，成虫寿命25年。

成虫寄生于人的小肠中，孕节随粪便排出，孕节内含的虫卵到外界后就具备了感染力，被猪吃入后，六钩蚴从卵中逸出，进入血液随血液循环到全身各处，在肌肉中发育为囊尾蚴。人若吃入此病肉，囊尾蚴就可在小肠发育为猪带绦虫。人还可感染囊尾蚴病，其原因是误吃入虫卵或自身感染。

1. 症状

幼虫在体内移行时，损伤组织，当移行终点形成包囊后，致病作用就较轻，病状也不明显。若寄生于大脑或心肌上后致病性就较强，出现一定的病状。如猪严重感染后可发生贫血，肩胛部水肿，走路不稳，出汗如油。生前诊断较为困难，虫体寄生数量大时可在舌肌上检出，但检出率较低。死后主要依剖检，以股内侧肌、咬肌、肋间肌上寄生较多。

2. 防治

一是可用吡喹酮、阿苯达唑等，对猪囊尾蚴有效。

二是加强饲管，注意个人卫生。做到人有厕所、猪有圈，在牧区可挖深坑，另外吃肉一定要煮熟、炒熟，饭前便后要洗手。

三是严格执行肉品卫生检验制度：检疫肉中40厘米^{2}内有3个以上的虫体，就要经工业炼油或销毁。

四是大力进行科普宣传，提高道德品质，要做到定点屠宰，集中检疫。

（三）猪蛔虫病

蛔虫病是世界性分布，主要为害幼畜，可引起发育不良，严重者死亡。猪蛔虫病是一种感染普遍为害极严重的线虫病，主要为害 3~6 月龄的仔猪，造成僵猪，严重者发生死亡。

本病一年四季都可发生，且是只要有猪就有猪蛔虫病，特别在卫生条件差、散养地区的发病率高。

1. 症状

以 3~6 月龄的仔猪比较严重，成年猪一般为带虫者。幼虫可引起猪咳嗽、体温升高、食欲减退、呼吸迫促等。引起仔猪消瘦，发育停滞伴有拉稀、流涎、呕吐等症状，成为僵猪或发生死亡。同时寄生虫的侵入打开了传染病的大门，引发猪喘气病、猪流感等，发病率大且加重症状。成虫寄生数量少时，为害较轻，一般症状不明显，多数猪成为带虫者。但若寄生数量大时，猪生长缓慢或停滞，消化不良，阻塞肠道时表现为疝痛或右肠破裂而死亡。胆道寄生蛔虫时常体温升高，食欲废绝，腹部剧痛，四肢乱蹬，多数致死；胃部寄生蛔虫时，由于刺激胃黏膜，而发生恶心、呕吐，能将虫体从口中吐出。

2. 防治

一是预防性驱虫，猪群不管大小定期用阿苯达唑、伊维菌素、哌嗪等药物驱虫，每 2 个月驱虫 1 次，连续 2 次以上，可使其感染率降低。

二是提高饲料中的维生素 A 和矿物质的分量，大小猪宜分群饲养。

三是搞好环境卫生，猪粪污物应置较远处发酵处理。

第七章　肉羊养殖技术

第一节　肉羊品种介绍

藏羊是青藏高原独有物种，青海是全国藏羊主产区，是青海省最重要的地方品种，养殖面广、历史悠久，饲养量占全国的40%以上，藏羊产业是青海农牧区的支柱产业和民生产业，发展潜力巨大。著名的"西宁毛"就产自高原型藏羊，是优良的地毯毛原料，其产值在全省畜牧业中占重要地位。持续推进藏羊产业绿色高质量发展，是助力乡村振兴战略的重要手段。

一、地方品种

（一）藏羊（西藏羊）

我国三大粗毛绵羊品种之一，主产地在青海、西藏、甘肃、四川和云贵等地，总数3 000多万只，青海将近1 200万只。依不同产地分为高原型（草地型）藏羊、山谷型藏羊、欧拉型藏羊3种。

1. 草地型藏羊

分布广、数量大，约占青海省藏羊总数的91.4%，是青海省藏羊的主体，主要分布在海北州、海西州、海南州、黄南州、玉树州、果洛州的广阔高寒牧区。其中以海北州的祁连县、海西州的天峻县、海南州的兴海县、贵南县、同德县以及果洛州的玛多县和玉树州的曲麻莱县北部地区的藏羊毛质较好，产毛最较高。公、母羊均有角，角向外上方呈螺旋状弯曲。头呈三角形，鼻梁隆起，体躯几乎呈长方形。毛色多为白色，头肢杂色者多。

2. 山谷型藏羊

分布在青海省的昂谦县、斑马县及东部湟水谷地。体格较小，公羊有角，母羊多数无角，体躯较短，四肢较矮，毛色较杂，受蒙古羊影响较多，加之中华人民共和国成立后青海省内绵羊改良事业的发展，现在多已成为改良杂种羊或蒙藏混血羊，典型的山谷型藏羊已为数很少。

山谷型藏羊成年公羊体重平均为50.8千克，母羊为38.5千克。剪毛量成年公羊平均为1.42千克，母羊为1千克。繁殖力不高，母羊每年产羔1次，每次产羔1只，双羔率极少。屠宰率43.0%~47.5%。

3. 欧拉羊藏羊

主要分布在河南县和久治县的大部分地区，占青海省藏羊总数的5%。欧拉羊藏羊体格大，头稍长，呈锐三角形，鼻梁隆起，公、母羊绝大多数都有角，角形呈微螺旋状向左右平伸或略向前，尖端向外。头肢多杂色，颈胸部多数着生黄褐色长毛，体躯多无毛辫结构，背腰平直，胸、臀部发育良好。四肢高而端正，尾呈扁锥形，尾长 13~20 厘米。被毛纯白者不多。全白者占 0.67%，体白者占 11.95%，体杂者占 86.44%，全黑者占 0.94%。

欧拉型藏羊成年公羊 65.81 千克，母羊 47.68 千克，剪毛量成年公羊平均为 1.31 千克，成年母羊为 0.84 千克，生长发育快，肉脂性能好。秋肥时羯羊宰前活重 76.55 千克，胴体重 35.18 千克，屠宰率平均为 50.18%。

（二）青海高原半细毛羊

1. 培育

于 1987 年育成，经青海省政府批准命名，是"青海高原毛肉兼用半细毛羊品种"的简称。育种基地主要分布于青海省的海南州、海北州和海西州的河卡种羊场，英德尔种羊场，海晏县、乌兰县巴音乡、都兰县巴隆乡和格尔木市乌图美仁乡等地。产地地势高寒，冬春营地在海拔 2 700~3 200 米，夏季牧地在 4 000 米以上。因地区不同，年平均气温为 0.3~3.6 ℃，最低月平均温度（1 月）为 13.0~20.4 ℃，最高月均温度（7 月）为 11.2~23.7 ℃。年相对湿度为 37%~65%，年平均降水量 42~434 毫米，枯草期 7 个月左右，羊群终年放牧。

2. 生产性能

成年公羊剪毛后体重 70.1 千克，成年母羊 35.0 千克。剪毛量成年公羊 6.0 千克，成年母羊 3.1 千克，净毛率 60.8%。成年公羊羊毛长度 11.7 厘米，成年母羊 10.0 厘米，羊毛细度 50~58 支，以 56~58 为主支。羊毛弯曲呈明显或不明显的波状弯曲。油汗多为白色或乳黄色。公母羊在 1.5 岁第一次配种，多产单羔，繁殖成活率 65%~75%。成年羯羊屠宰率 48.69%。该品种羊对青藏高原严酷的生态环境适应性强、抗逆性好。

（三）青海细毛羊

1. 培育

是自 20 世纪 50 年代开始，由位于青海省刚察县境内的青海三角城种羊场以新疆细毛羊、高加索细毛羊、萨尔细毛羊为父系，西藏羊为母系，进行复杂杂交于 1976 年育成，全名为"青海毛肉兼用细毛羊"。

2. 生产性能

成年公羊剪毛后体重 72.2 千克，成年母羊 43.0 千克；成年公羊剪毛量 8.6 千克，成年母羊 5.0 千克，净毛率 47.3%；成年公羊羊毛长度 9.6 厘米，成年母羊 8.7 厘米；羊毛细度 60~64 支；产羔率 102%~107%，屠宰率 44.41%。

3. 适应性

青海细毛羊体质结实，对高寒牧区自然条件有很好的适应能力，善于登山远牧、耐粗放管理，在终年放牧冬春少量补饲情况下，具有良好的忍耐力和抗病力，对海拔 3 000 米左右的高寒地区有良好的适应性。

二、引入品种

（一）小尾寒羊

小尾寒羊属短脂尾，肉、裘兼用优良品种。生长发育快，繁殖率高，产肉性能较好。小尾寒羊体质结实，鼻梁隆起，耳大下垂；公羊有大角，呈三棱螺旋状，母羊无角或小角各半。被毛多为白色，少数在头部及四肢有黑褐色斑点、斑块；成年公羊体重94.15千克，母羊48.75千克；屠宰率为55.6%，净肉率为45.89%。该品种性成熟早，产地的小尾寒羊公羊7~8月龄可配种，母羊5~6月龄即可发情，当年可产羔。可1年2产或2年3产，一胎在2羔以上，最多可产7羔，产羔率为240%。

（二）无角陶赛特羊

无角陶赛特羊是在澳大利亚和新西兰用有角陶赛特羊与考力代羊或雷兰羊杂交，然后回交保持有角陶赛特羊的特点，属肉用型羊。具有生长发育快、易育肥、肌肉发达良好、瘦肉率高的特点。在新西兰，用其作为生产反季节羊肉的专门化品种。

该羊光脸，羊毛覆盖至两脸连线；耳中等大，体躯长，宽而深，肋骨开张良好，肌肉丰满，后躯发育良好，全身白毛，成年公羊体重90~110千克，成年母羊65~75千克，成年母羊净毛量2.3~2.7千克，毛长8~10厘米，细度56~58支，母羊四季发情，产羔率110%~130%，4~6月龄肥羔体重可达38~42千克，胴体重公羊19~21千克。

（三）萨福克羊

萨福克羊产于英国英格兰东南部的萨福克、诺福克等地。该羊早熟，生长发育快，产肉性能好；体格大，头短而宽，公、母羊均无角；颈短粗，胸宽，背腰和臀部长宽而平；肌肉丰满，后躯发育良好，四肢粗壮结实；头和四肢为黑色，被毛有有色纤维。成年公羊体重90~100千克，母羊65~70千克；4月龄公羔胴体重24.2千克，母羔19.7千克。成年公羊净毛量2.5~3千克，母羊1.8~2.4千克；羊毛长度7~8厘米，羊毛细度56~58支。产羔率141.7%~157.7%。

（四）特克塞尔羊

该羊原产于荷兰，早熟，耐粗饲，适应性强，特别是对寒冷气候有较强的适应性。体格较大，公、母羊均无角；胸圆、背平，体躯肌肉丰满，眼大而突出；鼻镜、眼圈部皮肤及蹄壳为黑色。成年公羊体重115~130千克，母羊75~80千克；成年公羊净毛量2.5千克，母羊2.7千克；羊毛长度10~15厘米，羊毛细度50~60支。羔羊发育快，4月龄公羔胴体重40千克，6~7月龄达50~60千克，屠宰率55%~60%，产羔率150%~160%。

第二节　羊饲养管理技术

一、羊的生活习性

（一）合群性好

羊的群居行为很强，很容易建立起群体结构。主要通过看、听、嗅、触等感官活动来传递和接收信息，以保持和调整成员之间的活动。头羊和群体内的优胜序列有助于维系此结构。在羊群中，通常是原来熟悉的羊只形成小群体，小群体再构成大群体。应注意，经常掉队的羊，往往不是因病、老、弱或怀孕而跟不上羊群。子孙较多的老母羊往往是头羊。

（二）食物谱广

羊的颜面细长，嘴尖，唇薄齿利，上唇中央有一中央纵沟，运动灵活，下颚门齿向外有一定的倾斜度，对采食地面低草、小草、花蕾和灌木枝叶很有利，对草籽的咀嚼也很充分，素有"清道夫"之称。因为羊只善于啃食很短的牧草，故可以进行牛羊混牧，或不能放牧马、牛的短草牧场也可放羊。

（三）喜干厌湿

"羊性喜干厌湿，最忌湿热湿寒，利居高燥之地"，说明养羊的牧地、圈舍和休息场所都以高燥为宜。如久居泥泞潮湿之地，则羊只易患寄生虫病和腐蹄病，甚至毛质降低，脱毛加重。

（四）嗅觉灵敏

羊的嗅觉比视觉和听觉更灵敏，这与其发达的腺体有关。其具体作用表现在以下3个方面。

（1）靠嗅觉识别羔羊　羔羊吸吮时，母羊总要先嗅一嗅其臀尾部，以辨别是不是自己的羔羊，利用这一点可在生产中寄养羔羊，即在被寄养的孤羔和多胎羔身上涂抹保姆羊的羊水和尿液，寄养多会成功。

（2）靠嗅觉辨别植物种类或枝叶　羊在采食时，能依据植物的气味和外表细致地区别出各种植物或同一植物的不同品种（系），选择含蛋白质多、粗纤维少、没有异味的牧草采食。

（3）靠嗅觉辨别饮水的清洁度　羊喜欢饮用清洁的流水、泉水或井水，而拒绝饮用污水、脏水等。

（五）善于游走

游走有助于增加放牧羊只的采食空间，特别是牧区的羊终年以放牧为主，需长途跋涉才能吃饱喝好，故常常一日往返里程达6~10千米。

（六）神经活动

绵羊性情温顺，胆小易惊，反应迟钝，易受惊吓而出现"炸群"。绵羊无自卫能力，四散逃避，不会联合抵抗侵害。

（七）适应能力

适应性是由许多性状构成的一个复合性状，主要包括耐粗、耐渴、耐热、耐寒、抗病、抗灾度荒等方面的表现。

（1）耐粗性　羊在极端恶劣的条件下，具有令人难以置信的生存能力，能依靠粗劣的秸秆、树叶维持生活。

（2）耐渴性　羊的耐渴性较强，尤其是当夏秋季缺水时，能在黎明时分，沿牧场快速移动，用唇和舌接触牧草，以搜集叶上凝集的露珠。

（3）耐热性　由于羊毛有绝热作用，能阻止太阳辐射热迅速传到皮肤，所以较能耐热。绵羊汗腺不发达，蒸发散热主要靠呼吸，其耐热较差，故当夏季中午炎热时常发生停食、喘气和"扎窝子"等现象。

（4）耐寒性　绵羊由于有厚密的被毛和较多的皮下脂肪，可以减少体热散发，故耐寒性高。

（5）抗病力　放牧条件下的各种羊，只要能吃饱饮足，一般全年发病较少。

（6）抗灾度荒能力　指羊只对恶劣饲料条件的忍耐力，除与放牧采食能力有关外，还决定于脂肪沉积能力和代谢强度。公羊因强悍好斗，异化作用强，配种时期体力消耗大，如无补饲条件，则损失比例要比母羊大，特别是育成公羊。细毛羊因羊毛需要大量的营养物质，而又因被毛的负荷较重，故易乏瘦，其损失比例明显较粗毛羊大。

二、羊的饲养管理

（一）种公羊的饲养管理

种公羊饲养管理的好坏，直接影响到整个羊群的繁殖及后代生产性能的优劣。因此，种公羊的饲养应维持中上等膘情，以常年保持体质健壮、精力充沛、性欲旺盛为原则。配种季节前后，应保持较好膘情，使其配种能力强，精液质量好，以充分发挥种公羊的作用。种公羊的饲料要求营养价值高、有足量优质的蛋白质、维生素和矿物质，且易消化，适口性好。常用的粗饲料有青干草、苜蓿干草等；精饲料有燕麦、小麦、豌豆、大豆、玉米、麻渣等；多汁饲料有胡萝卜、甜菜、青贮饲料等。

（1）常年放牧的种公羊　在冬春季节，除放牧外每只每天喂优质干草1~2千克，青贮饲料1~2千克，精饲料0.5千克，胡萝卜0.5千克，食盐10克，每日饮水3次。在夏秋季节应以放牧为主，每只每天可补混合饲料0.5千克。配种前约1.5个月是配种准备期，酌情增加精饲料，按配种期喂给量的60%~70%补给，逐渐增加到配种期精饲料的喂量。配种期的日粮大致为：精饲料1.2~1.4千克、苜蓿干草1~2千克、胡萝卜0.5~1.5千克、食盐15~20克。精饲料喂量应根据公羊的个体重、精液质量和体况酌情增减。

（2）舍饲的种公羊　非配种期每日饲喂混合精饲料1千克左右，干草2~2.5千克，多汁饲料1~1.5千克；配种期每日饲喂青绿饲料1~1.3千克，混合精饲料1~1.5千克，优质青干草2~2.5千克；配种后期逐渐降低饲料水平。此外，配种公羊饲养应以放牧和舍饲相结合，配种期种公羊应加强运动，以保证种公羊能产生质量优良的精液。

（二）繁殖母羊的饲养管理

繁殖母羊要常年保持良好的饲养管理条件，以便顺利地完成发情、配种、妊娠、泌乳和提高生产性能等任务。

根据测定，胎儿在妊娠前期的重量仅为初生重时的10%，其余90%是在母羊妊娠后期增加的。当母羊妊娠2个月以上时，必须通过及早增加精饲料来提高营养水平。在妊娠前期，一般情况下放牧即可满足营养需要，但在枯草季节放牧不足时，需要补充一些粗饲料；妊娠后期，随着胎儿增长速度加快及母羊体内营养储备有限，单靠放牧不能满足营养需要时，应给予补饲，每日每只补饲混合精饲料 0.3 千克、干草 1.5 千克、青贮饲料 1 千克、胡萝卜 0.5 千克、食盐 12 克。此外，妊娠期一定要注意保胎，不要让羊采食霜草或霉变、腐烂饲料，不饮冰水，出牧收牧都要慢而稳，防挤、防跌、防滑，放牧地区要平坦，羊舍要保温、干燥，通风良好。

母乳是羔羊生长发育最主要的营养来源，特别是产后 15~20 天内，几乎是羔羊唯一的营养来源。实践证明，母羊奶多、羔羊发育就好、抗病能力强，成活率高。如果母羊营养不能满足需要，哺乳母羊不仅会很快消瘦、泌乳量迅速下降，而且还会给羔羊的发育带来严重的影响。所以，在哺乳前期，为了使母羊有足够的母乳哺育羔羊，要给母羊充足的营养。通常对产羔的母羊，每日补充混合精饲料 0.3~0.5 千克、干草和苜蓿干草 0.5 千克、多汁饲料 1.5 千克。对哺乳期母羊和羔羊，在产后 1 周内应当舍饲或在较近的优质草场上放牧，1 周后逐渐延长放牧时间；哺乳母羊要注意防止乳腺炎和消化不良的发生；在断奶前 1 周要减少母羊的多汁饲料、青贮饲料和精饲料的饲喂量。

舍饲繁殖母羊，除按饲养标准进行饲养外，注意增加户外运动，以免因运动不足而发生难产。

（三）育成羊的饲养管理

育成羊是指羔羊断奶以后到第一次配种前的青年羊。羔羊断奶后最初几个月内，生长速度快，应根据生长速度，结合饲养标准，分别组成公母育成羊群，结合不同的营养水平。否则，会由于育成期的营养不良，影响羊一生的生产性能，如形成腿高、体窄、胸浅、体重小等，甚至使性成熟推迟，不能按期配种，降低生产价值。放牧时距离不能太远，冬春季节除放牧外，要补饲干草、青贮饲料、多汁饲料、食盐和水。

（四）羔羊的饲养管理

羔羊的饲养管理是指出生至断奶前的饲养管理。在羔羊饲养管理中，特别要强调的是羔羊出生后要尽快吃到初乳（初乳是指母羊产后 3~5 天内分泌的乳汁），这对增强羔羊体质、抵抗疾病、排出胎粪有重要的意义。如果母羊产后泌乳量少时，羔羊缺奶直接影响生长。应对措施：加强母羊的饲养管理，多喂一些优质干草和精饲料，促使其多产奶；为缺奶羊或找不到保姆的羔羊补喂羊奶、牛奶，并注意新鲜清洁，做到定时、定量和定温。奶温以 38~40 ℃为宜，最初每日喂 4~5 次，每次喂 150~200 毫升，以后减少喂奶次数，增加喂奶量。奶瓶必须随时进行热水煮沸消毒，保持清洁卫生，否则容易引起羔羊下痢；对严重缺奶的羔羊可配认义母代哺，方法是将奶多的母羊作保姆，将其乳汁或尿液涂于羔羊臀部，并关在一起，隔一段时间，羔羊即可顺利哺乳。

羔羊在整个生长发育过程中，有 3 个关键时期，即哺乳期、离乳期和第一个越冬期，这 3 个时期的饲养的管理水平，直接影响到羔羊终生的发育。因此，除了给初生羔羊喂好奶外，还应训练羔羊在生后 15~20 天学会吃青干草，可在羊圈内挂草把子，任羔羊采食。混合精饲料放在食槽内与粉碎的青干草、胡萝卜等混合饲喂。20 日龄的羔羊每日可饲喂 200 克，同时可混入少量食盐和骨粉。羔羊提前补饲有利于生长发育，使其提早反刍，促进瘤胃机能和肠胃体积增大，增加腺体分泌，提高消化机能。羔羊一般在 90 天断奶，个体体弱或留作种用的羔羊可在 120 天左右断奶，断奶后将公母羊分开管理，避免杂交乱配，造成羊群退化，并且选择草质好的地方放牧，除补给优质干草外，必须注意补给精饲料。

三、绵羊的育肥技术

（一）羔羊育肥技术

（1）羔羊育肥的优点　生产周期短、生长迅速、饲料报酬高、便于组织专业化、集约化生产。羔羊肉鲜嫩多汁、瘦肉多、脂肪少、膻味轻、味鲜美、容易消化吸收，故深受消费者喜爱。羔羊全年屠宰利用，不仅可提高羔羊的出栏率、出肉率和商品率，同时能减轻越冬度春掉膘或死亡损失。

羔羊育肥任何一种谷粒都可使用，但育肥效果最好的是玉米等高能量饲料。谷粒不破碎饲喂时饲料转化率高、胃肠疾病少。

（2）饲料配方　整粒玉米 83%、豆粕（豌豆）15%、石灰石粉 1.4%、食盐 0.5%、微量元素和维生素 0.1%。具体见表 7-1。

表 7-1　不同时期育肥羔羊的饲料配方　　　　　　　　　　　　　　单位：%

饲料种类	育肥前期	中期	后期
豆粕（豌豆）	30	25	20
麦麸	15	15	15
玉米	55	60	65

（二）育肥羊的育肥技术

以放牧育肥为主的绵羊育肥，要抓紧夏秋季节牧草茂密、营养价值高的大好时机，充分延长每日有效放牧时间。

由放牧转入舍饲的育肥羊，要经过一段时间的过渡期，一般为 3~5 天，在此期间只喂草和饮水，之后逐步加入精饲料，由少到多，再经过 5~7 天，则可加到育肥计划规定的育肥阶段的饲养标准。

在饲喂过程中，应避免过快地变换饲料和饲料类型。用一种饲料代替另一种饲料，一般在 3~5 天内先替换 1/3，再过 3 天替换 2/3，然后再全部替换掉。用粗饲料替换精饲料，替换的速度要更慢一点，一般 10 天左右完成。

供饲喂用的各种青干草和粗饲草要铡短，块根块茎饲料要切片，饲喂时要少喂勤添，精饲料的饲喂每天可分两次投料。用青贮、氨化秸秆饲料喂羊时，喂量由少到多，逐步代替其他牧草，当羊群适应后，每只成年羊每天喂量不应超过下列指标：青贮饲料 2~3 千克、氨化秸秆 1~1.5 千克。凡是腐败、发霉、变质、冰冻及有毒有害的饲草饲料一律不准饲喂育肥羊；育肥羊每天都要饮足清洁饮水。

（1）日采草量　干草 1~2 千克或绿草或青饲料 3.5~4 千克。草与料之比为 7：3。

育肥羊的圈舍应清洁干燥、空气良好、挡风遮雨，同时要定期清扫消毒，保持圈舍安静，防止惊扰羊群。

（2）育肥羊的饲料配方　以 100 千克计算，麻渣 20 千克，炒豌豆 5 千克，麸皮 15

千克，小麦、玉米、青稞或燕麦 59 千克，青盐 1 千克，添加剂适量。蛋白质与能量饲料的比例：蛋白质饲料 20%～30%，能量饲料 70%～80%。

（三）标准化育肥技术

按照肉羊标准化养殖技术规定，商品肉羊饲喂平均每只每日精饲料 0.5～1 千克，标准补料中粗蛋白质含量大于 15%，浓缩料比例不能小于 30%，青干草 0.5 千克、青贮草 1.5～2 千克，商品肉羊日饲喂标准精补料精饲料粗饲料比例为 4∶6。

第三节　羊疫病防治

一、传染病防治概述

见第六章第五节"猪疫病防治"。

二、常见传染病防治

（一）口蹄疫

口蹄疫的为害、症状、防控及防治技术措施见第六章第五节"猪疫病防治"。

（二）羊快疫

本病病原为腐败梭菌，是发生于绵羊的一种急性传染病。特征是发病突然、病程极短、真胃出血、炎性损害。

（1）症状　发病突然，不见症状，在放牧或早晨死亡。急性病羊表现为不愿行走，运动失调，腹围膨大，有腹痛、腹泻、磨牙、抽搐，最后衰弱昏迷，口流带血泡沫。多在数分钟至几小时死亡，病程极为短促。

（2）防治　该病以预防为主。用羊四联苗每年春季预防注射。羊以舍饲为好，防止放牧时误食被病菌污染的饲料和饮水。注意舍内的保暖通风，饲料更换时要逐渐完成，不要突然改变。病羊可肌注青霉素每次 80 万～160 万单位，首次剂量加倍，每天 3 次，连用 3～4 天。

（三）羊猝狙

该病是由 C 型魏氏梭菌所引起的一种毒血症，以急性死亡、腹膜炎和溃疡性肠炎为特征。

（1）症状　C 型魏氏梭菌随饲草和饮水进入消化道，在小肠的十二指肠和空肠内繁殖，产生毒素引起发病。病程短，未见症状突然死亡，有时病羊掉群、卧地、表现不安、衰弱或痉挛，数小时内死亡。

（2）防治　同羊快疫。

（四）羊肠毒血症

羊肠毒血症主要是绵羊的一种急性毒血症。病原为魏氏梭菌，由 D 型魏氏梭菌在羊肠道中大量繁殖产生毒素引起，常称为"软肾病""类快疫"。本病发生有明显的季节性和条件性，多发于春末夏初青草萌发和秋季牧草结籽后的一段时期，羊吃了大量的菜叶菜根时发病，常见于 3~12 月龄膘情较好的羊。

（1）症状　本病的症状可见 2 种类型：一类以抽搐为特征，羊在倒毙前，四肢强烈划动，肌肉颤搐，眼球转动，磨牙，2~4 小时内死亡；另一类以昏迷和静静死亡为特征，可见病羊步态不稳，以后卧地，并有感觉过敏，流涎，上下颌"咯咯"作响，继而昏迷，角膜反射消失，有的可见腹泻，3~4 小时内静静地死去。病变常见于消化道、呼吸道、心血管系统，心包内可见 50~60 毫升的灰黄色液体和纤维素絮块，肺充血水肿，肾脏像脑髓软化，肠道某些区段急性发红。

（2）防治　发病时立即转移牧场。每年注射"羊快疫、猝狙、肠毒血症、羔羊痢疾"四联苗。加强饲养管理，在夏初应减少抢青，在秋末尽量到草黄较迟的地方放牧，在农区要减少投喂菜根、菜叶等多汁饲料。用抗生素结合强心、镇静类药物等对症治疗。可灌服 10% 石灰水，大羊 200 毫升、小羊 50~80 毫升。

（五）羔羊痢疾

羔羊痢疾是影响羔羊成活率和生长发育的一种常见疾病。发病原因很多，主要为大肠杆菌、沙门氏杆菌、肠球菌和饲养条件等因素。羔羊的抵抗能力较差，病菌最易侵染，多以 7 日龄以内的羔羊为主。传播源为病羔羊粪便，经消化道、脐带和创伤感染，潜伏期一般为 1~2 天，有的出生几小时。因病原菌不同而异。

（1）症状　病初垂头弓背，不吃奶，随即腹泻，有的粥状，有的水样，颜色有绿色、黄绿色、灰白色等，并有恶臭味，体温升高 39.5 ℃，后期肛门失禁，粪中带血。眼窝下陷，被毛粗乱，身体震颤、哀叫，衰竭而死亡。死检主要表现为肠道可见出血性炎症，肠黏膜溃疡和坏死，溃疡面大小不一，部位不定，可见于大肠，有的在小肠。应采刚死亡的病羔肠内容物、肠系膜淋巴结、心血等，做微生物学检查以确定病原。

（2）防治　一是加强饲养管理，提高母羊膘情，使之产羔壮实，增强抗病力。二是搞好羊舍卫生，定期有 10%~20% 石灰乳或 5%~10% 漂白粉溶液喷洒羊舍及周围环境。保持羊舍干燥、温暖，做好接羔工作，保证适时哺乳。三是常发地区可于产前给母羊注射羔羊痢疾菌苗，羔羊出生后 12 小时内，可口服土霉素预防，每天 1 次，每次 0.15~0.2 克，连服 3~5 天。四是精心护理，在搞好保温和哺乳的基础上，用磺胺咪 0.5 克、鞣酸蛋白 0.2 克、恩诺沙星 0.5 克等药物治疗。

（六）绵羊痘、山羊痘

绵羊痘和山羊痘分别是由痘病毒科羊痘病毒属的绵羊痘病毒、山羊痘病毒引起的绵羊和山羊的急性、热性、接触性传染病。世界动物卫生组织将其列为必须报告的动物疫病，我国将其列为一类动物疫病。病羊是主要的传染源，主要通过呼吸道感染，也可通过损伤的皮肤或黏膜侵入机体。饲养和管理人员，以及被污染的饲料、垫草、用具、皮毛产品和体外寄生虫等均可成为传播媒介。在自然条件下，绵羊痘病毒只能使绵羊发病，山羊痘病毒只能使山羊发病。本病传播快、发病率高，不同品种、性别和年龄的羊均可感染，羔羊较成年羊易感，细毛羊较其他品种的羊易感，粗毛羊和土种羊有一定的抵抗力。本病一年四季均可发生，我国多发于冬春季节。该病一旦传播到无本病地区，易造成流行。

（1）症状　本病的潜伏期为 21 天。病羊体温升至 40 ℃以上，2~5 天后在皮肤上可见明显的局灶性充血斑点，随后在腹股沟、腋下和会阴等部位，甚至全身，出现红斑、丘疹、结节、水泡，严重的可形成脓包。欧洲某些品种的绵羊在皮肤出现病变前可发生急性死亡；某些品种的山羊可见大面积出血性痘疹和大面积丘疹，可引起死亡。一过型羊痘仅表现轻微症状，不出现或仅出现少量痘疹，呈良性经过。咽喉、气管、肺、胃等部位有特征性痘疹，严重的可形成溃疡和出血性炎症。

（2）预防　以免疫为主，采取"扑杀与免疫相结合"的综合性防治措施。羊舍、羊场环境、用具、饮水等应定期进行严格消毒；按操作规程和免疫程序进行免疫接种，建立免疫档案。

（七）小反刍兽疫

小反刍兽疫是由小反刍兽疫病毒（PPRV）引起的山羊和绵羊的急性、接触性传染病。世界动物卫生组织将其列为必须报告的动物疫病，我国将其列为一类动物疫病。《国家中长期动物疫病防治规划（2012—2020 年）》将其列为重点防范的外来动物疫病。

（1）症状　山羊临床症状比较典型，绵羊症状一般较轻微。突然发热，第二至第三天体温达 40~42 ℃高峰。发热持续 3 天左右，病羊死亡多集中在发热后期；病初有水样鼻液，此后变成大量的黏脓性卡他样鼻液，阻塞鼻孔造成呼吸困难。鼻内膜发生坏死。眼流分泌物，遮住眼睑，出现眼结膜炎；发热症状出现后，病羊口腔内膜轻度充血，继而出现糜烂。初期多在下齿龈周围出现小面积坏死，严重病例迅速扩展到齿垫、硬腭、颊和颊乳头以及舌，坏死组织脱落形成不规则的浅糜烂斑。部分病羊口腔病变温和，并可在 48 小时内愈合，这类病羊可很快康复；多数病羊发生严重腹泻或下痢，造成迅速脱水和体重下降。怀孕母羊可发生流产；易感羊群发病率通常达 60%以上，病死率可达 50%以上；特急性病例发热后突然死亡，无其他症状，在剖检时可见支气管肺炎和回盲肠瓣充血。

（2）病理变化　口腔和鼻腔黏膜糜烂坏死；支气管肺炎，肺尖性肺炎；有时可见坏死性或出血性肠炎，盲肠、结肠近端和直肠出现特征性条状充血、出血，呈斑马状条纹；有时可见淋巴结特别是肠系膜淋巴结水肿，脾脏肿大并可出现坏死病变；组织学上可见肺部组织出现多核巨细胞以及细胞内嗜酸性包含体。

（3）预防　饲养管理易感动物饲养、生产、经营等场所必须符合《动物防疫条件审查办法》规定的动物防疫条件，并加强种羊调运检疫管理；羊群应避免与野羊群接触；各饲养场、屠宰厂（场）、交易市场、动物卫生监督检查站等要严格实施卫生消毒制度。

（4）监测　各级动物疫病预防控制机构应当加强小反刍兽疫监测工作，按照国家动物疫病监测计划要求开展监测。

（5）免疫　必要时，经农业农村部畜牧兽医局批准，可以采取免疫措施；与有疫情国家相邻的边境县，定期对羊群进行强制免疫，建立免疫带；发生过疫情的地区及受威胁地区，定期对风险羊群进行免疫接种。

三、常见寄生虫病防治

（一）寄生虫病概述

见第六章第五节"猪疫病防治"。

（二）肺线虫病

肺线虫病的病原在羊中有大型肺线虫（网尾线虫）和小型肺线虫（原圆科的一些线虫）两类。羊的肺线虫病主要发生在冬春季节，成年家畜的发病率高于幼畜。

（1）症状　咳嗽，气喘，消瘦，贫血，被毛粗乱，前胸及四肢下部水肿，继发肺炎时伴有发热，如与消化道线虫混合感染则多发生腹泻，常因窒息或衰竭死亡。

（2）防治　可采用常规驱线虫药，如左旋咪唑、阿苯达唑及阿维菌素口服或注射，也可用左旋咪唑饮水给药或气雾给药。为预防继发感染，可配合使用抗生素。

（三）肝片吸虫病

肝片吸虫病是肝片吸虫寄生在羊等反刍动物肝脏胆管所致的疾病。猪、马、兔和人也可感染，是一种人畜共患的寄生虫病。本病常呈地方性流行，多发于夏秋季节。

（1）症状　黄疸、消化紊乱、下颌部水肿，还可继发肝炎、胆管炎，导致腹水、中毒，严重感染时会引起牲畜大批死亡。慢性病畜因消瘦而严重影响生产性能，产毛量和乳产量下降，胴体重减轻。

（2）防治　应采取综合性防治措施。为预防感染，每年地面封冻前给羊投服驱虫药，常用硝氯酚等。对怀疑发病或带虫畜群的粪便进行堆积发酵，利用生物热杀灭虫卵。注意饲料和饮水卫生，尽量避免到低洼潮湿的河滩地放牧，饮水应选择流动的河水或泉水，以减少感染机会。

（四）棘球蚴病

棘球蚴病又称肝（肺）包虫病，是由细粒棘球绦虫蚴寄生在动物肝脏和肺脏而引起的一种人畜共患性寄生虫病。细粒棘球绦虫（成虫）寄生在犬、狼、狐等肉食动物小肠内，其幼虫寄生在牛、羊、猪、骆驼等多种动物肝脏和肺脏内。因此，本病不仅给畜牧业带来巨大经济损失，而且对公共卫生也有很大影响。

（1）症状　病畜消瘦，衰竭。当肝脏严重感染时，肝浊音区扩大，有压痛，消瘦，常发臌气，有的出现结膜黄染。当肺部严重感染时，病灶部叩诊呈浊音或半浊音，甚至出现咳嗽、呼吸困难等。当棘球蚴破裂时，病畜出现剧烈的过敏反应，甚至死亡。

（2）防治　应采取综合性防治措施。

对本病的为害及其对公共卫生的影响有充分认识；增强防病意识，养成吃饭前洗手的习惯；控制家犬数量，定期给家犬驱虫，投药后 2 天内的犬要拴养，掩埋或焚烧犬粪，第一次投药后 30~40 天可再次投药。

加强兽医卫生检验，妥善处理带有棘球蚴的脏器，严禁将病变脏器喂犬或随意抛弃。可用吡喹酮、氢溴酸槟榔碱或硫氯酚给犬定期驱虫。

（五）羊狂蝇蛆病

羊狂蝇蛆病是由寄生于羊的鼻腔及其附近窦腔内制发的一种蝇蛆病。其特征为慢性鼻炎、额窦炎，有时可出现神经症状。

（1）症状　成虫侵袭羊群时，羊惊恐不安，表现摇头、奔跑，将头鼻端靠近地面或掩藏在其他羊身下。幼虫进入鼻腔，并向鼻旁窦移行时，出现黏性或脓性鼻液，严重时鼻孔阻塞而出现呼吸困难、打喷嚏、摇头等症状。当幼虫侵入脑腔时，可出现摇头，运动失调，向左、向右旋转运动等神经症状。

（2）防治　每年夏秋季应定期用1%敌百虫溶液喷洒羊的鼻孔及附近部位。在幼虫移行入鼻腔后，可用敌百虫（0.05~0.1克/千克体重）或克洛森特（10毫克/千克体重）内服，还可用阿维菌素或碘硝酚治疗。

（六）羊外寄生虫病

羊外寄生虫病主要由羊蜱蝇、虱、蠕形蚤、硬蜱和螨引起。本病在多数羊之间直接传播，也有一些是通过羊舍、用具等间接传播。虱、羊蜱蝇、螨等外寄生虫在羊体上的寄生时间很长，而硬蜱、蠕形蚤只呈季节性侵袭羊体。在同一地区、同一羊群往往是数种外寄生虫同时侵袭而发病。

（1）症状　主要是皮肤瘙痒，脱毛，痂皮，溃疡，严重影响羊的采食和休息。病羊消瘦，贫血，甚至死亡。硬蜱还可传播焦虫病，螨病常引起皮下蜂窝织炎。

（2）防治　一是选用螨溴氰菊酯（0.03克/升）等杀虫剂进行药浴或喷淋，常在羊只剪毛后不久进行。二是口服或注射阿维菌素（0.2毫克/千克体重）、克洛森特（5毫克/千克体重）或碘硝酚（0.05毫克/千克体重）。

四、中毒病防治

（一）尿素中毒

1. 症状

当羊只吃下过量尿素时，经过15~45分钟即可出现中毒症状。表现为不安、肌内颤抖、呻吟，不久动作协调紊乱，步态不稳，卧地。急性情况下，反复发作强直性痉挛，眼球颤动，呼吸困难，鼻翼扇动，心音增强，脉搏快而弱，多汗，皮温不均。继续发展则口流泡沫状唾液，膨胀，腹痛，反刍及瘤胃蠕动停止。最后，肛门松弛，瞳孔放大，窒息而死。

2. 治疗

在中毒初期，为了控制尿素继续分解，中和瘤胃中所生成的氨，应该灌服0.5%的食用醋200~300 mL，或者灌给同样浓度的稀盐酸或乳酸；或给羊灌服1%醋酸200 mL，糖100~200 g加水300 mL，可获得良好效果。膨气严重时，可施行瘤胃穿刺术。

对症治疗，用苯巴比妥以抑制痉挛，静脉注射硫代硫酸钠以利解毒。

（二）有机磷药物中毒

有机磷药物是广泛应用的农作物杀虫剂和驱除家畜内外寄生虫的驱虫剂，最常用的有敌百虫、乐果、甲拌磷等。家畜误食拌过农药的种子，驱除外寄生虫时药液浓度过大，涂布面积过广或驱除内寄生虫时药量过大，都可发生中毒。

（1）症状　有明显的兴奋不安，甚至出现冲撞蹦跳，全身肌肉震颤，步态不稳，最后倒地不起，窒息死亡。

（2）防治　做好农药的保管和使用，春季作物播种后。将散养家畜收圈饲养，以防食入拌药的种子。治疗内外寄生虫时，应掌握好药量及浓度。

发现中毒家畜，应尽早使用特效解毒药解磷定和阿托品。

（三）腐败饲草饲料中毒

饲草、饲料发霉变质后，霉菌大量繁殖，并产生毒素，当家畜采食了这种发霉变质的饲草、饲料后，会中毒。

（1）症状　怀孕羊流产或早产，或生下的羔羊发育不良，生命力不强，最后全部死亡。产奶量下降。急性中毒病畜除上述症状外，还有呼吸困难，全身肌肉震颤，角弓反张等。羔羊中毒后多呈急性经过，并有失明，角弓反张等症状，有时表现腹泻和便血等。

（2）防治　一旦发现中毒病畜，立即对症治疗，停喂霉败饲草料。平时保持饲草料的干燥，防止发霉，绝对不能喂已霉变的饲草料。

（四）菜籽饼中毒

榨油副产品菜籽饼（麻渣）是一种优质蛋白质饲料，但其中含有多种有毒物质，主要有毒成分是芥子苷，在胃肠道内受芥子酶的作用而变成丙烯基，强烈刺激胃肠道黏膜而引起胃肠炎。

（1）症状　食欲消失，反刍停止，流涎，腹痛、腹泻，有的粪中带血，或尿血症状。心跳加快，呼吸困难，体温降低。重者昏迷，全身出汗，虚脱而死亡。慢性病例，常有真胃炎，排黑色稀粪（剖检血液呈油状，凝固不良）。

（2）防治　发现中毒，立即停喂菜籽饼。对急性中毒的病畜无特效解毒方法。主要进行对症治疗。

预防此病的关键是将菜籽饼脱毒后饲喂。常用两种脱毒方。一是坑埋法，将菜籽饼埋入约 1 米³ 的土坑内，上面盖上薄土层，经 2 个月后挖出再喂。二是浸泡蒸煮法，这是一种广泛使用的菜籽饼脱毒法。先将菜籽饼加温或清水浸泡半天以上，倒掉浸泡水，再加水煮沸 1 小时左右，并不断搅拌，使毒素蒸发出去。

（五）马铃薯中毒

马铃薯是家畜的常用饲料，它的花、幼芽、茎叶和变绿的马铃薯内含有一种有毒生物碱——龙葵素。久经贮存、发芽和腐败变质的马铃薯内，龙葵素含量剧增。家畜采食了这种久经贮存、发芽和腐败变质的马铃薯，就会引起中毒。

（1）症状　轻度的中毒，多以胃肠炎为特征，食欲减退或废绝，体温有时升高，泌乳量减少，病畜多垂头站立，精神沉郁。一般多发生流涎、腹痛、呕吐、便秘、臌胀等症状。重剧的中毒，主要呈现神经症状，病畜兴奋不安，举动狂躁，向前狂撞，不顾障碍物，并可呈现疝痛和呕吐现象。经短时间的兴奋后，即现沉郁，后肢无力或四肢麻痹。可视黏膜发绀，心脏衰弱。并可发生共济失调，步态蹒跚。若不及时救治，常在 2~3 天内死亡。羊中毒后，全身的湿疹或水疱性皮炎的变化特别明显，还可呈现尿毒症和贫血症状。

（2）防治　发现中毒后立即停喂马铃薯。用油类泻剂，以促进胃肠内容物的排出，减少有毒物质的吸收。并采用镇静、补液、解毒、保护胃肠黏膜等治疗措施。

用马铃薯作饲料时，饲喂量应逐渐增加，并与其他饲料搭配饲喂。用马铃薯的茎叶作饲料时，应晒干或用开水浸后，才能饲喂，饲喂不要过多，且与其他青绿饲料配合饲喂。

凡已发芽、腐败变质的和未成熟的马铃薯应废弃。不宜给怀孕的母畜饲喂马铃薯，以防流产。

第八章　牦牛养殖技术

以生态、循环、绿色发展为思路，重点围绕品种良种化、养殖设施化、生产规范化、防疫制度化、粪污无害化、养殖生态化的五化要求，推行标准化牦牛生产技术，生态循环养殖技术，与传统的放牧相结合，打造西宁市高原优质牦牛有机畜产品生产示范基地，增加西宁市"菜篮子"肉产品供应量，保证畜产品质量安全。通过适当放牧和舍饲圈养相结合，推行自繁自养和贩运育肥相结合的模式，促进湟中区牦牛养殖业健康稳定发展，保障牦牛育肥产业快速、稳定发展，打造绿色有机农畜产品输出地，不断扩大绿色、有机、高品、安全的优质特色产品供给，持续提升农产品附加值，有效拓宽农牧民群众的致富增收路，努力巩固脱贫攻坚成果、全面推动乡村振兴。

第一节　青海牦牛品种及生态类型

牦牛是青藏高原最原始的牛种之一，在我国主要分布于青海、西藏、四川、甘肃、云南等地。地方品种（类型）较多，主要有青海高原牦牛、九龙牦牛、麦洼牦牛、木里牦牛、中甸牦牛、娘亚牦牛、帕里牦牛、斯布牦牛、西藏高山牦牛、甘南牦牛、天祝白牦牛；培育品种有大通牦牛、巴州牦牛等。

一、地方品种、生态类型

（一）地方品种（青海高原牦牛）

（1）分布　主要分布在玉树州6县，果洛州6县，海南州兴海县西部3乡、黄南州泽库、河南2县，海西州格尔木的唐古山乡等地区。

（2）外貌特征　体型外貌上带有野牦牛的特征。体态结构紧凑，前躯发达，后躯较差。头大，额宽。角粗；皮松厚；鬐甲高而较长宽，前肢短而端正，后肢呈刀状；体侧下部密生粗长毛，尾短并生蓬松长毛。公牦牛头粗重，呈长方形，颈短厚且深，睾丸较小，接近腹部，不下垂；母牦牛头长，眼大而圆，额宽，有角，颈长而薄，乳房小，呈碗碟状，乳头短小，乳静脉不明显。毛色多为黑褐色，占71.8%，嘴唇、眼眶周围和背线处的短毛为灰白色或污白色。

（3）生产性能　体高成年公牛平均127.8厘米、成年母牛平均110.5厘米。体重成年公牛平均334.94千克、成年母牛平均196.84千克。屠宰率53.95%。日挤奶量初产牛0.67千克，经产牛1.06千克，乳脂率6.57%。

（4）繁殖性能　公牛1岁左右有爬跨母牛和交配的性行为，2岁时配种才能使母牛受孕；2~6岁是配种力旺盛阶段。一般1头公牛自然本交15~20头母牛，个别可到30

头，使用年限10年左右。一般2~2.5岁初配，个别3~3.5岁。

3—7月为产犊季节，4—5月为旺季，个别在8—9月甚至10月产犊。

每年6月中下旬发情，7—8月为旺季可基本受配完；当年产犊的母牛，7月开始发情，8—9月为旺季，到年底尚有发情者。发情期平均21.3天（14~28天）。妊娠期平均256.8天。

（二）生态类型

1. 环湖牦牛

（1）分布　环湖牦牛主要分布于环青海湖周边农牧区，海北州的海晏、刚察，海南州的贵德、共和、同德和兴海东部4乡，东部农业区湟源、湟中、大通、互助、化隆、循化等。

（2）外貌特征　头似楔形，鼻狭长，鼻中部多凹陷。多无角，有角者角细长，弧度较小；鬐甲较低，胸深长、尻斜，体侧下部裙毛粗长；肢较细短，蹄小而坚实。公牦牛头粗重，颈短厚且深，垂皮不明显。睾丸较小，接近腹部。母牦牛头长额宽，眼大而圆，颈长而薄，乳房小，呈浅碗状，乳头短小，乳静脉不明显。

（3）生产性能　体高成年公牛平均119.2厘米、成年母牛平均110.3厘米。体重成年公牛平均273.13千克、成年母牛平均194.21千克。屠宰率52.71%。初产母牛日平均产乳0.68~1.00千克、经产母牛1.38~1.70千克。乳脂率6.37%~7.20%。

2. 白牦牛

（1）分布　中心产区在青海省互助县的北山、门源县的仙米、珠固乡。主要分布于青海省门源县的仙米乡、珠固乡和互助县松多乡、巴扎乡、加定乡境内。省内其他地区牦牛群中也有极少数白牦牛。

（2）外貌特征　白牦牛的体型与环湖型牦牛基本相同。体躯低矮深长并稍显前高后低，全身被毛白色，皮肤为粉红色，眼珠为玉白色，眼圈常潮红，畏光流泪，裸露面多有大小不等的色素斑和被毛中有隐斑。头呈楔形，大部分有角，有角者一般头清秀。角多为玉白色。鼻梁略凹；眼睛大稍突而有神，眼圈为红色或黑色。颈细薄（公牛深厚）。背腰略凹，前胸多向前突，尻斜窄。四肢短细，蹄壳呈灰白色和黑色，玉白色少；蹄质坚韧，蹄尖狭窄锐利。

（3）生产性能　体高成年公牛平均116.3厘米、成年母牛平均107.5厘米。体重成年公牛平均223.60千克、成年母牛平均160.38千克。屠宰率50.48%。乳脂率6.37%~7.20%。

3. 长毛牦牛

（1）分布　长毛牦牛藏语叫“保热”“波里”，遍布青海省，环湖牧区较多，一般牛群中占5%~10%，高的占30%~40%，随着生产的发展，长毛牦牛逐步年减少。

（2）外貌特征　长毛牦牛额宽、体长、胸围、尻高等指数极近似肉用牛指数；尻宽、管围接近兼用牛指数，结合外貌，呈现以肉为主兼用牛体态。全身毛密长。头顶部长毛将面部盖住；颈下、上缘特别密厚而长，四肢部长毛着生至蹄踵部或悬蹄下部。头部着生长毛，可避免眼睛被紫外线照射和雪光反射引起眼病。多无角，颅顶多不突。

（3）生产性能　体高成年公牛平均117.7厘米、成年母牛平均100.6厘米。体重成年公牛平均 342.19 千克、成年母牛平均 227.50 千克。屠宰率 52.97%。产奶量初产牛平均 86.61 千克、经产牛平均为 178.03 千克，乳脂率为 7.34%。毛绒产量幼年牛 2.4~2.7 千克、成年牛 2.5~5.3 千克。

4. 天峻牦牛

（1）分布 天峻牦牛的中心产区是天峻县龙门乡、苏里乡、舟群乡、木里镇、阳康乡 5 个乡镇。

（2）外貌特征 体质坚实，结构匀称紧凑。侧观整个躯体，前躯发育良好，中躯次之，后躯欠佳。体上线脊甲高长，背腰平直，十字部略上隆起而形成浅波浪式；体下部周围和体上线密生粗毛和夹生少量绒毛，两型毛；体侧中部和颈部密生绒毛和夹生少量两型毛。尾短，尾椎比普通牛属少两个，且椎体短，着生蓬松似人发粗细的粗毛。偏肉用牛体态，头较粗长，额短宽而成楔形，眼大而圆，眼球略外突，有神，鼻梁显狭窄，鼻镜和鼻孔小，唇齐而薄；耳小，壳内密生绒毛、两型毛，将耳孔闭覆。多数有角，角向后、向外、向上，再向上向外，角尖稍略向下方弯曲，形成不密闭的环形。无角者颅顶多尖实。公牛颈短厚而深，母牛颈长而薄浅，无垂皮。

（3）生产性能 体高成年平均 129.3 厘米、母牛平均 110.2 厘米，体重成年公牛平均 405.52 千克，成年母牛平均 261.24 千克。屠宰率 53.95%。母牛日产乳量一般 2.5~6.0 千克。乳脂率 6.57%。

5. 祁连牦牛

（1）分布 祁连牦牛的中心产区是为祁连县野牛沟乡和央隆乡。主要分布于青海省海北州祁连县峨堡、默勒、阿柔、野牛沟、央隆等牧业乡镇。

（2）外貌特征 该牦牛由于混有野牦牛的遗传基因，因此带有野牦牛的特征，结构紧凑。体躯深长，其头颈、额部宽大，鼻额细长，鼻孔圆小，鼻镜狭长呈褐色，嘴齐小而头长方形，侧视呈楔形，公牛耆甲高大、肥厚，母牛耆甲较单薄，该区多生有粗长的毛。背短，由于肋长而略偏，肋弓开张较差，故背宽不够，腰长而平直，宽度比背部佳，短而斜，肌肉不够丰满。尾根高起，尾椎骨粗壮。从尾根至尾尖丛生如帚状的粗长尾毛，胸深充分，胸宽不显。四肢短而坚强，前肢肢势正，但不够开张，后肢多呈 X 状，但强劲有力。

（3）生产性能 体高成年公牛平均 134.0 厘米、母牛 124.6 厘米，体重成年公牛平均 317.43 千克，成年母牛平均 180.63 千克，屠宰率 43.18%~45.07%。成年母牛平均日产奶量为 1.59 千克。乳脂率 6.37%~7.20%。

6. 雪多牦牛

（1）分布 雪多牦牛的中心产区是为河南蒙古族自治县赛尔龙乡兰龙村。

（2）外貌特征 体型深长，骨粗壮，体质结实。头较粗重而长，额宽而短，鼻梁窄而微凹，躯体发育良好，侧视呈长方形。眼眶大，眼珠略外突，圆而有神，嘴唇宽厚。耳小而短。

（3）生产性能 体高成年公牛平均 149.7 厘米、母牛平均为 113.6 厘米，体重成年公牛平均 212.80 千克，成年母牛平均 190.28 千克。屠宰率 43.79%~45.99%。初产牛日均产奶 0.9 千克，经产牛日均产奶 1.44 千克。乳脂率 6.37%~7.20%。

7. 久治牦牛

（1）分布　久治牦牛主要分布于久治县五乡一镇。

（2）外貌特征　体格高大，头大角粗；鬐甲高而较长宽，前肢短而端正，后肢呈刀状；除背部和嘴唇周围毛色沙白外，全身毛色为黑色，体侧下部密生粗毛或裙毛密长，尾短，尾毛长而蓬松。公牦牛头粗重，呈长方形，颈短厚且深，睾丸较小，接近腹部，不下垂；母牦牛头长，眼大而圆，额宽，多有角，颈长而薄，乳房小，呈碗状，乳头短小，乳静脉不明显。

（3）生产性能　体高成年公牛 127.0 厘米、母牛 112.0 厘米，体重成年公牛的平均 309.8 千克，成年母牛平均 195.2 千克。屠宰率为 49.5%～53.5%。经产牛平均日产奶量为 1.5 千克，年平均产奶 150～230 千克。乳脂率 6.37%～7.20%

8. 岗龙牦牛

（1）分布　岗龙牦牛主要分布于果洛藏族自治州甘德县岗龙地区。

（2）外貌特征　体格高大，头大角粗；鬐甲高而较长宽，前肢短而端正，后肢呈刀状；全身毛色为黑色，体侧下部密生粗毛或裙毛密长，尾短，尾毛长而蓬松。公牦牛头粗重，呈长方形，颈短厚且深，睾丸较小，接近腹部，不下垂；母牦牛头长，眼大而圆，额宽，多有角，颈长而薄，乳房小，呈碗状，乳头短小，乳静脉不明显。

（3）生产性能　体高成年公牛 124.0 厘米、母牛 109.0 厘米，成年公牛平均体重 373.60 千克、母牛平均 183.56 千克，屠宰率 53.0%。初产母牦牛日平均产乳量为 0.68～1.0 千克，经产母牦牛 1.38～1.70 千克。乳脂率 6.37%～7.20%。

二、培育品种（大通牦牛）

大通牦牛是利用野牦牛，通过人工培育而成的品种。育成父本是野牦牛，母本是大通种牛场当地牦牛。经捕获驯化野牦牛后，与当地家牦牛配种、选育、闭锁繁育，从而育成了大通牦牛新品种。

（一）分布

主产区为青海省大通种牛场，主要分布在海北州、海西州等大通牦牛推广区。

（二）外貌特征

野牦牛特征明显，面部清秀不生长毛、眼大明亮、嘴端灰白色、角基粗、角面宽，鬐甲似有肩峰，从顶崎有不完全棕色或灰色背绒，体质结实，发育良好，毛色为全黑色夹有棕色纤维，悍威强，绒毛厚。背腰平直，前胸开阔，胸宽而深，肋骨弓圆，腹大而不下垂，尻平宽，发育良好，尾粗短，紧密或帚状，外生殖器及睾丸发育良好。大通牦牛（公）肢高而结实，肢势端正，蹄质结实，蹄形圆而大，蹄叉闭合良好，后肢结构角度好，爬胯支撑有力。

（三）生产性能

成年公牛体高 121 厘米、体重 381 千克，成年母牛体高 106 厘米、体重 230 千克。2.5 岁大通牦公牛宰前活重为 328.33 千克，胴体重为 159.67 千克，屠宰率为 48.63%。

泌乳高峰为 7 月，一胎母牦牛日挤乳达 0.88 千克，乳脂率 4.52%。

（四）繁殖性能

大通母牦牛性成熟较晚，一般 3 岁才性成熟。母牦牛发情周期平均为 21.3 天；发情持续期小群母牦牛平均 41.6 小时；产后第一次发情一般为 113.2 天（50~177 天）；妊娠期母牦牛一般为 2 年 1 胎或 3 年 1 胎，利用年限 14 岁。公牦牛 2 岁时有性欲表现，公牛第一次射精量为 3.4 毫升，第二次射精量 3.2 毫升，鲜精活力平均为 13 亿/毫升，利用年限 10 岁。

（五）推广

在青海、甘肃、四川、西藏、新疆等地进行推广。2006 年开始在青海省开展活体良种补贴，并向全省划定的区域内推广。

第二节　牦牛的饲养管理

青藏高原地区冷季牧草产量和营养水平匮乏是导致牦牛处于"夏饱、秋壮、冬瘦、春乏"恶性循环的主要原因，针对这一问题，通过补饲蛋白、能量等营养物质，可有效降低冷季牦牛损耗，提高生长速度，缩短饲养周期，提高经济效益。

牦牛群的放牧日程，因牦牛群类型和季节不同而有区别。总的原则是夏秋季早出晚归，冬春季迟出早归，以利于采食，抓膘和提供产品。

一、牦牛的饲养设施

放牧牦牛的草场上，除一些简易草场围栏和少数预防接种用的注射栏设施外，一般很少有牧地设施。棚圈只建于冬春草场，只供牛群夜间使用。

（一）暖棚（畜棚）

暖棚建造主要是为了减少牦牛在冷季掉膘后死亡，使牦牛能提前一年出栏，从而加快牦牛的出栏周转，提高牦牛畜产品质量，促进草场畜牧业的快速发展。

暖棚多建在避风向阳、地面平坦、气候干燥、交通方便、便于操作的山凹地带，朝向应坐北朝南，南偏西走向 5°~10° 为宜。要充分考虑上午、下午太阳的入射角均在 45° 左右，使大部分太阳紫外线光穿过保温板进入暖棚内，起到升温作用。暖棚的大小根据牦牛的多少而定。一般按照每头成年牦牛占 1.6~2.0 米² 的标准建设。暖棚最大不超过 200 米²，最大饲养量以 80 头左右为宜。

（二）饲草棚

饲草棚的建筑面积根据牧草的产量而定，从发展的角度看可以建得大一些，建筑结构为砖混、彩钢结构，层高 4.5 米，长、宽可根据实际情况而定。地基沟宽 0.5 米，深 0.8 米，并用石块和混凝土浇筑，墙基夯实；用砖、砂石砌墙，夯筑坚实，砖石墙勾缝，墙内壁用砂、水泥砌面，墙厚不少于 24 厘米，墙体高度 4 米；屋脊高 1.5 米，屋盖为三角形轻钢屋架，"C"字形钢檩条，上铺夹心彩钢板。地面做法：C20 砼硬化。建筑结构的类别为丙类，要求做好防火、防水、防潮、通风处理。

（三）相关设施

牦牛饲养管理上的基础设施建设还应包括料槽、水槽、栓系柱、沉淀池、堆粪场等相关配套设施建设，保定架、装车台等疫病防治设施。

二、分群饲养管理

（一）牛群结构与周转

牛群结构与周转相互制约，相辅相成，直接关系到牦牛的总增率、出栏率和商品率。牦牛群结构和周转是牦牛育肥的一个重要环节，它直接关系到牦牛育肥的经济效益。牦牛产值低的原因主要是饲养管理粗放，没按产区生态环境、自然规律等办事。出栏率低则商品率低。出栏率低，一方面是由于牛结构不合理，生产母牦牛少；另一方面是由于繁殖率低导致总增率低。

（1）畜群结构　指同一种牲畜中，不同性别、年龄和经济用途的牲畜在总头数中的比重。例如，按性别可分为公牦牛群和母牦牛群；母牦牛按年龄可分为犊母牛、育成母牛、青年母牛、成年母牛。由于经济要求不同，畜群结构也不同，青年母牛和成年母牛比例要高一些。要求适当提高适龄母牛比例，目的是加快牦牛增殖，保持牦牛的合理周转，实现扩大再生产。

（2）牦牛牛群结构　环山草食带自繁自育的牛群结构，应当是在保证牛群正常周转并取得最好的经济效益。生产母牛是牛群中最主要的生产者，应尽可能扩大繁殖母牛在牛群的比例，使牛群结构趋向合理。过去牛群结构中，生产母牛占30%~40%，而非生产牛占比例较大，这一现状严重阻碍出栏率、商品率的提高。随着现代畜牧业生产水平的提高，牦牛群中生产母牛比例有所提高，达到了50%~55%，为更好地提高牦牛繁殖力，将现在的牦牛牛群结构进行调整，生产母牛应占到60%~70%。公、母牦牛每年更新率保持在15%~20%为宜。

牧繁农育的牦牛养殖对牛群结构没有相对要求。

（3）牛群周转　随着现代生态畜牧业不断发展，加速牛群周转是增加养殖收入、推进畜牧业产业发展的重要环节，在上新庄镇、共和镇、群加乡等环山草食带地区的自繁自育牦牛群，应当在实行季节性生产的基础上，确保牦牛牛群的更新，淘汰老弱牛和鉴定不合格的犊牛，提升牦牛整体水平，从数量型向质量型方向发展，一方面淘汰老弱病牛，另一方面提高牦牛繁殖率和犊牛繁殖成活率，实行3年2产或1年1产，加强牦牛营养调控，实现草畜平衡来提高牛群周转。其余地区牦牛生产主要以牧繁农育为主，应根据市场需求、季节加快牛群周转，提高效益。

（二）分群

自繁自育牛群为了放牧管理和合理利用草场，提高牦牛生产性能，牦牛应根据性别、年龄、生理状况进行分群；避免混群放牧，使牛群相对安静，采食及营养状况相对均匀，减少放牧的困难。自繁自育牛群分群饲养管理较粗放，牛群按不同经济类型组群。

（1）泌乳牛群　泌乳牛群又称为奶牛群，是指由正在泌乳的母牦牛组成的牛群。每群100头左右。对泌乳牦牛群，应分配给最好的牧场，有条件的地区还可适当补饲，使其多产乳及早发情配种。在泌乳牦牛群中，有相当一部分是当年未产犊仍继续挤乳的母牦牛，数量多时可单独组群。

（2）幼牛群　幼牛群是指由断奶至周岁以内的牛只组成的牛群。幼龄牦牛性情比较活泼，合群性差，与成年牛混群放牧相互干扰很大。因此，一般单独组群，且群体较小，以 50 头左右为宜。

（3）青年牛群　是指由周岁以上至初次配种年龄前的牛只组成的牛群。每群 150~200 头。这个年龄阶段的牛已具备繁殖能力，因此，除去势小公牛外，公、母牛最好分别组群，隔离放牧，防止早配。

（4）育肥牛群　育肥牛群是指由将在当年秋末淘汰的各类牛只组成，育肥后供肉用的牛群。每群 200~250 头，在牛只数量少时，种公牛也可并入此群。对于这部分牦牛可在较远的牧场放牧，使其安静，少走动，快上膘。有条件的地区还可适当补饲，加快育肥速度。

（5）引进牦牛分群　引进牦牛具有良好的生产性能和适应性，引进的牦牛转运到合作社养殖场内进行为期 21 天的隔离观察后混群饲养。引种严格按《青海高原牦牛标准》执行。牦牛群体的大小并不是绝对的，应根据引入地、年龄、牦牛数量的多少，因地制宜地合理组群，才能提高牦牛生产的经济效益。

三、牦牛半舍饲饲养管理技术

（一）半舍饲养殖前牛舍准备

舍饲养殖时，应提前 1 周将牛舍粪便清除，用水清洗后，用 2% 的火碱溶液对牛舍地面、墙壁进行喷洒消毒，用 0.1% 的高锰酸钾溶液对器具进行消毒，最后再用清水清洗 1 次。冬季应暖棚，夏季应搭棚遮阴，通风良好，使其温度不低于 5 ℃。

（二）饲草料准备

饲草料应尽量就地取材，以降低半舍饲养殖成本。半舍饲养殖前要根据半舍饲养殖牛只数量、半舍饲养殖计划等拟定出饲草料需要量计划，结合当地或周边地区的饲草料资源、市场价格、饲草料适口性等，尽早准备饲草料及青贮饲草。从草料的品种上要考虑多样性和养分齐全。

成分或营养价值相近的饲料，如果市场价格差异较大，可选购廉价的、在日粮中可以相互替代的饲料，既能平衡日粮，又能降低饲养成本。

采用放牧半舍饲养殖时，对草原轮牧顺序要尽早做出安排，有计划地轮换放牧，不能在一块地上放牧或践踏过久，使植被遭到破坏而难以恢复。同时对饮水设施、围栏、牧道、补饲槽等进行修复。

（三）半舍饲养殖牦牛准备

经驱赶或运输进场的半舍饲养殖牛，先饮水（冷季饮温水），供给良好的粗饲料自由采食，精饲料开采食后视排便情况，先少喂，然后逐渐增加饲喂量。

正式半舍饲养殖前，一般要有 10~15 天的预饲期，在此期间主要观察牛只有无疾病、恶癖等，发现病牛要及时隔离治疗。根据牛只年龄、体重大小、强弱进行分群（围栏散养）或固定槽位拴系。

随着过渡饲养期的结束，牦牛逐渐适应所处环境及饲草料，饲喂的日粮也接近半舍饲养殖期的饲喂量。此时应对牛只进行称重登记，分群后进入正式半舍饲养殖期。

（四）牦牛半舍饲饲养管理

一般来讲，高寒地区冷季时间为 11 月至翌年 4 月，在此期间每天的 8：30—18：00 进行放牧，归牧后（18：00 左右）进行补饲，在每天放牧前或放牧结束后应至少饮水 1 次。

补饲日粮组成及配制（按 50 千克的量配制精饲料：玉米 26.5 千克+菜籽饼 9 千克+青稞 12.5 千克+磷酸氢钙 1 千克+食盐 0.5 千克+添加剂 0.5 千克），补饲精饲料中的代谢能及可消化蛋白质、补饲量和青干青的量见表 8-1。

注意事项有以下 3 个方面。

一是注意检查补饲饲料的质量，坚决杜绝使用霉变饲草料饲喂牦牛。

二是上述给出的补饲日粮组成及补饲量只是多次试验得到的一个参考配方，为保证补饲的效果和平衡经济效益，在具体使用过程中应根据当地冷季草场的质量适当增加或降低饲喂量，在冷季草场质量过差或者是春季还应增加补饲一定量的青干草，青干草补饲量见表 8-1。

三是牦牛及其消化系统对补饲环境和补饲饲料（特别是精饲料）有一个逐步适应的过程，因此在补饲开始后牦牛补饲的量应逐步增加，表 8-2 给出生长牦牛推荐的预饲期精饲料添加量；尤其注意精饲料补饲量不能过多，否则容易引起瘤胃酸中毒，影响牦牛的生长发育，甚至会造成牛只死亡。

表 8-1　补饲日粮组成及饲喂量

类型	精饲料（其中磷酸氢钙2%、盐1%、添加剂1%）			青干草（千克/头）
	代谢能（兆焦/千克）	可消化蛋白质（%）	精饲料补饲量（千克/头）	
犊牛	11.7~14.3	10.6~12.8	0.1~0.2	0.4~0.6
生长牦牛	9.4~10.6	7.5~9.3	0.4~0.6	0.3~0.4
成年牦牛	7.8~9.1	7.5~8.6	0.3~0.4	0.4~0.6

表 8-2　预饲期精饲料添加量

预期阶段	精饲料添加量［克/（只·天）］
1~3 天	0
4~6 天	50
7~9 天	100
10~12 天	175
13~15 天	250
正式补饲	400~600

第三节　牦牛育肥技术

一、育肥方式的选择

牦牛育肥方式一般可分为放牧育肥、放牧加补饲育肥、舍饲育肥和半舍饲育肥4种方式。

（一）放牧育肥方式

放牧育肥是指从犊牛到出栏牛，完全采用草地放牧而不补充任何饲料的育肥方式，也称草地畜牧业。这种育肥方式适于人口较少、土地充足、草地广阔、降水量充沛、牧草丰盛的牧区和部分半农半牧区。例如新西兰肉牛育肥基本上以这种方式为主，一般自出生到饲养至18月龄，体重达400千克便可出栏。

如果有较大面积的草山草坡可以种植牧草，在夏天青草期除供放牧外，还可保留一部分草地，收割调制青干草或青贮料，作为越冬饲用。这种方式也可称为放牧育肥，且最为经济，但饲养周期长。

（二）放牧加补饲育肥方式

放牧加补饲是指以传统放牧养殖为主、在放牧前和归牧后对育肥牦牛进行适当补饲的育肥方式。为缩短牦牛的饲养期和提高产肉量，饲料条件好的地区，可采取放牧加补饲的育肥方式。例如新疆褐牛在饲养管理和育肥上多采用这种养殖方式，夏秋季节以放牧为主，补饲为辅；冬春季节适当减少放牧时间，加大补饲力度。补饲粗饲料主要包括青干草、农作物秸秆及青贮饲料等，精饲料主要有玉米、麸皮、食品工业副产品（酒糟、淀粉渣等）和全价混合饲料。一般夏秋季节每头每日补饲粗饲料2~3千克、精饲料1.0~1.5千克，冬春季节每头每日补饲粗饲料3~5千克、精饲料1.5~2.0千克。

（三）舍饲育肥方式

牦牛从育肥开始到屠宰全部实行圈养的育肥方式称为舍饲育肥。舍饲的突出优点是使用土地少，饲养周期短，牛肉质量好，经济效益高；缺点是投资多，需较多的精饲料。适用于青海省东部农区。

舍饲育肥方式又可分为拴饲和群饲。

（1）拴饲　舍饲育肥较多的牦牛时，每头牛分别拴系给料称为拴饲。其优点是便于管理，能保证同期增重，饲料报酬高；缺点是运动少，影响生理发育，不利于育肥前期增重。

一般情况下，给料量一定时，拴饲效果较好。

（2）群饲　一般6头为一群，每头所占面积4米^2。为避免斗架，育肥初期可多些，然后逐渐减少头数。或者在给料时，用链或连动式颈枷保定。如在采食时不保定，可设简易牛栏像小室那样，将牛分开自由采食，以防止抢食而造成增重不均。但如果发现有被挤出采食行列而怯食的牛，应另设饲槽单独喂养。

群饲的优点是节省劳动力，牛不受约束，利于生理发育。缺点是一旦抢食，体重会参差不齐；在限量饲喂时，应该用于增重的饲料反转到运动上，降低了饲料报酬。当饲料充分，自由采食时，群饲效果较好。

（四）半舍饲育肥方式

夏季青草期牦牛群采取放牧育肥，寒冷干旱的枯草期则把牛群集中在舍内圈养，或是在冷季采取牦牛全天一半时间舍饲一半时间放牧，这种半集约式的育肥方式称为半舍饲育肥。

此法通常适用于半农半牧地区或牧区，因为当地夏季牧草丰盛，可以满足牦牛生长发育的需要，而冬季气候寒冷，牧草枯竭，营养差，不能满足牦牛生长需要。

对于牦犊牛育肥，应采用半舍饲育肥。应将母牛控制在夏季牧草期即将开始时分娩，犊牛出生后，随母牛放牧自然哺乳，母牛在夏季有优良青嫩牧草可供采食，泌乳量充足，能哺育出健康犊牛。当犊牛生长至 6 月龄时，断奶重达 100～150 千克，随后采用舍饲，达到出栏标准即可出栏。

二、影响牦牛育肥的因素

（一）育肥牦牛的利弊

草原地区或农区育肥牦牛的有利因素有以下几个方面。一是牦牛能利用大量的天然牧草和农村的自产饲料（如农作物秸秆），提高粗饲料的利用率。特别是农村育肥牧区牦牛，就可以将秸秆和谷物生产中至少15%的麸皮、糠、渣等充分利用起来，转化成畜产品，可以增加农业生产的稳定性。二是牧区利用暖季丰富的牧草，再加补饲来育肥牦牛，所需的劳力少，饲养成本低廉。三是育肥牦牛所用的建筑和设备投资少。四是牦牛发病少，死亡风险小。

在一定的条件下育肥牦牛也有一些不利因素：幼年生长期长，饲料报酬率低；对技术、市场价格和成本变化的反应慢，资金周转慢；受一些传染病，特别是外来传染病的威胁大；运输和购销牛只时减重多等。

（二）育肥牛的年龄

（1）幼牦牛　一般在 1 周岁内生长快，随着年龄增长而增长逐渐减少。幼年牛对饲料的采食量较成年牦牛少，放牧育肥时增重速度较成年牛低，即采食的牧草量不能满足其最大增重的需要。幼年牛在生长期采取放牧或饲喂生长所需的日粮，以后进行短期舍饲育肥最为有利。也可放牧兼补饲，或生长与育肥同时进行。1 周岁的幼年牛，收购时投资少，经过冷季"拉架子"，喂给较多的粗饲料和有保暖的牛舍，在第二年暖季育肥出售，可提高经济效益。

（2）成年牦牛　包括淘汰的老牛、不能做种用的牛等。年龄越大，每千克增重所消耗的饲料就越多，成本也越高。成年牦牛育肥后，脂肪主要贮存于皮下结缔组织、腹腔及肾、生殖腺周围及肌肉组织中。胴体和肉中脂肪含量高，内脏脂肪多，瘦肉或优质肉切块比例减少。如成年阉割牛经 3 个月的育肥，活重由 450 千克增至 540 千克时，增重部分主要是脂肪，或其增重主要以增加脂肪为主。在有丰富碳水化合物饲料的条件下，短期进行育肥并及时出售，经济效益较高。因成年牛采食量大，耐粗饲，对饲料的要求不如幼年牛，比幼年牛容易上膘。

（三）育肥牦牛的性别

同龄的公、母牦牛比较，母牛比公牛增重稍低，成本较高，母牛较适于短期育肥，特别是淘汰母牛，经2~3个月育肥，达一定膘情后及时出售比较有利。这种情况在育肥初期较多，达到一定育肥度后就会减少。

过去一直认为公牛去势后易育肥，产肉量高。但根据近年的研究结果来看，育成公牛比同年的阉割牛生长速度快，每千克增重的饲料消耗量比阉割牛少12%，而且屠宰率高，胴体有更多的瘦肉。目前国内外均有增加公牛肉的趋势，因此，单独组群育肥的幼年公牛可不去势。

（四）育肥牛的饲养水平

饲养是提高育肥效果的主要因素。饲养水平高，可缩短育肥期，牛只用于维持的饲料少，单位增重的成本低。

幼年牛在育肥过程中，长肌肉、骨骼的同时，也蓄积一定的脂肪。因此，在育肥幼年牦牛时，除供给丰富的碳水化合物饲料外，还要喂给比成年牦牛高的蛋白质饲料，如果日粮中能量较高而蛋白质不足，就难以充分发挥幼年牦牛肌肉生长迅速的特性，即不能获得最高的日增重。

成年牦牛在育肥过程中，以增加脂肪为主，蛋白质增加较少。日粮中应有丰富的碳水化合物以合成脂肪。

此外，收购架子牛的质量以及气候等条件对育肥效果也有较大影响。

三、育肥前准备

（一）育肥场（育肥舍）建设及准备

1. 育肥场建设

修建育肥场时，应符合国家草原及环境保护等方面法律、法规，在法律、法规明确规定的禁养区以外，符合当地土地利用发展规划，与农牧业发展规划、农田基本建设规划等相结合，选择地势高燥、背风向阳、地下水位较低、排水良好、空气流畅，具有一定缓坡而总体平坦的区域。

水源充足、卫生，取用方便，能够保证生产、生活用水。交通便利，易于组织防疫又能满足场内产品运输和饲料运输。建筑紧凑，在节约土地和草场的前提下，满足当前生产需要的同时，并综合考虑扩建和改建的可能性。

育肥舍以坐北朝南方向为好。冷季减少西北风，如受地形限制，可考虑面朝东南。构造要简单、费用低。育肥牛在50头以下时可采用单列式，牛舍宽4.0~4.5米，牛床宽1.0~1.1米，牛床长1.3~1.5米，槽宽0.4~0.5米，槽前有1.5米的通道，槽后有横柱栏。若为简易育肥舍，牛舍朝阳面敞开，冷季时搭塑料膜保温，其余三面可封严，不留窗户；若为标准育肥舍，则牛舍朝阳面搭建采光板，其余三面留4~6个窗户，满足舍内通风。育肥牛在50头以上时可采用双列式，牛舍宽8~9米，两侧面设通道门，中间设走道和饲槽，走道宽1.5米，牛舍朝阳面搭建采光板，前后面留8~10个窗户，满足舍内通风。

牛舍墙体坚固结实、抗震、防水、防火，具备良好的保温性能，多采用砖墙并用石灰粉刷。为了保暖，门窗要较小。有足够强度和稳定性，坚固，不打滑，有弹性，便于清洗消毒。具备良好的清粪排污系统，防止舍内潮湿或空气污浊，影响牛只健康。

同时要修建与育肥规模相适应的饲草料库，防止饲草料因雨雪、鼠害等产生损失。

2. 育肥场（育肥舍）准备

舍饲育肥时，在购牛前1周，应将牛舍粪便清除，用水清洗后，用2%的火碱溶液对牛舍地面、墙壁进行喷洒消毒，用0.1%的高锰酸钾溶液对器具进行消毒，最后再用清水清洗1次。如果是敞圈牛舍，冬季应扣塑膜暖棚，夏季应搭棚遮阴，通风良好，使其温度不低于5℃。

（二）饲草料准备

饲草料应尽量就地取材，以降低育肥成本。育肥前要根据育肥牛只数量、育肥计划等拟定出饲草料需要量计划，结合当地或周边地区的饲草料资源、市场价格、饲草料适口性等，尽早准备饲草料。从草料的品种上要考虑多样性和养分齐全。架子牛要求饲料的质量要高，要多准备品质好的干草和含蛋白质丰富的精饲料。成年牛应准备较多的秸秆、糟粕以及碳水化合物含量丰富的饲料。

饲料的成分或营养价值相近、但市场价格差异较大时，可选购廉价的、在日粮中可以相互替代的饲料，以配合最低成本的平衡日粮，降低饲养成本。

采用放牧育肥时，对草原轮牧顺序要尽早做出安排，有计划地轮换放牧，不能在一块地上放牧或践踏过久，使植被遭到破坏而难以恢复。同时对饮水设施、围栏、牧道、补饲槽等进行修复。

（三）育肥牦牛的选择及准备

1. 育肥牦牛的选择

育肥牛或架子牛在收购过程中选择失误，可造成育肥场（户）较大的经济损失。因此，从市场购入牛源时，要通过观察、触摸、询问、称重等方法严格选择。

首先是健康无病。选择与年龄相称、生长发育良好的牛。健壮的牛只健康活泼、反应灵敏、食欲好、被毛光亮、鼻镜湿润有水珠、粪便正常、腹部不膨胀、眼有神、无眼病。

其次是体型好。身体各部位匀称，形态清晰且不丰满，体型大，体躯宽深，腹大而不下垂，背腰宽平，四肢端正，皮肤薄、柔软有弹性。

最后是购牛人员除具有专业知识和丰富的购牛经验外，对市场应有一定的判断力。如避开市场牛价高的阶段，在育肥牛只增重价值低于成本或饲草料价格时暂缓购入，避免可能发生的亏损。

2. 牦牛育肥前准备

经驱赶或运输进场的育肥牛，先饮水（冷季饮温水），供给良好的粗饲料自由采食，精饲料先少喂，然后逐渐增加饲喂量。当现有饲料与原饲养地饲料差别较大时，要准备一些原地饲料，防止饲料转换过急产生应激反应。

正式育肥前，一般要有10~15天的预饲期，在此期间主要观察牛只有无疾病、恶癣等，发现病牛要及时隔离治疗，并开展驱虫健胃、免疫注射、建立档案等工作。

根据牛只年龄、体重大小、强弱进行分群（围栏散养）或固定槽位拴系。对群中角长而喜角斗的牛应设法去角或拴系管理。

育肥牦牛进入育肥舍后应立即进行驱虫。常用的驱虫药物有丙硫苯咪唑、左旋咪唑等。应在空腹时进行，以利于药物吸收。驱虫后，应隔离饲养 2 周，其粪便消毒后，进行无害化处理。

驱虫 3 日后，为增加食欲、改善消化机能，应进行 1 次健胃。常用于健胃的药物是人工盐，其口服剂量为每头每次 60~100 克。

随着过渡饲养期的结束，牦牛逐渐适应所处环境及饲草料，饲喂的日粮也接近育肥期的饲喂量。此时应对牛只进行称重登记，分群后进入正式育肥期。

四、放牧育肥技术

放牧育肥是牧区的传统育肥方式，分全放牧育肥和放牧加补饲育肥两种模式。放牧育肥过程中牛只能吃到优质牧草，营养水平高，产生的粪尿直接排放到草场作为有机肥，可促进牧草生长，有利于环境保护。

（一）全放牧育肥技术

全放牧育肥模式育肥期长，增重低，但能充分利用草场资源，节省牧草收割、运输及加工等环节劳动力，不用饲喂精饲料，育肥成本较低。

（1）放牧方式　可采用自由放牧和划区轮牧的放牧方式，基础设施条件较好的地区可实行划区轮牧，合理使用草地资源。

（2）放牧育肥时间　利用暖季牧草生长旺盛、饲草料丰富、营养价值高的特点，放牧育肥 150~180 天（5—10 月）。每天 7：00 左右出牧，中午在牧地休息，21：00 左右归牧，要求每天放牧时间达到 12 小时以上。

（3）放牧草场选择　放牧育肥时选择牧草质量好及水、草相连的放牧场，让牛只尽量多食多饮，以获得高的增重。

（4）放牧牛群管理　放牧中控制牛群，尽量减少游走时间，采用赶远吃近的办法，放牧距离不超过 5 千米。同时注意补充微量元素，在牛圈内设置舔砖等。

（二）放牧加补饲育肥

放牧加补饲育肥模式育肥期较全放牧育肥模式短，增重高，通过在放牧育肥过程中适当补饲可缩短放牧时间，达到合理利用草场资源、减少草原载畜量和促进草场植被恢复的目的，育肥所用圈舍简单，成本低廉。放牧兼合理的补饲，对饲料消化率和育肥期增重都有明显的影响。

（1）放牧方式　同全放牧育肥方式，可采用自由放牧和划区轮牧的放牧方式。

（2）补饲时间　对冷季已进行补饲而膘情较好的牛只，为保持其继续增重，可在暖季继续补饲；冷季过后膘情较差的牛只，可在暖季中后期（牧草质量高峰过后）补饲，补饲直至达到出栏标准为止。

暖季牧草丰富，可根据牧草生长情况增加放牧采食时间，以节省补饲草料，每日补饲可分为 2 次（早、晚各 1 次）或 1 次（归牧后补饲），放牧时间不少于 8 小时

（9：00—17：00）。冷季牧草质量差、天气恶劣，可适当缩短放牧时间，增加补饲量，放牧时间在 5~6 小时（10：00—16：00），其余时间则在育肥舍内饲喂。

（3）补饲饲料及补饲量　早期生长的牧草含蛋白质多，应补饲一些碳水化合物丰富的饲料。牧草生长结束或进入枯草期后，蛋白质含量下降，应补饲含蛋白质丰富的饲料。放牧兼补饲方式可使牦牛提早出栏，其胴体及其肉品质要比未补饲的牛高，但成本也相应增加。因此，补饲量及育肥程度，除考虑牧草天然牧草的质量外，应以肉价、上市屠宰季节、牛只的个体状况等情况来确定。

一般补饲标准为：暖季当年牦犊牛每天补饲量为青干草 1.0~1.5 千克/头，配合饲料 0.5~0.8 千克/头；成年牛补饲量为青干草 2~3 千克/头，配合饲料 1.0~1.5 千克/头。冷季当年牦犊牛每天补饲量为青干草 1.5~2.0 千克/头，配合饲料 1.0~1.5 千克/头；成年牛补饲量为青干草 3.0~5.0 千克/头，配合饲料 2.0~3.0 千克/头。

（4）放牧牛群管理　放牧牛群管理同全放牧育肥方式，但要保证补饲牦牛群饮水次数及质量，尽量多设置饮水点并对饮水进行加温，减少体能消耗，同时注意补盐，保证矿物质和食盐的摄入量。

五、舍饲育肥技术

（一）舍饲育肥技术

1. 架子牛舍饲育肥

架子牛育肥多采用 2 岁以内生长发育好的牦牛。犊牛经过了一年的生长发育，已断奶并且能够自由采食，各类器官发育到一定程度，能够适应集中舍饲的饲养环境。架子牛育肥时间一般为 8~10 个月（240~300 天），架子牛年龄在 13~18 月龄为最好。整个育肥期日增重达到 0.8~1.0 千克。

（1）育肥期饲养　包括育肥前期、育肥中期、育肥后期 3 个阶段。

育肥前期：此期一般为 2~3 个月。在育肥前期要多喂粗饲料，适当增加精饲料喂量或蛋白质较丰富的精饲料，精饲料中蛋白质含量不低于 12%。使肌肉、脂肪均匀增长，避免腹腔脂肪、内脏脂肪过度沉积，并为后期育肥和提高牛肉等级打好基础。当架子牛转入育肥栏后，要诱导牛采食育肥期的日粮，逐渐增加采食量。日粮中精饲料饲喂量应占体重的 0.6%，自由采食优质粗饲料（青饲料或青贮饲料、糟渣类等），以青饲料为主。日粮中蛋白质水平应控制在 13%~14%，钙含量 0.5%，磷含量 0.25%。

育肥中期：此期一般为 4~5 个月。随着育肥期的不断推进，精饲料的饲喂量逐渐加大，此时精饲料饲喂量应占到体重的 0.8%~1.0%，自由采食优质粗饲料（切短的青饲料或青贮饲料、糟渣类等）。日粮中能量水平逐渐提高，蛋白质含量应控制在 11%~12%，钙含量 0.4%，磷含量 0.25%。

育肥后期（催肥期）：此期一般为 1~2 个月。主要是减少牛的运动，降低热能消耗，促进牛长膘、沉积脂肪，提高肉品质。日粮中精饲料采食量逐渐增加，由占体重的 1.0% 增加至 1.5% 以上，粗饲料逐渐减少，当日粮中精饲料增加至体重的 1.2%~1.3% 时，粗饲料约减少 2/3。此期日粮中能量浓度应进一步提高，蛋白质含量应进一步下降到 9%~10%，钙含量 0.3%，磷含量 0.27%。

（2）日常管理　包括饲喂、限制运动、刷拭牛体等方面。

饲喂：饲料种类应尽量多样化，粗饲料要求切碎。不喂腐败、霉变、冰冻或带砂土的饲料。每日饲喂2~3次，要求先粗后精，少喂勤添，饲料更换要采取逐渐过渡的饲喂方式。供应充足的饮水。

限制运动：尽量使牦牛育肥环境保持安静，拴系舍饲育肥方式，可定时牵到运动场适当运动或卧息。运动时间夏季在早晚，冬季在中午。

刷拭牛体：有条件的育肥场应每日刷拭牛体，可促进血液循环，提高代谢水平，有助于牛增重。一般每天用棕毛刷或钢丝刷刷拭1~2次，刷拭顺序应由前向后、由上向下。

生产记录：定期称重并根据增重情况合理调整日粮配方。饲养人员要注意观察牛的精神状况、食欲、粪便等情况，发现异常应及时报告和处理。应建立严格的生产管理制度和生产记录。

出栏：架子牛一般经过6~8个月的育肥，食欲下降、采食量骤减、喜卧不愿走动时，就要及时出栏。

（3）日粮配方　青海省牦牛架子牛育肥的日粮以青、粗饲料或酒糟、甜菜渣等加工副产物为主，适当补饲精饲料。精粗饲料比例按干物质计算为1∶（1.2~1.5），日干物质采食量为体重的2.5%~3.0%。

2. 成年牛舍饲育肥

成年牛育肥选择有育肥价值的淘汰牦牛，要求牛只采食消化良好，无寄生虫病及消化道疾病，这类牦牛由于长期的粗放饲养，营养不良、体质瘦弱，具有体型大、出肉量多的特点，但也存在屠宰率低、肉质较差等不足。因此，对还有潜力的淘汰牛进行屠宰前短期育肥（约3个月），可以提高其产肉效率，获取更大的经济效益。成年牛舍饲育肥多采用拴系饲养，严格控制活动量，用廉价的糟渣类饲料替代部分混合精饲料，以降低育肥成本。

（1）酒糟育肥法　育肥期为80~90天，育肥初期主要喂干草等粗饲料，以训练采食能力。经过10~15天的适应期后逐渐增加酒糟喂量，减少干草的喂量。

成年牛鲜酒糟日喂量可达30~40千克，并合理配合少量精饲料和适口性好的青、粗饲料，特别是青干草，以促进育肥牛只有较好的食欲。基本日粮组成为：酒糟30~40千克，干草5~8千克，混合精饲料1.0~1.5千克。干草等粗饲料要铡短，将酒糟拌入干草内让牛只采食，采食到七八成饱时，再拌入酒糟，促使牛尽量多采食。每天饲喂2次，饮水3次。育肥牛拴系管理，在育肥的中后期要缩短拴系绳，以限制牛的活动，避免互相干扰。

用酒糟育肥时应注意：开始牦牛不习惯采食酒糟时，必须进行训练，可在酒糟中拌一些食盐，涂抹牛的口腔；酒糟要新鲜，发霉变质的不能喂用；如发现牛只出现湿疹、膝关节等红肿或腹胀时，暂时停喂酒糟，适当调剂饲料，增加干草喂量，以调节消化机能；应保持正常的牛舍温度，及时清除粪便，牛舍保持干燥和通风良好，预防发病；喂饱后牵牛慢走或适当运动，防止转小弯或牛跑、跳而致牛腹胀或减重。

（2）青贮料育肥法　用大量的青贮饲料加少量的精饲料育肥牦牛，可减少精饲料的消耗和降低成本。育肥期青贮饲料的饲喂原则基本同酒糟育肥。育肥初期育肥牦牛不习惯采食青贮饲料时，应逐渐增加喂量使其适应。

成年牦牛青贮饲料日喂量为 25~30 千克，并搭配少量秸秆或干草，补饲一定量的精饲料和食盐。如青贮料品质好，可减少精饲料喂量，在育肥后期要逐渐增加精饲料喂量和减少青贮料喂量，促进牦牛快速增重。基本日粮组成为：青贮饲料 25~30 千克，干草 3~5 千克，混合精饲料 1.5~2.0 千克，食盐 50 克。每天饲喂 2 次，饮水 3 次。

（二）半舍饲育肥技术

半舍饲育肥利用暖季最廉价的草地放牧，冷季进入育肥舍育肥和短时间放牧，饲料消耗少，育肥效果好，胴体优良。通过一部分牦牛舍饲育肥能够减少草场载畜量，为生产牛群提供优质充足草场，为来年生产打下基础。

（1）放牧育肥及管理　半舍饲育肥暖季放牧期为 6 个月（5—10 月），放牧方式同全放牧育肥方式，采用自由放牧和划区轮牧的放牧方式。每天放牧时间 10 小时以上。选择牧草质量好及水、草相连的放牧场，放牧中控制牛群，尽量减少游走时间，同时注意补充微量元素，在牛圈内设置舔砖等。

（2）舍饲育肥及管理　冷季舍饲期为 6 个月（11 月至翌年 4 月），可采用全舍饲或舍饲加放牧的方式。对于草场较近的育肥场，放牧距离在 3 千米以内可采取舍饲加放牧的育肥方式，若离草场较远或饲草料条件充足的育肥场则采取全舍饲育肥方式。由于冷季牧草质量差、天气恶劣，要尽量缩短放牧时间，放牧时间在 3~5 小时（11：00—15：00），其余时间则在育肥舍内饲喂。减少运动，增加休息，以利于营养物质在体内沉积。

六、有机牦牛肉生产

有机牦牛肉是指来自有机农业生产体系，根据有机农业生产的规范生产加工，并经独立的认证机构认证的农产品及其加工产品等。有机牦牛肉的来源必须来自已经建立的有机农业生产体系，产品在整个生产过程中要严格遵循有机食品的加工、包装、贮藏、运输标准，不使用任何化学合成的农药、化肥、促生长剂、兽药、食品添加剂、防腐剂等物质，不采用辐照处理，生产者在有机牦牛肉生产和流通过程中也不能使用基因工程生物及其产品。有完善的质量控制和跟踪审查体系，必须符合国家食品卫生标准和有机食品技术规范要求，有完整的生产和销售记录档案，必须通过独立的有机食品认证机构认证且使用有机食品标志。

（一）有机牦牛肉生产的基本要求

1. 生产基地

有机牦牛养殖场及其牧草和饲料生产基地应选择在没有污染源的区域，无水土流失、风蚀及其他环境问题，远离交通要道、旅游景点、公共场所、居民区、学校和医院，并要经过转换期和有机食品基地生产认证，方可从事有机食品生产。有机生产与非有机生产体系之间应有界限明确的过渡地带及缓冲带，以防止受到邻近地区传来的禁用物质的污染。

2. 环境质量

有机牦牛肉的产地环境空气质量应符合《环境空气质量标准》（GB 3095—2012）一级标准的有关规定；牦牛的饮用水、有机牧草和饲料的灌溉用水的水质应分别符合生活饮用水卫生标准和《农田灌溉水质标准》（GB 5084—2021）的有关规定；种植有机牧草、饲料的土壤应耕性良好、无污染，土壤环境质量必须符合《土壤环境质量 农用地土壤污染风险管控标准（试行）》（GB 15618—2018）的规定。

3. 养殖方式

主要采取利用天然草场放牧和舍饲圈养相结合的方式，即根据天然草场牧草的长势情况核定载畜量，大部分牦牛只在天然草场放牧，部分牦牛采用半舍饲或全舍饲的方式养殖，以确保天然草场不会超载过牧，维持生态平衡。

4. 天然草场和圈舍建设

（1）天然草场 在天然草场放牧时，不得超载过牧，每公顷草场面积上最大饲养量为 13.3 个羊单位。天然草场也必须通过有机认证。在天然草场上开展治蝗、灭鼠等工作时，禁止使用化学合成的农药，建议使用生物药物或保护蝗虫、鼠害的天敌，以控制蝗灾、鼠害。

（2）圈舍建设 半舍饲或全舍饲养殖场必须有足够的活动空间和休息场所；必须提供符合其牦牛生理习性和行为的生长繁育场所；必须保持合适的饲养密度；禁止无法接触地面的饲养方式和完全圈养、拴养来限制自然行为的养殖方式。要求成年牦牛养殖面积 4~5 米^2/头，活动面积 5~6 米^2/头，牦犊牛养殖面积 2~2.5 米^2/头，活动面积 3 米^2/头。

圈舍内空气流通，自然光线充足，避免过度的太阳辐射及难以忍受的温度。垫料充足。饲料及饮水充足。避免使用对健康明显有害的建筑材料和设备。

5. 饲草料

必须使用有机饲草料饲喂，当自有的饲草料基地生产的有机饲草料不足时，可以从外地购进有机饲料，但不能超过饲草料总量的 50%。在有机饲料供应短缺时，经颁证委员会许可可以购进常规饲料，但不能超过饲料总量的 10%（以干物质计算），不超过每日饲喂量的 25%（以干物质计算）。

禁止使用尿素和粪便作为饲料进行饲喂。禁止人工合成的生长激素、生长调节剂、开胃剂等添加剂。饲草料应具有一定的新鲜度，具有该产品应有的色、嗅、味和组织形态特征，无发霉、变质、结块、异味及异臭。

6. 疫病防治及消毒

允许对口蹄疫等疫病进行免疫。生病或受伤牦牛的治疗以自然的药物和方法为主，包括植物提取液、顺势疗法、针灸等传统的疗法。

当疫病或伤情确实发生时，应把得病或受伤的牦牛从群体内隔离开进行治疗。在没有合理的替代药物时，应在兽医的指导下使用常规药物治疗。治疗后至少要经过 2 倍安全间隔期。

允许使用驱除寄生虫的药物和对养殖场地进行消毒，但必须使用有机标准允许的消毒药品，如石灰水、生石灰、氢氧化钠、酒精、甲醛、碘酒、高锰酸钾等。在消毒时，应将圈舍内的牦牛全部转移出消毒区。

7. 当地牦牛培育及外地牦牛引进

（1）当地牦牛的培育　要根据当地气候特点，合理安排母牦牛的配种时间，以控制产犊季节。做好产犊前准备和牦牛的管护工作。

（2）外地牦牛引进　可以从外地引进没有受到污染（没有使用转基因技术和胚胎移植技术）的牦牛，但引进后必须按有机要求饲养。当不能购买到有机牦牛时，可以购进出生不超过 6 月龄的牦犊牛（已断奶）和数量不超过总量 10% 的常规养殖牦牛。遇到不可预见的严重自然灾害或事故时，可以购进不超过现有养殖总量 40% 的牦牛。而且引进后必须经过 4 个月的转换期。

8. 病死牦牛处理

尸体处理应采用掩埋方式进行。掩埋坑深度大于 2 米，在每次投入尸体后，应覆盖一层厚度大于 10 厘米的生石灰，掩埋坑填满后，须用黏土填埋压实并封口。严禁随意丢弃、出售或作为饲料再利用。

9. 粪污处理及利用

设置专门的贮存设施，其恶臭及污染物排放应符合《畜禽养殖业污染物排放标准》。贮存设施的位置远离地表水体（距离不得小于 400 米），并应在养殖场生产及生活管理区的常年主导风向的下风向或侧风向处，设置顶盖，防止降水进入，并采取有效的防渗处理工艺，防止粪便污染地下水。

粪污综合利用率达 95% 以上。有条件的地区建设沼气池，利用粪污生产沼气，提高利用率。

10. 运输、屠宰和加工

在运输和屠宰的过程中要完全避免与常规养殖的活畜及畜产品接触，在运输过程中要有专人负责，尽量减少对牦牛的刺激。在运输、屠宰和加工前要对所用的器械进行严格消毒清洗，禁止使用镇静剂、电棒及相似的药物及设施。

所生产的牦牛肉用食品级包装材料进行包装，在外包装上印刷油墨以及商标黏着剂必须是无毒的，并且不能与食品接触。建立严格的外包装使用制度，并与常规产品进行区分。

11. 养殖档案记录

要根据生产进程进行跟踪记录，详细记录牦牛只养殖过程中饲料、兽药、配种、产犊、出售、加工等一系列生产信息。

（二）有机牦牛肉生产认证

1. 有机食品认证程序

向有机认证机构索取申请表和有机认证简介（可从网站上下载相关的认证信息）→填写申请表→上报申请表（可用传真等方式）→认证机构进行审核 →认证机构决定受理发放相应的调查表及有关资料→填写调查表和撰写申请认证材料并寄回认证机构→认证机构对调查表和相关材料进行审查→通过初步审核签署认证检查合同→申请人支付合同中相关费用→认证机构确定检查人选→申请人确定检查人员→派出检查人员→认定机构做出审核决议。

2. 有机基地认证

（1）有机基地要求　一是秸秆综合利用率达 100%；粪便综合利用率达 95%；疫病

生物防治和物理防治推广率达 100%。二是已制定有机食品发展规划，包括生产基地建设目标、生产基地建设年度计划及运作模式；具备规范的有机食品生产、加工操作规程。三是土壤环境质量不低于《土壤环境质量 农用地土壤污染风险管控标准（试行）》（GB 15618—2018）二级标准；水环境质量不低于《地表水环境质量标准》（GB 3838—2002）Ⅳ类标准；大气环境质量不低于《环境空气质量标准》（GB 3095—2012）二级标准。四是严格按照国家环境保护总局颁布的《有机食品技术规范》组织生产，所养殖的牦牛获得有机食品认证机构认证（包括有机转换认证）。五是已建立有效的内部管理、决策、技术支撑和质量监督体系。建立完整的文档记录体系和跟踪审查体系。

（2）申报程序 自查→县人民政府同意→向青海省生态环境厅提出书面申请→青海省生态环境厅初审上报国家生态环境部→国家生态环境部有机食品发展中心组织专家进行复核和实地核查→认证机构做出审核决议。

（3）申报内容 申请报告须附有有机食品生产基地工作总结和技术报告。工作总结包括基地基本概况、建设过程和取得的成效；技术报告包括国家有机食品生产基地申请表、申报条件中所要求的各项内容完成情况和证明材料（包括地、市级以上检测、监测部门出具的检测、监测报告）。

（4）申报时限 1 个单位或组织在 1 个年度内只能申报 1 次。

在有机牦牛肉生产的过程中，要加强组织管理，成立专门负责有机牦牛肉生产的办公机构，加强科技培训，建立专业技术人才队伍，强化产品质量监管，严格按照国家相关标准组织生产，确保产品质量。

第四节 饲料加工调制技术

一、精粗饲料的搭配

（一）粗饲料

粗饲料指饲料干物质中粗纤维含量在 18% 以上的饲料。粗饲料主要包括干草和农副产品类（包括收获后的农作物秸秆、荚、壳、藤、蔓、秧）、干老树叶类。粗饲料有以下几个特点：粗纤维含量很高，在 30%～50%；粗蛋白质含量低，在 3%～4%；维生素含量低，只有 3～4 毫克/千克；无氮浸出物含量高，在 20%～40%；含钙高，含磷低。总而言之，粗饲料的特点是体积大、质地较粗硬、难消化、可利用的养分较少，但是，粗饲料的来源广、种类多。青海省草食家畜饲料中应用的粗饲料主要有农牧交错区的农作物秸秆（小麦秸秆、豌豆秸秆、蚕豆秸秆、油菜秸秆及马铃薯秸秆）、青海省优质补饲饲草（青贮玉米秸、苜蓿青干草、燕麦青干草）和天然草地（线叶嵩草、高山柳+黑褐苔草、金露梅-珠芽蓼及藏嵩草）冷季牧草等多种。

（二）精饲料

精饲料又称精料，是单位体积或单位重量内营养成分丰富、粗纤维含量低、消化率高的一类饲料。

（三）精粗饲料的搭配

牦牛是反刍动物，能大量消化粗纤维，饲喂时日粮可以以粗饲料为主，但是粗饲料比例过高，营养贫乏，适口性差，极易导致牦牛营养不全面、掉膘等，因此，在饲喂过程中除保证充足的粗饲料外，还要适量添加含矿物质和微量元素的精饲料等，丰富营养，平衡营养需求，使牦牛保持较好的体况。在牦牛日粮中，应以优质粗饲料为主，在充分供给优质粗饲料后不足的能量、蛋白质和矿物质等养分由精饲料供给。在饲喂上应先粗后精或粗精混合，精饲料尽量做到少量多次饲喂，避免一次摄入大量精饲料，且在条件允许的情况下，应当添加品种多样、营养全面的精饲料。在生产实践中，要按照不同的生产阶段和生产目的来调整牦牛日粮中精粗饲料的比例，合理搭配精粗饲料。如牦牛育肥时为了获得较高的日增重，在饲喂粗饲料的同时，要给予高能的谷物和蛋白质饲料，以满足能量和蛋白质的需求。前期饲料中的蛋白质要相对高，中后期增加能量饲料，精饲料也要逐渐增加。前期可控制为体重的 0.6%、中期为 0.8%、后期为 1.2%~1.3%。

二、精饲料种类和利用

（一）精饲料的种类

精饲料主要包括能量饲料和蛋白质饲料。有谷类、豆类、工业副产品和商品饲料。

1. 能量饲料

谷物籽实（大部分是禾本科植物成熟后的种子）及其加工副产品（如麸皮等）属于能量饲料。干物质中粗纤维含量在 18% 以下，粗蛋白质含量在 15% 以下，而无氮浸出物（主要是淀粉）占 67%~80%。这类饲料体积小、营养成分高、消化率高，如玉米中的无氮浸出物，牛的消化率为 90%。牛食后可大量沉积体脂肪。这类饲料的不足之处是粗蛋白质含量低，含钙量少（一般低于 0.1%）而磷多（0.31%~0.45%）。

2. 蛋白质饲料

豆类作物籽实、油料作物籽实及油渣（也称油饼）等，含粗蛋白质 20% 以上，粗纤维在 18% 以下（含 18%）。粗蛋白质含量高，消化率也高，为蛋白质饲料或蛋白质补充饲料。能弥补其他饲料（如谷类）中蛋白质的质和量的不足，以使牛达到营养平衡。

3. 配合饲料

配合饲料是在家畜营养原理的指导下，根据家畜的生理状态和一定的生产性能，确定其对各种营养物质的需要，再用多种饲料混合配制加工而成的混合饲料，由饲料加工企业专门生产。

（1）添加剂预混料　由营养物质添加剂（微量元素、氨基酸、维生素等）、非营养物质添加剂（中草药驱虫剂、抗氧化剂等）加谷粉，按一定比例或规定量混匀而成，可供生产平衡混合饲料用。

（2）平衡用混合料　由蛋白质饲料、矿物质饲料和添加剂预混料按家畜营养科学要求或配合加工而成，可供生产精饲料混合料等用。

（3）精饲料混合料　由平衡用混合料和精饲料加工而成，多为牛的加工精饲料。应用时按照说明书上所标注的精饲料混合量的喂量以及相应喂给多少粗饲料等来饲喂。

4. 常用精饲料原料

（1）玉米 玉米的净能值较高，易于消化，无氮浸出物的消化率达90%以上，含蛋白质7%～9%。玉米的蛋白质中缺少赖氨酸、蛋氨酸和色氨酸，是一种养分不全面的高能饲料。使用时最好搭配适量的蛋白质饲料，并补充一些无机盐和维生素。

（2）青稞 青稞的蛋白质含量较高，最高可达到14.81%，且富含赖氨酸，饲用价值高，青稞籽粒是良好的精饲料，青稞的秸秆是良好的饲草，含蛋白质4%，其茎秆质地柔软，富含营养，适口性好，是高原地区牲畜冬季的主要饲草。

（3）油菜饼（麻渣） 油菜饼（麻渣）中含有35%～36%的蛋白质，其中可消化的蛋白质达27.79%，菜籽蛋白质含有大量必需氨基酸和含硫氨基酸，而且氨基酸的配比比较合理，与大豆蛋白品质不相上下。此外，菜油菜饼（麻渣）中还含有较丰富的钙、磷、镁、硒和多种维生素，是优质饲料来源。油菜饼（麻渣）含有150～180微摩尔/升的硫苷，在有水情况下经芥子酶分解出异硫氰酸酯、恶唑烷硫酮和腈等有毒物质，所以在作饲用前必须进行脱毒处理。

（4）麦麸（麸皮） 麸皮是面粉加工的副产品，它的营养价值因面粉加工精粗不同而异。精粉的麸皮营养价值较高，粗粉的麸皮营养价值较低。麸皮含有丰富的B族维生素，蛋白质含量12%～17%，适口性好，具有轻泻作用和调养性，钙少，磷多。

（二）精饲料的利用

各地用于牦牛及其杂种牛的精饲料主要有青稞、大麦、油菜饼（麻渣）、麸皮、尿素等。精饲料在青海省牧区主要是在寒冷季节牧草缺乏的情况下以及育肥时应用得较多，以保证冷季牦牛对能量、蛋白质和矿物质等养分的需求或提高育肥效果。冷季补饲精饲料的需求量按照草场情况而定，并且优先考虑饲喂的精饲料要能够补充牦牛在冷季对能量的需求。放牧加补饲育肥时，在草场资源好的条件下精饲料的补充量可以控制在牦牛体重的1%。舍饲育肥时精饲料的量可逐渐增加，前、中、后期精饲料占日粮的量分别为40%、60%、65%。以下提供2个牦牛育肥精饲料配方以供参考。

方案一：前、中期，青稞70%、饼粕类24%、酵母3%、食盐1%、磷酸氢钙2%；后期，青稞90%、饼粕类6%、酵母2%、食盐1%、磷酸氢钙1%。

方案二：前、中期，玉米50%、大豆20%、麸皮10%、面粉19%、食盐1%；后期，玉米60%、大豆15%、麸皮10%、面粉14%、食盐1%。

三、青干草种类及利用

（一）青干草的种类

天然草地青草或栽培牧草，收割后经天然或人工干燥制成。优质干草呈青绿色，叶片多且柔软，有芳香味。干物质中粗蛋白质含量较高，约8.3%，粗纤维含量约33.7%，含有较多的维生素和矿物质，适口性好，是草食动物越冬的良好饲料。关于干草的种类，目前没有统一的分类方法。根据不同的分类方法，干草可形成许多种类，现简要介绍如下。

1. 按照饲草品种的植物学分类分

常将干草分为禾本科、豆科、菊科、莎草科、十字花科等，在每个科里面，可根据饲草品种的名称命名干草名，如苜蓿干草为豆科干草，黑麦草干草为禾本科干草等。

（1）豆科干草　包括苜蓿干草、三叶草、草木樨、大豆干草等。这类干草富含蛋白质、钙和胡萝卜素等，营养价值较高，饲喂草食家畜可以补充饲料中的蛋白质。

（2）禾本科干草　包括羊草、冰草、黑麦草、无芒雀麦、鸡脚草（鸭茅）及苏丹草等。这类干草来源广、数量大、适口性好。天然草地绝大多数是禾本科牧草，是牧区、半农半牧区的主要饲草。

（3）谷类干草　为栽培的饲用谷物在抽穗-乳熟或蜡熟期刈割调制成的青干草。包括青玉米秸、青大麦秸、燕麦秸、谷子秸等。这一类干草虽然含粗纤维较多，但是农区草食家畜的主要饲草。

（4）其他青干草　用根茎瓜类的茎叶、蔬菜及野草、野菜等调制的青干草。

2. 按照栽培方式分

根据调制干草所用的鲜草栽培方式和来源，可将干草分为单一品种干草、混播草地干草和野生干草。如：苜蓿干草为单一品种干草，白三叶+黑麦草干草为混播草地干草，而草原上刈割的野青草晒制的干草为野生干草。

3. 按照干燥方法分

根据调制干草时的干燥方法，可将干草分为晒制干草和烘干干草两类，这种分类方法可提示消费者所购干草的质量。一般而言，烘干干草质量优于晒制干草，是进一步加工草粉、草颗粒、草块的原料。

（二）青干草的调制和利用

青干草的调制方法主要有自然干燥法和人工干燥法。

1. 自然干燥法

自然干燥法不需要特殊的设备，在很大程度上受天气条件的限制，但为目前国内常用的干燥方法。自然干燥可分为地面干燥法和草架干燥法。

（1）地面干燥法　牧草刈割后在地面干燥6~7小时，当含水量降至40%~50%时，用搂草机搂成草条继续干燥4~5小时，并根据气候条件和牧草的含水量进行翻晒，使牧草水分降到35%~40%，此时牧草的叶片尚未脱落，再用集草器集成0.5~1米高的草堆，经1.5~2天就可调制成含水分15%~18%的干草。牧草全株的总含水量在35%以下时，牧草叶片开始脱落，为保存营养价值较高的叶片，搂草和集草作业应在牧草水分不低于35%时进行。在干旱地区调制干草时由于气温较高、空气干燥，牧草的干燥速度较快，刈割与搂草作业可同时进行。

（2）草架干燥法　在牧草收割时由于多雨或潮湿天气，地面晾晒调制干草不易成功时，需采用专门制造的干草架进行干草调制。干草架主要有独木架、三脚架、铁丝长架等。方法是将刈割后的牧草在地面干燥0.5~1天后再移在草架上，遇到降雨时也可直接在草架上干燥，将牧草自上而下置于草架上，草架需有一定倾斜度以利采光和排水，最下一层牧草应高出地面，以利通风，草架干燥虽花费一定物力，但制成的干草品质较好，养分损失比地面干燥减少5%~10%。

2. 人工干燥法

其特点是可减少牧草自然干燥过程营养物质的损失，使牧草保持较高的营养价值。

人工干燥主要有常温鼓风干燥法和高温快速干燥法。

（1）常温鼓风干燥法　可提高牧草的干燥速度。在堆贮场和干草棚中安装常温鼓风机，通过鼓风机强制吹入空气，达到干燥的目的。

（2）高温快速干燥法　将牧草切碎置于烘干机中，通过高温空气使牧草迅速干燥。干燥时间由烘干机的型号及牧草的含水量而定。有的烘干机入口温度为75~260℃，出口温度为60~260℃。虽然烘干机中温度很高，但牧草在烘干机中的温度很少超过30~35℃。这种干燥方法养分损失很小，如早期刈割的紫花苜蓿制成的干草粉含粗蛋白质20%，含胡萝卜素200~400毫克/千克，含纤维素24%以下。

3. 干草捆的制作

牧草干燥到一定程度后可用打捆机进行打捆，以减少牧草所占的体积和运输过程中的损失，便于运输和贮存，并能保持干草的芳香气味和色泽。根据打捆机的种类不同可分为长方形捆和圆柱形捆。长方形草捆有长方形小捆和大捆，小捆易于搬运，重量为14~68千克；长方形大捆重量为0.82~0.91吨，需要重型装卸机或铲车进行装卸。圆柱形草捆由大圆柱形打捆机打成，每个600~800千克，草捆长1~1.7米，直径1~1.8米，圆柱形草捆可在田间存放较长时间，可在排水良好的地方成行排列，使空气易于流通，但不宜堆放过高，一般不超过3个草捆高度，圆柱形草捆可在田间饲喂，也可运往圈舍饲喂。

为保证干草的质量，在打捆时必须掌握收草的适宜含水量，为防止贮藏时发霉变质，一般打捆时牧草的含水量应为15%~20%；在喷入防腐剂丙酸时，打捆牧草的含水量可高达30%，可有效防止叶片和花序等柔嫩部分折断而造成机械损失。

4. 干草的贮藏

干草的贮藏必须采取正确而可靠的方法进行，才能减少营养物质的损失和浪费。如果贮存不当会造成干草的发霉变质，降低饲用价值，失去干草调制的目的。同时，若贮藏不当还易引起火灾。

（1）散干草的堆藏　当调制的干草水分含量达15%~18%时即可贮藏。干草体积大，多采用露天堆垛的贮藏方法，堆成圆形或长方形草垛，草垛的大小视干草的数量而定。堆垛时应选择地势高而干燥的地方，草垛下层用树干、秸秆等作底，厚度不少于25厘米，应避免干草与地面接触，并在草垛周围挖排水沟。堆草时要一层一层地进行压紧，特别是草垛的中部和顶部更需压紧、压实。

散干草的堆藏虽然经济，但易遭日晒、雨淋、风吹等不良条件的影响，不仅损失营养成分，还可能使干草霉烂变质。干草在露天堆放，营养物质损失高达23%~30%，胡萝卜素损失可达30%以上。干草垛贮藏1年后，草垛侧面变质的厚度达10厘米，垛顶变质厚度达25厘米，基部变质厚度达50厘米。因此，适当增加草垛高度可减少干草堆藏中的损失。

（2）干草捆的贮藏　干草捆的体积小、重量大，便于运输，也便于贮藏。草垛的大小依干草量的大小而定。调制的干草，除在露天堆垛贮存外，还可贮藏在专用的仓库或干草棚内。简单的干草棚只设支柱和顶棚，四周无墙，成本低，干草在草棚中贮存损失小，营养物质损失1%~2%，胡萝卜素损失18%~19%。干草应贮存在牛舍附近，以方便取运饲喂。

5. 干草的饲喂

青干草是冬、春季草食家畜的主要饲料。良好的干草所含营养物质能满足牛的维持营养需要并略有增重，但在生产中，极少以干草作为单一饲料，一般用部分秸秆或青贮料代替青干草，再补充部分精饲料，以降低饲料成本。为避免粪便污染和浪费，干草通常放在草架上让牲畜自由采食。目前，常用的方法是把干草切短至 3 厘米左右或粉碎成草粉进行饲喂，以提高干草的利用率和采食量。用草粉饲喂牛，不要粉碎得太细，并需在饲喂时添加一定量的长草，以便使牛进行正常反刍。

四、营养舔砖的应用

（一）营养舔砖

营养舔砖是指将牛所需的营养物质经科学配方加工成块状，供牛舔食的一种饲料。是根据反刍动物喜爱舔食的习性而设计生产的，并在其中添加了反刍动物日常所需的矿物质元素、维生素等，也称块状复合添加剂，通常简称"舔块""舔砖"。其形状不一，有的呈圆柱形，有的呈长方形、正方形不等。一般根据所含成分占其比例的多少来命名，舔砖以矿物质元素为主的叫复合矿物舔砖，以尿素为主的叫尿素营养舔砖，以糖蜜为主的叫糖蜜营养舔砖，以糖蜜和尿素为主的叫糖蜜尿素营养舔砖，以尿素和糖蜜为主的叫尿素糖蜜营养舔砖。

（二）舔砖的作用和应用

1. 作用

舔砖能维持牛机体的电解质平衡，防治牛矿物质营养缺乏症，以补充、平衡、调控矿物质营养为主，防治因矿物质营养缺乏及平衡失调而引发的异嗜癖、腐蹄病、白肌病、幼畜佝偻病、营养性贫血等，调节生理代谢，具有营养保健功能。

在放牧和舍饲过程中，特别时在冬季和早春气候寒冷、牧草枯黄、秸秆老化的季节里对牦牛补充矿物质元素、非蛋白氮、可溶性糖蜜等营养物质，可提高采食量和饲料利用率，促进生长，提高生产性能，改善畜产品质量和提高经济效益。

可以防止牦牛异食。近年来，随着"白色污染"对环境危害的日趋加剧，牦牛因无机盐及微量元素缺乏等因素致使其消化紊乱而发生异食癖，常将塑料、尼龙类制品误食胃内，引起消化器官疾病，甚至导致淘汰、死亡，给牦牛养殖业的发展造成严重的经济损失。通过添加舔砖，牦牛获得必需的营养成分，可有效地防止牦牛异食。

可以充分利用工农业副产品（如麦麸、饼粕等）以及作物的残留物，既提高了工农业副产品的利用率，又是解决冷季饲料不足的一条有效途径。

2. 应用

舔砖饲用安全可靠，不会因食入过量而出现中毒现象；质地坚硬，不易潮解，便于贮存与运输；使用方便，省时省工。

牦牛进行驱虫后，一般可将舔砖悬挂在牛舍食槽上方或在棚圈周围牛只经常活动的地方，供自由舔食即可。

常用的营养舔砖主要有盐砖、矿物质舔砖、预混料牛羊舔砖。

（三）舔砖使用中的注意事项

舔砖的硬度必须适中，以便使牛的舔食量在安全有效的范围之内。若牛的舔食量过大，就需增大黏合剂的添加比例；若牛的舔食量过小，就需增加填充物并减少黏合剂的用量。

牛每日舔食量的标准因舔砖原料及其配比的不同略有差异，主要以牛实际食入的尿素量为标准加以换算。一般成年牛、青年牛每日进食的尿素量分别为 80~110 克、70~90 克。

使用舔砖的初期最好能在上面撒少量的食盐、玉米面或糠麸，以诱导牛舔食，一般经过 5 天左右的训练即可达到目的。

舔砖要清洁，避免被粪便污染。防止舔砖破碎成小块，使牛一次食入量过多，引起中毒。

第五节　牦牛疾病的防治

一、防治措施

（一）防治原则

在高原牦牛患病主要是由于机体功能损害或与外界环境失衡而引起的。其结果导致牦牛生长受阻、生产性能低下或丧失，严重的导致死亡。实际生产中，牦牛养殖户必须坚持"防重于治，防治结合"的原则，减少发病，而一旦发病要及时进行诊治，将患病造成的损失与为害降到最低限度。

（二）措施

（1）合理选址与布局　牦牛场选址和布局要科学合理，场内各功能区的分区和排序等要符合防疫的要求。

（2）做好日常饲养管理，保证饲料质量　一是实行分群、分阶段饲养。按性别、年龄分群饲养，根据不同群体、不同阶段确定饲养标准，避免随意更改，防止营养缺乏症和胃肠病发生。二是日常管理。做好日常保健，保证牛适当运动。日常饮水应清洁卫生充足。饲草、饲料应干净、切碎、无残留农药及杂质，禁止饲喂有毒、霉变的草料。

（3）保证饲料质量　做好精饲料仓库防潮、防虫、防鼠的工作，避免干草受潮变质，更要注意防火。

（4）定期消毒　定期消毒棚圈、设备及用具等，特别是棚圈空出后的消毒，能消灭散布在棚圈内的微生物（或称病原体），切断传染途径，使环境保持清洁，预防疾病的发生，以保证牛群的安全。

（5）科学免疫　有计划地给健康牛群接种疫苗，可以有效地抵抗相应的传染病侵害。免疫接种疫苗要掌握传染病的种类、发生季节、流行规律，根据牛群的生产、饲养、管理和流动等情况，制定相应的防疫制度。规模养殖场和养殖小区要根据规模养殖的特点及各种疫苗的免疫特性，结合本场实际，制定预防接种次数、间隔时间、接种剂量；选择正规厂家生产的疫苗，不能购买和使用无资质厂家生产或销售的疫苗，在运输保存过程中严格按要求操作，在使用过程中必须规范使用。

（6）定期驱虫　寄生虫病也是为害牦牛生产主要的疾病，该病不但会影响牛群的正常生长发育，还会通过皮肤及排泄物在牛场中传播、蔓延和流行。如果不及时进行治疗和彻底的消毒，会使寄生虫病在牛场长期存在。为预防寄生虫病，每年春秋对牛群分别进行2次整体驱虫。

（7）调运、防疫监督　按照《中华人民共和国动物防疫法》的有关规定，在从外引进牛时，一定要取得引进地动物卫生监督机构出具的检疫证明和布氏杆菌、结核病实验室检验阴性结果证明。在起运前检疫、运输时检疫和到达目的地后检疫，并且到达目的地后要进行隔离观察，确定为健康后，方可混养。不能疏忽任何一个检疫环节。同时，应加强动物防疫监督，对违反动物防疫法的单位和个人从重处理。防止调进患病或染疫的牲畜及其产品，造成疫病的扩散流行。

（8）疫情监测　建立牛群的检疫制度，搞好疫情监测。根据饲养地的疫情或者业务部门的检疫计划，每年要对牛群进行有计划的检疫，及时检查出病牛，隔离治疗或按业务部门的意见处理。一旦发生重大动物疫情疑似病例，要立即上报动物防疫监督机构，并配合采取相应的处理措施。

（9）废弃物处理工作　粪便及其他污物应有序管理，及时除去牛舍及运动场内的污物和粪便，应设牛粪尿和污物等处理设施，废弃物处理遵循减量化、无害化和资源化原则。要严格执行防疫、检疫及其他兽医卫生制度。

二、传染病的防治

牦牛传染病的流行由传染源、传染途径和易感牛3个要素互相关联而形成。采取适当的综合性卫生防疫措施消除或切断三者中的任何一个环节才能控制传染病的发生和流行。

（一）牦牛常见传染病

常见的牦牛传染性疾病有布氏杆菌病、结核病、口蹄疫、炭疽、巴氏杆菌病（牛出败）、传染性胸膜肺炎、沙门氏菌病（副伤寒）、大肠杆菌病、嗜皮菌病、黏膜病以及传染性角膜结膜炎等。目前，大部分传染性疾病已得到有效的控制或消灭。

（二）防治要点

1. 加强饲养管理，搞好清洁卫生

养殖户必须贯彻"预防为主"的方针，加强饲养管理，搞好圈舍清洁卫生，增强牦牛的抗病能力，减少疾病的发生。生产牛舍、隔离牛舍和病牛舍要根据具体情况进行必要的消毒。如发现牛可能患有传染性疫病时，病牛应隔离饲养。死亡牦牛应送到指定地点妥善处理，养过病牛的场地应立即进行清理和消毒。污染的饲养用具也要严格消毒，垫草料要烧毁，发生呼吸道传染病时牛舍内还应进行喷雾消毒。在疫病流行期间应增加消毒的频率。

引进新牛时，必须先进行必要的传染病检疫，阴性反应的牛还应按规定隔离饲养一段时间，确认无传染病时才能并入原有牛群饲养。当暴发烈性传染病时，除严格隔离病牛外，应立即向上级主管部门报告，还应划区域封锁，在封锁区边缘要设置明显标志。减少人员往来，必要的交通路口设立检疫消毒站，执行消毒制度。在封锁区内更应严格消毒，应严格执行兽医主管部门对病死牛的处理规定，妥善做好消毒工作，在最后一头牛痊愈或处理后，经过一定的封锁期及全面彻底消毒后才能解除封锁。

2. 建立定期检疫制度

牛结核病和布氏杆菌病都是人畜共患病，这两种传染病在当地比较流行，所以在早期查出患病牛及早采取果断措施，以确保牛群的健康和产品安全。按目前的规定牛结核病可用牛结核病提纯结核菌素变态反应法检疫，健康牛群每年进行2次牛布氏杆菌病检疫，可用布鲁氏菌试管凝集反应法检疫，每年2次其他的传染病检疫可根据具体疫病采用不同方法进行。

3. 定期执行预防接种

定期接种疫苗，增强对传染病的特殊抵抗力，如抗炭疽病的炭疽芽孢苗等。

（三）几种主要传染病的防治

1. 炭疽

炭疽是由炭疽杆菌引起的急性人畜共患病。本病呈散发性或地方性流行，一年四季都有发生，但夏秋温暖多雨季节和地势低洼易于积水的沼泽地带发病多。多年来，牦牛产区有计划、有目的地预防封锁，控制隔离病牛，专人管理，严格搞好排泄物的处理及消毒工作，病牛注射炭疽芽孢苗，取得良好的效果。由过去的地方性流行转为局部地区零星散发。发生疫情时，可用抗炭疽血清或青霉素、四环素等药物治疗。

2. 口蹄疫

（1）技术概述　牦牛口蹄疫是由口蹄疫病毒引起的一种牦牛的烈性传染病，发病后流行快，往往造成大流行，不易控制和消灭，我国将其列为一类动物疫病之首。口蹄疫的发生会极大地影响牦牛养殖业的发展，一旦大规模传染，不但造成养殖户的重大经济损失，并且严重影响畜产品国际贸易。实行强制免疫策略，采取严格的监测、疫情报告、疫情处置和检疫监管等措施，可有效降低疫情发生和杜绝疫情扩散，保障养殖业健康发展。口蹄疫分为良性与恶性两种类型，而其患病的主要表现症状为食欲下降，咀嚼困难，脉搏、呼吸加快及大量流涎等症状，患牛的体温升至 40~41 ℃，其潜伏期多为 1~7 天。在患牛发病 1~2 天后，随着病情加重会出现如蚕豆至核桃般大小的水疱，主要分布在齿龈、舌面、唇内等部位。经过一夜后，水疱破裂，从而导致溃疡形成。随着口腔出现水疱后，患牛趾间及蹄冠的柔软皮肤上也会随之发生，从而导致患牛不愿站立行走，最后以致其卧地不起、衰弱而死。而病症发生在乳房的患牛，起初表现症状为皮肤发红肿胀，然后随着病情加重出现水疱，最终破溃而出现溃烂面。哺乳犊牦牛患病时，主要表现为心肌炎、出血性肠炎，其具有极高的死亡率。良性病毒可在溃疡破裂后自行治愈，而恶性病毒往往会导致患牛因心脏停搏而突然死亡，且死亡率高达 25%~50%。牦牛口蹄疫病毒的潜伏期在 1 周左右。在牛口蹄疫疾病诊断期间，相关诊断人员可以利用解剖诊断方式开展相关工作。在解剖之后，可以发现病牛咽喉与各个器官中出现了水疱，并且伴有腐烂的现象，存在较多棕色的结痂现象，在病牛的胃部，会出现较多血性炎症状况，肺部有浆液物质，心脏部分含有大量浑浊物，心肌上面有白色的条纹。牛口蹄疫疾病呈现良性发病症状的时候，1周之内就可以自愈，但是，如果病牛疾病拖延了3周，就会出现水疱不愈合等疾病恶化现象，病牛的身体开始衰弱，并且肌肉开始发抖，病牛心跳加速，心跳速度不平稳，病牛的进食量逐渐减少，开始停止反刍。一般情况下，牦牛口蹄疫疾病会导致成年牛出现死亡的现象，在临床症状诊断与解剖实验之后，就可以初步判断牛感染了口蹄疫疾病，确诊需实验室检测。

（2）技术要点　包括免疫、监测、检疫监管等方面。

免疫：对所有牦牛，在春、秋两季实施集中免疫，对新补栏的种牛和犊牛要及时补免。犊牛于1月龄时进行初免，或可根据母源抗体和免疫抗体检测结果制定相应的免疫程序。使用口蹄疫O型、A型二价灭活疫苗，采用皮下或肌肉注射方式免疫。12～24月龄的牛每头注射0.5～1毫升，24月龄以上的牛每头注射1～2毫升，犊牛免疫剂量减半，或按相关产品说明书规定进行。存栏牦牛的免疫密度应达到100%，免疫后要定期开展免疫抗体效果评价，免疫抗体合格率达到70%以上。

监测：加强区域内口蹄疫监测工作，开展血清学和病原学检测，及时分析评估疫情发生风险，对重点地区加大监测频次，扩大监测范围。加强对其他地区口蹄疫疫情动态的监测。

检疫监管：不应从疫区调运易感动物及其产品。跨省调运时，经调出地产地检疫合格后方可调运，到达后须隔离饲养至少21天，经检测合格方可混群。入场屠宰时对动物进行查证验物。

疫情报告：口蹄疫为一类动物疫病，发生疫情要立即采取严格的处置程序，不允许进行治疗。任何单位和个人发现牦牛以发热、口炎、流涎、蹄部溃烂等为特征、发病迅速的疑似口蹄疫疫情时应按规定逐级上报。报告内容包括：疫情发生时间、地点；发病、死亡动物的种类和数量；病死动物临床症状、病理变化、诊断情况；流行病学调查和溯源追踪情况，已采取的控制措施等。由官方兽医来处置疫情。动物疫病预防控制机构根据实验室检测结果进行确诊。

疫情处置：划定疫点、疫区和受威胁区。划定疫区、受威胁区时，应根据当地天然屏障、人工屏障、野生动物栖息地存在情况，以及疫情溯源及跟踪调查结果，适当调整范围。

疫点：相对独立的规模化养殖场（户），以病、死牦牛所在的场（户）为疫点；散养畜以病、死牦牛所在的自然村为疫点；放牧畜以病、死牦牛所在牧场及其活动场地为疫点；牦牛在运输过程中发生疫情的，以运载病畜的车辆为疫点；在屠宰加工过程中发生疫情的，以屠宰加工厂（场）为疫点。疫区：由疫点边缘向外延伸3千米范围的区域划定为疫区。受威胁区：由疫区边缘向外延伸10千米的区域划定为受威胁区。

对疫区实行封锁，跨行政区域发生疫情时，有关行政区域共同封锁疫区。在疫区周围设立警示标志，在出入疫区的交通路口设置执法检查站和检疫消毒站。封锁期间易感动物及其产品不应出入疫区，人员、车辆出入疫区要按规定进行消毒。扑杀疫点内的所有易感动物。对疫点内所有病死和扑杀的易感动物及其乳制品、排泄物以及被污染或可能被污染的饲料、垫料、污水等，通过深埋、焚化或发酵等方式进行无害化处理。

对疫点和疫区内的圈舍、场地，以及被污染的物品、用具、交通工具等，通过用消毒液清洗、喷洒以及火焰、熏蒸等方式进行严格彻底消毒。场地消毒前应先清除污物、粪便、饲料、垫料等。对疫点和疫区内库存的易感动物皮、毛及疫区内易感动物乳产品进行严格的消毒处理。

对疫区和受威胁区内易感动物进行口蹄疫紧急免疫，建立免疫隔离带，并加强监测，及时掌握疫情动态。

野生动物控制：采取措施避免发病动物与野生易感动物接触，并加强疫点周边地区野生易感动物分布和发病情况调查，发现野生易感动物异常死亡要及时采样检测。

疫情溯源和追踪：对疫情发生前21天内，所有引入疫点的易感动物、相关产品及运输工具进行追溯性调查，分析疫情来源，对从疫点输出的易感动物、相关产品、运输车辆及密切接触人员的去向进行跟踪调查，分析疫情扩散风险。必要时，对输出地接触易感动物进行隔离观察。

（3）配套措施　对牦牛口蹄疫的防控，地方领导要高度重视，落实政府责任和养殖户责任。加大政策支持力度，确保口蹄疫免疫、监测、扑杀净化、消毒灭源、流通监管等综合防控措施顺利实施。

（4）注意事项　考虑到牦牛口蹄疫的为害，务必从"防"的角度出发，制定各类综合性防病措施，切实降低此病的感染率。要认真贯彻各项防疫制度，将疫情扼杀在萌芽状态。注意做好牛舍和环境消毒，及时处理舍内残留粪污，经物理清扫后，用消毒剂整体深层次消毒，坚决不给病毒创造滋生繁殖空间。

3. 布氏杆菌病

（1）技术概述　牦牛布氏杆菌病是由布鲁氏杆菌引起的以损害繁殖系统为特点的一类人畜共患病，通常人们将其简称为"布病"，被世界卫生组织列为强制报告的疫病，被我国列为二类动物传染病。该病主要侵害生殖系统，引起子宫、子宫内膜、睾丸的炎症，还可引起关节炎。特征是母牛流产、不孕和多种组织的局部病灶。公畜则表现为睾丸炎和附睾炎。该病的潜伏期为2周至6个月，牛布鲁氏杆菌首先侵害侵入门户附近的淋巴结，继而随淋巴液和血液散布到妊娠子宫、乳房、关节囊等，引起体温升高，发生关节炎、乳腺炎、妊娠母牛流产，导致胎衣不下、子宫内膜炎等症状，致使母牛不易受孕。流产胎儿呈黄色胶冻样浸润，有些部位覆盖有纤维蛋白絮片和脓液，有些部位增厚，夹杂有出血点，胎儿皱胃有淡黄色或白色黏液絮状物。流产多发生于妊娠后5~8个月，流产胎儿可能是死胎或弱犊。公牛的睾丸和附睾发炎、坏死或化脓，阴囊出血、坏死；慢性病牛结缔组织增生，睾丸与周围组织粘连。母牛乳房实质、间质细胞浸润、增生。该病是公认的为害最为严重的人畜共患病之一，人的布氏杆菌病几乎全部来自布氏杆菌病病阳性畜。近年来，该病出现了反弹趋势，给当地畜牧业发展和人民群众身体健康带来严重为害和巨大损失。采取综合性防控措施预防和控制布氏杆菌病，对未控制区和控制区实行免疫、监测和扑杀相结合的综合防控措施，对稳定控制区和净化区以监测净化为主，同时加强对流通牲畜的检疫监管，各区实行动态管理，实现"监测一片，净化一片，巩固一片"。使用该技术后，统一和规范了牦牛布氏杆菌病的预防、监测、净化及消毒防护等措施，有利于降低该病的发生、流行，逐步从未控制区→控制区→稳定控制区→净化区过渡，逐步降低和消除其为害，最终实现布氏杆菌病的净化，保障畜牧业稳定发展和人民群众身体健康。

（2）技术要点 包括如下内容。

划区依据：根据近几年各县（市）畜间临床疫情发生情况和血清学监测阳性率情况，以行政县（市）为单位，将各县（市）划分为4个区，即未控制区、控制区、稳定控制区和净化区。

未控制区：临床有布氏杆菌病疫情发生或血清学监测阳性率>0.5%或实施免疫的地区。

控制区：连续2年无临床病例，且血清学监测阳性率≤0.5%的地区。

稳定控制区：连续2年无临床病例，且血清学监测阳性率≤0.1%的地区。

净化区：连续2年无临床病例，且血清学抽检全部为阴性的地区。

（3）免疫 根据有关规定对未控制区实施免疫，对除乳畜和种畜外的其他易感动物，在春、秋两季实施集中免疫。使用布氏杆菌病S2活疫苗，每头牦牛用封闭式投药枪灌服5头份剂量。免疫保护期为2年。也可以用布氏杆菌病A19号活疫苗在6~8月龄（最迟1岁以前）注射1次。必要时，在18~20月龄再注射1次。颈部皮下注射5毫升。注射后1个月产生免疫力，免疫保护期6年。注意疫苗接种前后3天停止使用抗生素添加剂和发酵饲料。对已免疫家畜佩戴免疫标识并录入相关信息，同时做好免疫档案，防止免疫畜交易串换而干扰未免疫地区布氏杆菌病的血清学监测。

（4）监测 包括免疫牛和非免疫牛的监测。

免疫牛：免疫牛可开展病原学监测，采集流产胎儿等进行细菌分离培养，检出阳性牛进行淘汰。对免疫牛开展定期免疫效果监测，每次按10%比例进行免疫抗体检测，群体免疫抗体水平须达到70%以上。

非免疫牛：对种畜和非免疫牛每年至少进行2次布氏杆菌病监测，使用虎红平板凝集试验进行初筛，试管凝集试验复检，检出阳性进行淘汰。

（5）疫情处置 布氏杆菌病患畜治疗时间长，且在治疗过程中易感染人，故治疗意义不大。任何单位和个人发现动物患病或疑似患病，都有义务及时向当地动物疫病预防控制机构报告，以便及时采取严格防控措施，消灭传染源，保护人民身体健康和养殖业稳定发展。疫情确诊后，要立即对患病乳畜和种畜进行扑杀和无害化处理，对其他患病家畜进行淘汰处理，对病畜所在环境及一切用具进行严格消毒，对受威胁家畜进行隔离和持续监测。

（6）消毒 定期消毒十分主要，健康牧场至少每3个月消毒1次，圈舍及运动场注意经常保持清洁。对病畜和阳性畜污染的场所、用具、物品等要进行严格彻底地消毒。饲养场的金属设施、设备可用火焰消毒；圈舍采用密闭熏蒸消毒；场地、车辆可选用3%氢氧化钠溶液、10%漂白粉等有效消毒药消毒；饲料、垫料可深埋发酵或焚烧处理；粪便可堆积密封发酵消毒。皮毛用环氧乙烷、福尔马林熏蒸消毒。

（7）检疫监管 异地调运的牦牛，要有布氏杆菌病检测和检疫合格证明。调入后应隔离饲养至少30天，经检疫合格后方可混群。

（8）预防措施 包括健康牦牛群和病牛群的预防。

健康牦牛群：一是加强饲养管理。日粮营养要均衡，矿物充分质、维生素的供应要充分，以增强孕牛体质。二是严格消毒。产房、饲槽及其他用具用 10％石灰乳或 5％来苏儿溶液消毒。孕牛分娩前用 1％来苏儿洗净后驱和外阴，人工助产器械、操作人员手臂都要用 1％来苏儿清洗消毒。褥草、胎衣要集中到指定地点发酵处理。三是隔离疑似病牛。有流产症状的母牛应隔离，并取其胎儿的皱胃内容物做细菌鉴定。呈阴性反应的牛可回原棚饲养；扑杀阳性牛，同时整个牛群进行 1 次大消毒。四是定期检疫。每年应在春季和秋季分别进行 1 次检疫，注射过疫苗的牛群，应用血清抗体检疫困难，可作补体结合试验，以最后判定是否患本病。五是定期预防注射。犊牛 6 月龄时注射布氏杆菌 19 号疫苗。注射前要做血检，阴性者可注射。注射后 1 个月检查抗体，凡血检阴性或疑似者，再做第二次注射，直到抗体反应阳性为止。

病牛群：要定期检疫、扑杀病牛、控制传染源、切断传播途径，同时要加强饲养管理，保持良好的卫生环境，做好消毒工作，培养健康牛群。经 2 年时间，牦牛群无阳性反应牛出现，标准是 2 次血清凝集反应和 2 次补体结合试验全阴性，且分娩正常。病牛所生的犊牛，出生后立即与母牛分开，人工饲喂初乳 3 天后，转入分场用消毒乳饲喂。在 5～9 月龄内，进行 2 次血清凝集反应检疫，阴性反应牛注射布氏杆病疫苗后可直接归入健康牛群。

（9）配套措施　加大政策支持力度，确保免疫、监测、扑杀净化、消毒灭源、流通监管等综合防控措施顺利实施。布氏杆菌病活疫苗对人都还具有不同程度的残余毒力，防疫过程中应注意个人防护，最好使用封闭式投药枪进行免疫，并佩戴 N95 口罩，穿戴好防护服、护目镜和乳胶手套等，至少做到生物防护二级以上。因乳畜和种畜在生产中的重要性，及目前无有效方法可以区别自然感染畜和免疫畜，所以不对乳畜和种畜进行免疫，只开展监测，检测出阳性即扑杀。对种公牛要严格检测，最好采集精液进行人工授精。

（10）注意事项　要注意公共卫生安全，患病动物是人感染布氏杆菌病的主要传染源。传染途径是食入、吸入或皮肤和黏膜的伤口感染，动物流产和分娩之际是感染机会最多的时期。在生产实践以及布氏杆菌病防控过程中，要加强兽医卫生措施，对牦牛及其圈舍做好产前、产后彻底消毒工作，流产胎儿、胎衣深埋处理，动物要在指定屠宰场屠宰。

4. 结核病

结核病是由结核杆菌引起的人畜共患的一种慢性传染病。其病原为牛型结核菌。应加强定期检疫，对检出的病牛要严格隔离或淘汰。若发现为开放性结核病牛时，应立即进行扑杀。除检疫外，为防止传染，要做好消毒工作。有病的母牛生产的犊牛出生后进行体表消毒，与病牛隔离喂养或人工喂健康母牦牛的奶，断奶后 3～6 个月检疫是阴性者，并入健康牛群。对受威胁的犊牛可进行卡介苗接种，1 月龄时胸部皮下注射 50～100 毫升，免疫期为 1～1.5 年。

5. 巴氏杆菌病

巴氏杆菌病又称出血性败血症，是由多杀性巴氏杆菌引起的多种动物共患的一种急性、热性、败血性传染病。以高温、肺炎、急性胃肠炎及内脏器官广泛出血为特征，故又称牦牛出血性败血症，简称"牛出败"。1 岁以上牦牛发病率较高，分为急性败血型、水肿型和肺炎型，以水肿型最多。病牛往往因窒息、虚脱而死亡。病程 12 ~ 36 小时。多呈散发性或地方性流行，一年四季均可发生，但秋冬季节发病较多。

早期发现该病除隔离、消毒和尸体深埋处理外，可用抗巴氏杆菌病血清或选用抗生素及磺胺类药物治疗。预防注射用牛出血性败血症疫苗，肌肉注射 4 ~ 6 毫升，免疫期为 9 个月。早期发现该病除进行隔离、消毒和尸体深埋处理外，可用高免血清、抗生素及磺胺类药物治疗。

6. 传染性胸膜肺炎

传染性胸膜肺炎是由丝状支原体引起的一种接触性传染病，其主要特征是呈现纤维素性肺炎和胸膜肺炎症状。病初只表现干咳、流脓性鼻液，采食及反刍减少，以后随病程发展，病牛日见消瘦，呼吸困难，颈、胸、腹下发生水肿，约 1 周后死亡。

无特效药物，发病早期用四环素和链霉素有一定的疗效。用牛肺疫兔化绵羊化弱毒冻干菌免疫注射，2 岁以下牛注射 1 毫升，成年牛注射 2 毫升，肌肉注射，免疫期 1 年。

三、寄生虫病的防治

牦牛寄生虫是由多种寄生虫寄生于牦牛体内和体表而引起的各种疾病的统称。包括牦牛消化道线虫病、牦牛肺线虫病、牦牛吸虫病、牦牛绦虫病、牦牛绦虫蚴病、牦牛节肢动物寄生虫病（如牛螨病、牛皮蝇蛆病和蜱、虱、蝇、蚤等蜘蛛昆虫病）等寄生虫病。

（一）防治原则

牦牛寄生虫病的防治原则是要以寄生虫病的流行规律为依据，进行药物防治和综合防治。选择高效、广谱、安全、短残留、低污染、经济的防治药物，采取定期、高密度、大面积、切断寄生虫病传播环节的各项措施，实行全群防治，重点防治幼年牦牛、母牦牛、老弱牦牛。

（二）防治措施

（1）药物防治　一般实行全年 2 次驱虫，1 次药淋和 1 次牛皮蝇蛆病专项防治。具体实施中防治的时间是春季 1—2 月和秋季 8—10 月驱虫，视青海省内各地情况，适当调整防治时间，2 次防治均应在成虫期前进行。牦牛夏季或秋季进行 1 次药物喷淋，或适时喷淋杀虫。牦牛寄生虫病的防治应实行整群驱虫、药浴或药淋，并且不遗漏对分散牦牛的防治。

（2）综合防治　牦牛寄生虫病的综合防治包括外界环境除虫、预防家畜感染、提高机体抵抗力等措施，其中对绦虫蚴病应常年采取综合防治措施。综合防治主要包括对牦牛粪便的处理、对圈舍的灭虫处理、对犬绦虫病的防治、对犬的管理、牧地净化、放牧管理、对寄生虫污染物的处理以及对新引进的牦牛的检疫等多个方面。

综合防治的要点：驱虫牦牛应集中管理，圈舍的粪便定期清除，驱虫后粪便进行无害化处理；圈舍墙壁、地面、围栏、用具、饲喂工具等应用兽用杀虫药喷洒，定期喷洒灭螨；用具、饲喂工具喷洒后应清洗干净、晒干；限制养犬数量，建立犬的登记制度或对养犬者实行登记和发放执照，禁止犬接近屠宰场、控制犬与家畜接触；全面规划牧场，有计划地实行划区轮牧制度，减少寄生虫对草场的污染和牦牛的重复感染。控制单位草场面积上的载畜量，控制载畜密度；污染草场，特别是湿地和森林牧地应禁牧或休牧，以利净化；在放牧管理方面，尽量避开低湿的地点放牧，避免清晨、傍晚、雨天放牧；禁止饮用低洼地区的积水或死水，建立清洁的饮水地点；幼年牦牛与成年牦牛应分开放牧，以减少感染机会，扩大和利用人工草场，采用放牧和补饲相结合的饲养方式，合理补充饲料和必要的添加剂，提高牦牛体质和抵抗力。

（3）监测 按照地方畜牧兽医防疫部门规定的要求进行监测，以评估防治效果和掌握防治后寄生虫病的发生和流行动态。

（4）记录 做好防治记录，内容包括防治数量、用药品种、使用剂量、环境与粪便的无害化处理、放牧管理措施、补饲、发病率、病死率及死亡原因、诊治情况等，建立发病及防治档案，为牦牛寄生虫病的防治提供依据。

四、普通病防治

牦牛普通疾病主要有犊牛胎粪滞留、犊牛脐炎、犊牛肺炎、瘤胃积食、有毒牧草中毒、胎衣不下、创伤等。普通病的防治在于加强日常饲养管理、做好日常保健等，一旦发生疾病要及时处理，并做好对病牛的护理。

（1）日常饲养管理 一是按照年龄和生产阶段，合理分群，划定草场。二是饲料、饮水水源清洁、安全，不饲喂霉变的饲料、不饮被污染的水，放牧时远离有毒牧草的草场。三是牛舍和饲养环境干净、安全，粪污和生活垃圾如塑料、衣物碎片等要及时清理，以免牛只误食引起肠胃疾病。四是加强日常保健，增强抵抗力。五是优化饲养环境，减少因环境因素引起的应激。六是根据不同季节，做好放牧，冬春季节晚出牧、早归牧，夏秋季节早出牧、晚归牧。

（2）患病牛及时医治，做好病牛护理 一旦发现有患病的牛只，要及时进行处理，并且对病牛进行精心护理，使其尽快恢复。

第九章　饲草种植技术

第一节　燕麦单播饲草田建设技术

一、整地

播种前施肥、耕翻（深度20~30厘米）、耙磨、镇压，保证适时播种。

二、播种

种植品种：加燕2号、林纳、青海444、白燕7号。

种子等级标准：饲草田用国家规定的3级以上种子标准。

播种方式：饲草田采用条播或人工撒播，条播行距为15厘米；播后覆土、耙糖和镇压。

播种量：饲草田种子播量为15千克/亩，种子田种子播量为13千克/亩。

播种时间：从4月下旬开始播种。

播种深度：播种深度3~4厘米。

三、田间管理

（一）除草

分蘖期人工除杂草或使用除草剂（用225毫升苯磺隆兑水375千克稀释喷雾）清除阔叶杂草；拔节期有灌溉条件的地区灌水1次。

（二）施肥

饲草田施有机肥10~15千克/亩作基肥，施磷酸二铵3千克/亩作种肥，拔节期施尿素3~5千克/亩作追肥。

（三）病虫害防治

燕麦锈病用三唑酮或15%的氟硅酸液喷雾；黑穗病用1%的甲醛溶液或5%的皂矾液浸种；蚜虫、黏虫等害虫用2.5%的溴氰菊酯乳油325克/亩喷雾。

（四）收割

饲草田在抽穗或盛花期进行刈割饲喂，调制青干草在开花或乳熟期进行刈割。

第二节　燕麦和箭筈豌豆混播饲草田建设技术

一、整地

混播饲草地应选在前一年的翻茬地上，未进行秋翻土地，播前要进行翻耕（深度20~25厘米），耙耱碎土，整平待播。

二、选种及种子处理

选择三级以上的林纳、加燕2号燕麦品种和高蔓箭筈豌豆品种。播前晒种1~2天，以提高种子的发芽率和生命力。

三、播前施肥

每亩施基肥（农家肥2~3米^3）或有机肥10~14千克。前茬为豆类、马铃薯的可适量减少施肥量或不施肥。

四、播种

（一）播种方法

以条播为宜，条播可采用分层施肥条播机，也可以采用人工撒播的方法。条播时燕麦和箭舌豌豆种子分开，前箱内装燕麦，箭筈豌豆放在施肥箱内并与肥料充分拌匀后播种，行距15~20厘米，播后要耙耱、覆土，播种深度3~4厘米，根据墒情最深不超过5厘米。

（二）播种时间及播种量

4月下旬至6月上旬播种，亩混播播种量为燕麦12千克、箭筈豌豆3.5千克。

五、田间管理

（一）灌溉

在有灌溉条件的川水地区燕麦拔节及孕穗期浇水1~2次。

（二）施肥

若土地贫瘠、生长不良时，可在燕麦分蘖或拔节期结合灌溉或降雨，追施氮肥（N46%）5~10千克/亩。

（三）除草

燕麦分蘖期可人工除草1次，禁用2,4-滴丁酯。

六、刈割

做青刈饲喂时于燕麦孕穗期或豆科现蕾期开始刈割，随刈随饲；调制青干草时，燕麦于乳熟期、蜡熟期，豆科饲草于开花期刈割。

第三节 饲用玉米饲草田建设技术

采用饲用玉米大垄双行全膜覆盖栽培技术

(一) 选地

选择土层深厚、土质疏松、有机质较丰富、保水保肥、排水良好、中上等肥力的地块。pH 值在 5~8 合适。进行秋翻，耕深 18~22 厘米，翻后及时耙耱保墒。春季结合整地每亩施有机肥 20 千克、磷酸二铵 5 千克、尿素 8 千克、硫酸钾 15 千克、硫酸锌 1 千克。施肥深度为 15~20 厘米耕层中。

(二) 起垄覆膜

春季整地后进行灌溉，等土壤松散潮湿时，起 40 厘米宽的大垄，边起垄边进行全地膜覆盖。覆膜平展、紧贴垄面，膜边要压严，覆膜后，在垄面苗眼的位置上，顺垄压一溜土，厚度 1 厘米左右，不仅可以防风掀膜，也有利于幼苗出土穿透薄膜，待大风季节过后，将土撤掉。

(三) 播种

种子要求国家标准三级以上。播种前选无风晴天，晒 2~3 天。5 月上旬播种，行株距 30 厘米×25 厘米，播深 4~5 厘米，每穴播 2~3 粒种子，覆土 2~3 厘米，播量每亩 4.5 千克。

(四) 田间管理

覆膜后，要经常到田间检查覆膜质量，如发现漏膜或膜有破损处，要及时重新覆好，并用土封住破损处，以提高地膜效应。出苗期及时查看，发现幼苗在膜内横向生长时，要将幼苗及时引出膜外。如发现缺苗，就近取苗或用事先育好的备用苗带土坐水移栽。当幼苗长到 3~4 片叶时，要及时间苗，留健去病，留壮去弱，每穴留 1 株，并要封好苗眼。每亩保苗 4 500 株。在玉米幼苗阶段要及时去蘗，防止争肥、争水，保证主茎正常生长。玉米从开花到幼穗分化，需肥量大，每亩追尿素 15 千克，追肥时，距植株根部 10~15 厘米处扎眼，追肥后立即覆土。

(五) 收割

全株青贮玉米宜在籽粒进入乳熟至蜡熟期进行收获，刈割青饲玉米宜在孕穗期进行收获，其他牧草混饲，以防家畜中毒。收获后，要及时回收地膜，净化田间，防止污染土壤。

第四节 饲草青贮技术

青贮饲料是指将新鲜的青饲料切短装入密封容器里，经过微生物发酵作用，制成一种具有特殊芳香气味、营养丰富的多汁饲料。它能够长期保存青绿多汁饲料的特性，扩大饲料资源，保证家畜常年均衡供应青绿多汁饲料。青饲料在制成青贮饲料过程中，养分损失少，一般不超过 10%。一般来说，禾本科饲料作物玉米和禾本科牧草含糖量高，容易青贮。豆种饲料作物如苜蓿、草木樨和马铃薯茎叶等含糖量低，不易青贮。不易青贮的原料应与禾本科牧草混合青贮。生产母猪日粮中适量添加青贮饲料，可以提高产仔数和产奶量。

一、青贮窖池青贮饲料的制作方法

（一）饲草收割

原料要适时收割，饲料生产中以获得最多营养物质为目的。收割过早，原料含水量高，可消化营养物质少；收割过晚，纤维素含量增加，适口性差，消化率降低。全株青贮玉米宜在籽粒进入乳熟至蜡熟期进行收割，做青刈饲喂时于燕麦孕穗期或豆科现蕾期开始，随刈随饲；调制青干草时，燕麦于乳熟期、蜡熟期，豆科饲草于开花期刈割。

（二）揉丝饲草

为了提高青贮饲草品质，保证青贮饲料填压紧密压实，排尽空气，青贮前将青贮料用青贮机械揉丝，揉丝程度越细越好。

（三）装填贮存

装窖前，底部铺 10~15 厘米厚的秸秆，以便吸收液汁。窖四壁铺塑料薄膜，以防漏水透气，装时要踏实，可用机械碾压，人力夯实，一直装到高出窖沿 60 厘米左右，即可封顶。封顶时先铺一层切短的秸秆，再加一层塑料薄膜，然后覆土拍实。四周距窖 1 米处挖排水沟，防止雨水流入。窖顶有裂缝时，及时覆土压实，防止漏气漏水。

二、裹包青贮饲料的制作方法

裹包青贮饲料加工制作的工艺流程为：青贮饲草→刈割→切短→打捆→裹包→贮藏发酵→青贮饲料。

（一）刈割

选择适宜的青贮饲草及最佳的收获时间，对裹包青贮效果至关重要。青贮饲草是指专门用来饲喂草食家畜的一种玉米，是在乳熟期至蜡熟期时收获饲草，将新鲜饲草的可用茎、叶、完整果穗切碎存贮，发酵后制成青贮饲料的一类饲草。

裹包青贮的发酵品质和养分含量受刈割时期影响较大，适宜的收割时机可以提高青贮饲料的品质。收获过早，籽粒发育不完全，淀粉含量低，同时原料含水量高，不利于青贮；收获过晚，虽然淀粉的含量高，但茎秆老化，纤维消化率差，粗蛋白质含量减少，导致青贮品质降低。玉米一般在 1/3 乳腺期到 2/3 乳腺期阶段进行刈割，这一时期干物质质量分数达到 30% 以上，可溶性碳水化合物含量高，相关营养成分保持较好，青贮过程中发酵及有氧稳定性均可达到较好效果。据资料显示，青贮过程中高茬刈割后中性洗涤纤维含量比低茬刈割后降低 8.7%，淀粉含量提高 6.7%，粗蛋白质含量提高 2%~3%，产奶净能提高 2.7%。

（二）切短

刈割后的饲草用青贮收获机或打捆一体机切短。切短后的饲草便于裹包压紧，取用方便，家畜易于采食，且能减少采食过程中的浪费；同时饲草秸秆和玉米籽粒揉切后植物细胞渗出液汁，湿润表面，糖分溢出附在表层，有利于乳酸菌的生长繁殖。青贮过程中，切碎长度对其青贮品质有一定的影响。青贮时切碎细度为 3~5 厘米。裹包青贮过程中切太短会影响打捆及裹包的质量，同时造成大量营养物质流失，影响奶牛的乳脂率；切太长会影响青贮饲料的打捆密度而导致干物质损失增加，发酵不易成功。

（三）打捆裹包

刈割、切短后的饲草原料使用专用打捆设备进行高密度压实、缠网、打捆，并用青贮专用拉伸膜进行裹包。打捆裹包的主要目的是将物料间的空气排出，最大限度地降低饲草原料的好氧发酵。打捆时，草捆密度一般为 650~850 千克/米^3，草捆直径为 1.0米；裹包层数关系到青贮厌氧环境的形成和保持，裹包层数过多会增加青贮的成本，而层数过少又会使青贮的密封性变差，降低裹包青贮的贮存时间。一般裹包时采用包膜层数为 4~8 层，裹包时拉伸膜必须层层重叠 50%以上，通常推荐采用的裹包层数为 4 层。

（四）贮藏发酵

裹包后的青贮饲料置于地势平坦、干净、干燥的地方，防止阳光直射，一般采用露天竖式两层的方式堆放贮藏。在青贮饲料的贮藏过程中，应经常检查青贮包的密封性及完好程度，防止薄膜破损、漏气及雨水进入。一般裹包青贮饲料贮藏 30~45 天后即可开包饲喂。

第五节　青贮饲草饲喂技术

青贮饲料经过 30~40 天便能完成发酵过程，此时即可开窖取用。

一、分层取料

取用青贮饲料时，要从窖口开始，按一定的厚度，从外向里取，使青贮饲料始终保持一个平面。取用青贮料要避免泥土、杂物混入。

二、取量适当

每次取青贮饲料数量以够饲喂 1 天为宜，不要一次取料长期饲喂，以免引起饲料腐烂变质。另外，每次取料厚度不能少于 10 厘米，否则会引起二次发酵。

三、及时封口

取料后应及时密封窖口，以防青贮饲料长期暴露在空气中造成变质。

四、由少到多饲喂

青贮饲料具有酸味，刚开始饲喂时，有些家畜不习惯采食，喂量宜由少到多，逐渐增加，使其有个适应过程。怀孕家畜要少喂，怀孕后期应停喂，防止引起流产；冰冻青贮饲料必须化冻后再喂。青贮饲料变质后，应及时取出废弃，以免引起家畜中毒或其他疾病。

五、合理搭配

青贮饲料虽然是一种优质粗饲料，但它不能作为家畜的唯一饲料，必须与其他饲料如精饲料、干草等合理搭配饲喂，以保证家畜的营养需要。

六、酸性处理

酸度过大的青贮饲料，应先加以处理。可用 5%~10% 的石灰水中和后再喂，或在其中添加 12% 的小苏打溶液，以降低酸度。

七、牛羊青贮饲料饲喂技术

（一）肉羊青贮饲料饲喂技术

在日常饲喂中，按照标准化养殖技术规程商品肉羊饲喂日平均每只每日精饲料 0.5~1 千克，标准补料中粗蛋白质含量大于 15%，浓缩料比例不能小于 30%，青干草 0.5 千克、青贮饲料 1.5~2 千克，商品肉羊日饲喂标准精补料精饲料粗饲料比例为 4:6。

（二）肉牛青贮饲料饲喂技术

在日常饲喂中，按照标准化养殖技术规程商品肉牛饲喂日平均每头每日精饲料 5 千克，标准补料中粗蛋白质含量大于 13%，浓缩料比例不能小于 30%，青干草 3 千克、青贮饲料 12~15 千克，商品肉羊日饲喂标准精补料精饲料粗饲料比例为 6:4。

（三）奶牛青贮饲料饲喂技术

为进一步加强青贮饲料的科学合理利用，提高奶牛养殖的经济效益，在奶牛饲喂青贮饲料时应注意以下几点。

体重在 500 千克、日产奶量在 20 千克以上的泌乳牛每天可饲喂青贮饲料 25 千克、干草 5 千克左右；日产奶量超 25 千克的泌乳牛可饲喂青贮饲料 30 千克、干草 8 千克左右。体重在 350~400 千克、日产奶量在 20 千克的泌乳牛可饲喂青贮饲料 20 千克、干草 5~8 千克。体重在 350 千克、日产奶量在 15~20 千克的泌乳牛可饲喂青贮饲料 15~20 千克、干草 8~10 千克。日产奶量在 15 千克以下的泌乳牛可饲喂青贮饲料 15 千克、干草 10~12 千克。奶牛临产前 15 天和产后 15 天内应停止饲喂青贮饲料。干奶期的母牛每天可饲喂青贮饲料 10~15 千克，其他补给适量的干草。育成牛的青贮料饲喂量以少为好，最好控制在 5~10 千克。对于幼畜应当少喂或不喂。饲喂方法：饲喂初期应少喂一些，以后逐渐增加到足量，让奶牛有一个适应过程。切不可一次性足量饲喂，造成奶牛瘤胃内的青贮饲料过多，酸度过大，反而影响奶牛的正常采食和产奶性能。

应及时给奶牛添加小苏打。喂青贮饲料时奶牛瘤胃内的 pH 值降低，容易引起酸中毒。可在精饲料中添加 1.5% 的小苏打促进胃的蠕动，中和瘤胃内的酸性物质，升高 pH 值，增加采食量，提高消化率，增加产奶量。

每次饲喂的青贮饲料应和干草搅拌均匀后再饲喂奶牛，避免奶牛挑食。规模奶牛场建议最好将精饲料、青贮饲料和干草进行充分搅拌制成"全混合日粮"饲喂奶牛，效果会更好。

青贮饲料或其他粗饲料每天最好饲喂 3 次或 4 次，增加奶牛反刍的次数。奶牛反刍时产生并吞咽的唾液有助于缓冲胃酸，促进氮素循环利用，促进微生物对饲料的消化利用。有很多奶牛户每天 2 次喂料是不科学的。一是增加了奶牛瘤胃的负担，影响奶牛正常反刍的次数和时间，降低了饲料的转化率，长期下去易引起奶牛前胃疾病。二是影响奶牛的饲料消化率，造成产奶量和乳脂率下降。

第十章　农机安全生产

第一节　农机安全法律、法规

农机安全生产是农牧业生产安全的重要方面，直接关系到广大农民群众的生命财产安全，关系到农牧业生产和农村经济的发展及社会稳定。没有安全就没有效益，就没有稳定，就没有发展。

安全生产责任重于泰山。各行各业在保证安全与生产经营活动的关系时，始终要把安全生产放在第一位，无论是生产管理单位还是直接从事生产经营者都要时刻优先考虑从业人员和其他人员的人身安全，实行"安全优先"的原则。在确保安全的前提下，努力实现生产经营活动的其他目标，最终取得理想的经济效益。

我国是农业大国，随着现代农业的发展和乡村振兴战略的实施，在农牧业生产中对机械化的要求越来越普遍，在生产各环节都离不开农业机械。国家农业机械购置补贴惠农政策的持续实施，使广大农牧业生产经营单位、专业合作组织、个人都得到了很大补贴资金扶持，物质基础不断加强。农业机械的保有量逐年呈上升趋势，先进实用高效的拖拉机、联合收获机、植保无人机等在农牧业生产中广泛使用。由于农业机械数量的增多和作业环境的影响，农业安全生产形势不容乐观。生产经营管理者、驾驶人需要具备道路驾驶和田间作业方面的知识和技能、学习农机安全知识、熟知道路交通法律法规、掌握必要的驾驶操作技能，这对于生产经营管理者和农机驾驶操作人员来说十分必要，关系到农机安全生产和生产经营者的生命财产安全及增收致富。

农业机械使用管理常用法律法规包括《中华人民共和国农业机械化促进法》《中华人民共和国道路交通安全法》《农业机械安全监督管理条例》《拖拉机和联合收割机驾驶证管理规定》《青海省农业机械管理条例》等。

《中华人民共和国农业机械化促进法》是为了鼓励、扶持农民和农业生产经营组织使用先进适用的农业机械，促进农业机械化，建设现代农业而制定的。该法规共计8章35条。

《中华人民共和国道路交通安全法》是为了维护道路交通秩序，预防和减少交通事故，保护人身安全，保护公民、法人和其他组织的财产安全及其他合法权益，提高通行效率而制定的法律。本法分总则、车辆和驾驶人8章124条。

《农业机械安全监督管理条例》是为了加强农业机械安全监督管理、预防和减少农业机械事故、保障人民生命和财产安全而制定的法规。

《拖拉机和联合收割机驾驶证管理规定》是对《拖拉机登记规定》《拖拉机驾驶证申领和使用规定》《联合收割机及驾驶人安全监理规定》3个部门规章的修订，将其按

照 "人" 和 "机" 进行整合，形成了《拖拉机和联合收割机驾驶证管理规定》《拖拉机和联合收割机登记规定》2 个部门规章。是农机安全监管工作为适应中共中央、国务院关于全面推进依法治国、深化 "放管服" 改革、推进安全生产领域改革发展等一系列决策部署的重要举措，对提高新时代农业机械化安全监管和生产水平、实施乡村振兴战略、加快推进农业农村现代化意义重大。

《青海省农业机械管理条例》是为了规范农业机械管理，维护农业机械生产者、经营者和使用者的合法权益，加快农业机械化进程，促进农村牧区经济发展，根据《中华人民共和国农业机械化促进法》等法律和行政法规的规定，结合青海省实际而制定的。

通过学习、了解和熟知与农牧业生产息息相关的法律法规知识，认真遵守各项法律法规，按章办事，是保证农机安全生产的前提条件。《拖拉机和联合收割机驾驶证管理规定》和《青海省农业机械管理条例》分别见附录 1 和附录 2。

第二节　农机安全生产注意事项

为防止农机事故发生，须从源头消除安全隐患，要求广大农机驾驶员认真学习有关农机安全生产的法律法规，严格按《中华人民共和国道路交通安全法》规定执行，遵循农业机械安全生产的特殊性，努力提高安全驾驶技术，有效保障生命财产安全。

一、道路安全

农业机械在道路上行驶有其特殊性，必须注意以下几个方面。

一是上路行驶的拖拉机、联合收割机等农业机械实行牌证管理。新购买的拖拉机、联合收割机，必须首先到区（县）农业机械主管部门注册登记手续，并领取号牌、行驶证，方可投入使用。

二是驾驶员人员必须养成良好的驾驶习惯：道路行驶或田间作业农业机械必须是经管理部门校验合格的机械；上道路行驶或田间作业时必须携带行驶证、驾驶证等有效证件；驾驶室不得超员，不得放置妨碍安全驾驶的物品；检查油箱存油情况、添加燃油及排除故障时，严禁用明火照明，以防发生火灾或烧伤人员。

三是配备有效的消防器材，夜间作业照明设备应当齐全有效，严禁明火照明。

四是冬季机械启动严禁用明火烤车。

五是工作中补充加水时，要严格注意水温情况，以防打开水箱时蒸汽烫伤。

六是行驶、倒车、转向时应密切注意其他人员及电线杆、水沟、矮桩等障碍物，以防碰撞。

七是公路行驶严格遵守交通规则，经过集镇、乡村或人口、车辆密集区应小心驾驶。必要时随车人员配合指挥安全通过。

八是拖拉机、联合收割机等农业机械在通过漫水桥、漫水路、小河、洼地时，须查明水情和河床的坚实性，确认安全方可通过。

九是拖拉机、联合收割机等农业机械在冰雪和泥泞路上行驶时，不准急转弯超越同方向行驶的机车。后车与前车要保持必要的安全距离。一般平路行驶保持 30 米以上，坡路、雨雪天气车距应在 50 米以上。

十是道路会车时应减速，提前判断会车情况，靠右行驶。注意两交会车之间的侧向间距应保持车辆最小安全间距，不小于 1~1.5 米。特殊情况需要人工帮助指挥下进行。如果不具备会车条件，提前选择适宜路段侧位停车让行，保证安全。

十一是拖拉机、联合收割机等农业机械在坡路上行驶必须遵守下列规定：上下坡行驶途中不准换挡；下坡行驶时不准将发动机熄火，空挡滑行；手扶拖拉机、履带拖拉机、履带式联合收割机下坡行驶转向时要注意反向操作，防止走偏和自动转向；不准曲线行驶、急转弯和调头。

十二是拖拉机、联合收割机等自走式农业机械通过铁路道口时，必须遵守下列规定：听从道口安全管理人员的指挥；通过设有信号装置的铁路道口时要遵守道口信号规定指示行驶；经过无信号装置或无人看守道口时，须停车瞭望。"一停、二看、三通过"，确认安全后方可通过，不准在道口停留、超车、倒车、调头。

十三是牵引、悬挂农机具道路行驶，应依据农具宽度正确判断确定安全行驶路线。在农具后方两侧端粘贴反光警示带，为后方车辆提供警示，防止追尾事故发生，这在夜间行驶很有必要。

二、田间作业

农机田间作业，由于生产环境、条件等诸多因素的影响，是农机安全事故多发期，必须要时刻提高警惕，严格按操作规程操作，有效防止和避免农机人身安全事故发生。

一是在驾驶拖拉机、联合收割机作业前，先观察熟悉地块情况，检查田间是否有辅助人员及闲杂人员。注意或消除田间树桩、沟渠、石块等障碍物，并在危险区域标注警示标志，在确保安全的情况下方可进行作业。

二是在驾驶拖拉机、联合收割机时严禁穿着肥大衣服。严禁手、脚、衣服靠近机械传动部件，以免被机器传动部件缠绕发生事故。

三是在清理缠物、排除堵塞、调整、保养、维修机械时，必须停车，发动机熄火制动后方可进行。熄火后需要转动皮带轮时，必须由专人进行，相互照应，以防发生事故。

四是在收割机卸粮时，卸粮口严禁用手或铁器助推粮食，以防发生机械和人身事故。

五是在驾驶联合收割机、拖拉机转移地块时，应锁定割台、悬挂装置，防止机械因液压失灵而掉落，发生事故。

六是在拖拉机、联合收割机坡地作业时要小心谨慎操作。在坡度过大、地形复杂不易作业时严禁作业，以防翻车事故发生。

七是在农业机械行进、作业过程中，人员不得上下农业机械。

八是在拖拉机悬挂农具上坡时提前判断"翘头"现象是否发生。必要时在保证安全条件下可选择机车低速倒退方式上坡。

九是在农业机械联合配套作业时，车组之间时刻注意观察，保持同速安全行驶。需要调整或停止时驾驶鸣笛提示，相互照应。

十是在旋耕、灭茬（秧）、撒肥作业时机具周围严禁站人、以防抛物伤人。

十一是在严禁随意拆除机具安全防护装置。

十二是在机具需长途运输时，利用运输车辆进行运输，防止运输中造成机具零部件丢失，同时防止机械长途行驶导致轮胎早期磨损。

三、驾驶人员安全事项

农机驾驶员是农机安全生产的第一责任人，在生产中必须以人为本，时刻把安全放在第一位，不能麻痹大意，将安全事故控制在萌芽期。

一是未参加年度检验或者检验不合格农业机械不得继续使用。

二是严禁无牌行驶、无证驾驶、疲劳驾驶、酒后驾驶、违章载人、超速超载等违法、违规行为。

三是不得私自改装、拼装拖拉机、联合收割机等农业机械。

四是严禁用溜坡或明火引燃等非正常方式启动拖拉机、联合收割机。

五是不得雇用无驾驶证人员驾驶操作农业机械。

六是不驾驶准驾不符的拖拉机、联合收割机等农业机械，不驾驶操作已达到报废年限的农业机械。

七是不将驾驶证外借他人。不将车辆借给无驾驶证的人员驾驶操作。

八是拖拉机地头转弯时必须先升起农具，禁止不升农具硬转弯。

九是拖拉机挂接农具时挂接人员不准站在农具挂接点前方，必须待机车停稳后挂接农具，并应插好安全销。

十是拖拉机拖带农具时不准高速行驶和急转弯。

十一是拖拉机、联合收割机等农用车辆倒车时，驾驶员必须鸣笛、瞭望，确认安全后方可低速倒车。

十二是禁止驾驶员双手离开方向盘驾驶操作农业机械。

十三是日常检修农业机械时要在机器熄火、停止运转、制动锁定的情况下方可进行。

十四是在农业机械起步或输出动力时必须先观察周围情况，确认安全并及时发出信号后方可进行。

十五是驾驶、操作人员在作业中发现下列情况之一的应立即停车：机具出现异常声响、气味、仪表指示突然下降或升高；机械转向、制动突然失灵；夜间作业时照明设备突然发生故障；发生人事伤亡及机械事故；工作部件或零部件脱离。

第三节 农机事故处置

"安全第一、预防为主"。农机事故以预防为主，但也难免事故发生，努力做到"四不伤害"，即不伤害自己、不伤害他人、不被他人伤害和不让他人受到伤害。若发生农机事故须积极沉着应对，及时采取积极自救和求救措施，将事故危害降到最低程度。

一、农机驾驶员应熟知农机事故管辖部门、范围及报警、急救电话

包括农机道路事故报警电话 110、公安交通管理值班电话、当地派出所值班电话、急救电话 120；农机田间事故县（区）农机安全生产监理单位值班电话、当地派出所值班电话。

二、农机事故处置程序

首先，如果事故发生，在第一时间及时抢救伤员，在自救的同时电话报警求救。

其次，保护好事故现场，便于事故调查取证。当事人主动积极配合管理人员现场调查，如实讲述事故发生经过。

再次，事故处理程序：现场取证（当事人主动积极配合管理人员现场调查，如实报告事故发生经过）→责任认定书（取证后 7~10 个工作日，特殊情况延迟）→调解处理（农机安全生产监理单位依据事实责任进行调解处理）→司法程序（事故任何一方不接受调解处理结果，可上诉司法机关依据责任认定书、危害程度、财产损失大小依法裁定）。

最后，事故双方积极配合，责任方认真履行承担责任落实。

三、农机安全事故案例

据历年全国农机事故统计，农机事故发生驾驶员无证驾驶逾期未检验农业机械、操作失误是造成农机事故的主要原因。春耕秋收季节，农业机械使用频繁，也是农机事故高发时期。下面列举 2021 年 9 月全国农机事故情况通报的几期典型农机事故进行分析，从中吸取教训，保障农机安全生产。

事故案例一：2021 年 9 月 2 日。青海省西宁市湟中区海子沟乡阿滩村村民蔡某启等 3 人雇用柴某林进行小麦收获。柴某林无证驾驶号牌为鄂 06-24844 的履带收割机（逾期未检验），从南到北沿外地沿进行收割作业，行进至 35 米处，地沿处有小坑（隐形坑），柴某林未注意，收割机右履带驶入坑内下陷，然后收割机侧翻至 7 米高的地下，造成柴某林被收割机当场压死的农机事故。

事故分析：柴某林无证驾驶逾期未检验农业机械作业、未观察作业现场风险隐患是造成事故的主要原因。

事故案例二：2021 年 9 月 11 日，内蒙古自治区兴安盟乌兰浩特市乌兰浩特镇混都冷嘎查村民白某江在自家场院独立劳作时，在向铡草机（9HW-1200S 饲料混合机）中送草捆过程中由于操作不当，衣服和右臂卷入机具中，导致头部受损，右胸部心脏开放性开裂，当场死亡。

事故分析：独立作业、操作不当、衣服带手臂卷入机械造成事故。

事故案例三：2021 年 9 月 11 日河南省胡某青持证驾驶号牌为豫 17-4K073 的联合收割机，在湖南省张家界市慈利县零溪镇燕子桥村为村民项某旺收割稻谷，作业时该村村民向某年在收割机旁边捡拾散落稻谷穗时不慎摔倒，其头部撞到已停止作业的收割机尾部，当场死亡。

事故分析：作业现场辅助人员未与农业机械保持安全距离，摔倒撞机死亡。

事故案例四： 2021 年 9 月 14 日，湖北省黄石市阳新县白沙镇大林村吴房二组村民吴某启，在蔬菜基地无证驾驶号牌为 02-21981 的东风 DF604-15 型轮式拖拉机（逾期未检验）作业返回时不慎发生侧翻，吴某启摔下车后落入旁边水坑，随后拖拉机将其压入水中，造成吴某启窒息死亡的农机事故。

事故分析：无证驾驶逾期未检验农业机械、操作不当造成 1 人死亡的农机事故。

事故案例五： 2021 年 9 月 16 日湖北省襄阳市樊城区太平店镇肖笆村五组村民李某明无证驾驶无牌联合收割机，帮同组村民方某秀收割水稻。李某明驾驶收割机倒车时将方某秀撞倒，造成方某秀当场死亡的农机事故。

事故分析：无证驾驶无牌农业机械作业，不注意观察致人死亡。

事故案例六： 2021 年 9 月 17 日河北省邯郸市馆陶县房寨镇韩某顺持证驾驶冀 04-19390 的红色虎牌玉米联合收割机，到馆陶县王桥乡吉固庵村西北地里收割玉米。收割时韩某顺疏于观察将韩某真卷入收割机割台，造成韩某真当场死亡的农机事故。

事故案例七： 2021 年 9 月 21 日河南省驻马店市新蔡县孙召镇大吴庄村村民王某峰无证驾驶号牌为豫 17-60677 的轮式收割机（逾期未检验）为同村王某新收割玉米。其间王某峰疏于观察，把从尚未收割玉米一侧车头右前方给其送水的朱某芳卷入收割机，造成朱某芳死亡的农机事故。

事故分析：事故案例六、七是驾驶员无证驾驶、疏于观察、驾驶逾期未检验农业机械导致辅助人员死亡。

事故案例八： 2021 年 9 月 18 日，甘肃省武威市民勤县西渠镇万顺村一社农民王某锐无证驾驶号牌为甘 08-05202 的金大丰 4YZP-4F 轮式联合收割机在西渠镇三元村吧社张某华的承包地里收割玉米，在地头停车放粮时发生机械故障。另一驾驶员杨某福到车底检修车辆，王某锐放粮完毕后未等杨某福从车底出来来就开始操作收割机，在倒车过程中将杨某福压伤，经医院抢救无效死亡。

事故分析：驾驶员无证驾驶、未注意观察作业现场辅助人员、机车启动未鸣笛示警致人死亡。

事故案例九： 2021 年 9 月 23 日，青海省西宁市湟中区大才乡占林村村民韩某无证驾驶号牌为青 09-01836 的履带收割机（逾期未检验）到大才乡占林村吴家湾地里进行收割小麦作业。倒车过程中，收割机右侧履带倒上 40 厘米高的田埂，发生侧翻，造成驾驶员韩某被收割机当场压死的农机事故。

事故分析：无证驾驶逾期未检验农业机械、疏于观察地形、机车侧翻致人死亡。

事故案例十： 2021 年 9 月 27 日，甘肃省永昌县东寨镇永丰一社何某持证驾驶号牌为甘 03-01285 的宗申牌玉米联合收割机，为甘肃省武威市凉州区康宁镇西湾村三组赵某登收割玉米。在卸粮过程中，粮箱升高而触碰到穿过田间的 10 千伏高压线（距地面 5 米左右），导致联合收割机触电并引发收割机后轮胎着火，驾驶员何某从驾驶室下车灭火时不慎接触到车身，当场触电死亡。现场辅助作业人员赵某琴、喻某辉 2 人接粮时也触电受伤。

事故分析：农业机械作业未熟悉周围环境、疏于观察、操作失误导致农机事故。

上述事故案例，普遍存在不遵守规章制度、违章上岗、无证驾驶、操作失误、麻痹大意、疏于观察等原因导致的人身伤亡。

第十一章　人工影响天气基本常识

目前湟中区共设有防雹作业点 24 处，分别位于 13 个乡（镇）24 个村的人稀地广、高山视野开阔处。湟中区冰雹主要以湟水河谷雹径为主，即由大通县娘娘山和湟源北部的乌兰脑山方向起云，包括两支。其中，一支经西宁、湟中沿川而下进入马场山；另一支由乌兰脑山方向起云的冰雹经湟源县进入湟中区境内。防雹点的设置主要以东部农业区南部防区第二道防线为主，呈西北向东南纵深布设，使湟中区内的各炮点按雹云路径，形成联防防线。由于对安全射界的科学限定和航线的增加，以及湟中区位于曹家堡机场附近，空域申请难度加大，近年来防雹作业量有所减少。好的防雹效果不仅取决于作业人员的技术水平，还取决于空域时间的及时，所以空域时间是否及时在一定程度上影响了防雹作业效果。

第一节　观云识天气

太阳照在地球的表面，水汽从蒸发表面进入低层大气，这里的温度高，能容纳较多的水汽。一旦水汽过于饱和，水分子就会聚集在空气中的微尘周围，由此产生的水滴或冰晶将阳光散射到各个方向，这就产生了云。

云是天气的招牌，出现不同的云，预示着不同的天气征兆。人工影响天气（人工增雨，人工防雹）主要是对云的影响，这就需要重视对云的观测。云的观测主要是目测它的外形特征，包括云块大小、颜色、亮度、云块的边缘特征，云在天气中的分布及云底距地面的高度等各个方面，确定其所属云种、云底高度和遮蔽天空的程度，判断云状、测定云高和估计云量。

一、云的分类和特点

按形态学分类可分为高云族、中云族、低云族。按发生学分类可分为积状云、层状云、波状云。按气象观测规范根据云的外形特征、结构特点和云底高度可分为 3 个族（高云族、中云族、低云族），10 个属（积云、积雨云、层积云、层云、雨层云、高层云、高积云、卷云、卷积云、卷层云），29 种云（淡积云、碎积云、浓积云、秃积雨云、鬃积雨云、透光层积云、蔽光层积云、积云性层积云、堡状层积云、荚状层积云、层云、碎层云、雨层云、碎雨云、透光高层云、蔽光高层云、透光高积云、蔽光高积云、荚状高积云、积云性高积云、絮状高积云、堡状高积云、毛卷云、密卷云、伪卷云、钩卷云、卷层云、毛卷层云、卷积云）。

针对防雹、增雨所直接作业的云体，这里详细介绍积云、积雨云和雨层云 3 种云。

（一）积云

积云分为淡积云、碎积云、浓积云3种。积云垂直向上发展，顶部呈圆形或圆形叠加，而底部几乎水平云，云体边界分明。

（1）淡积云　扁平的积云垂直发展不旺盛，由水滴组成但有时可伴有冰晶，在阳光下呈白色。

（2）碎积云　破碎的不规则的云块（片），个体不大，形状多变。

（3）浓积云　是浓厚的积云，顶部呈重叠圆弧形凸起，很像花椰菜，垂直发展旺盛时，个体臃肿高耸，在阳光下边缘白而明亮，有时还会产生阵性降水。

（二）积雨云

它包括秃积雨云和鬃积雨云，云体浓厚庞大，垂直发展极旺盛，远看像耸立的高山。云顶有冰晶组成，有白色毛丝般的光泽的丝缕结构，常呈铁毡状或马鬃状，云底阴暗混乱，起伏明显，有时呈悬球状结构。

（1）秃积雨云　浓积云发展到鬃积雨云的过渡阶段，花椰菜形的轮廓渐渐变得模糊，顶部开始冻结，形成白色毛丝般的冰晶结构。

（2）鬃积雨云　积雨云发展到成熟阶段，云顶有明显的毛丝般的冰晶结构，多呈马鬃状或砧状。冰雹多产生于鬃积雨云，这种云的含水量大，能产生强的降水，是防雹作业的主要对象。

（三）雨层云

雨层云分为雨层云和碎积云。雨层云是厚而均匀的降水云层，完全遮盖日月，呈暗白色布满天空，常有连续性降水，也是我们开展人工增雨较理想的云。雨层云多数是由高层云演变的，有时也可能直接由蔽光高积云演变而成。

碎积云是低而破碎的云，灰色或暗灰色。不断滋生，形状多变，移动快，常出现在降水时或降水的降水云层之下。

二、冰雹云和冰雹

（一）冰雹云形成的环境条件

简单地说，冰雹云就是发展旺盛的积雨云。它具有积雨云的云体浓厚庞大、垂直发展很快等一般特征，这给人们正确识别冰雹云带来一定困难，但冰雹云与一般的积雨云（雷雨云），无论在宏观特征、演变规律，还是在声、光、电等现象都有很多差异。

冰雹云形成和发展需要大气层结强烈不稳定，云中的上升气流必须大于10米/秒，才能促使其迅猛发展。

另一个对冰雹形成和发展有重要影响的因素是高空风切变，它将为冰雹云形成发展提供能量。在成灾雹日高空风速较大，都超过40米/秒，而雷雨天气高空风速一般都在20米/秒左右。

水汽供给也是一个很重要的条件，云中上升气流输送了大量水汽，这些水汽多来源于低空。另一个水汽来源主体为云旁边较小的浓积云多个单体，不断移向前边与主体云合并。这些较小的浓积云被称为"供给云"，它们是冰雹云发展的一个重要水汽来源。

地形和下垫面对冰雹云的形成发展和移向都有一定作用。湖区由于水面蒸发，常给大气提供充分水汽，在天气形成适宜、大气层结很不稳定的条件下以及复杂的地形作用下易形成对流云，而后发展成冰雹云。

山区地形影响更为明显，高山迎风面的动力抬升作用，促使云中上升气流增强，大水滴增多，含水量集中，再附加其他因素的作用，也容易形成冰雹云。高山背风面的下沉更容易形成冰雹云降雹。

（二）冰雹及形成原因

在青海省，一般直径4毫米以下的冰雹对农作物不造成伤害，5~9毫米直径的雹块使作物成熟阶段受灾率为45%，大于10毫米的雹块对任何品种作物在任何发育期都可以造成灾害。冰雹是从冰雹云中降落下来的小冰球或冰块，呈球形、椭圆形、圆锥形和无规则形等，常由透明或不透明冰层交替组成，一般为3~5层，多达28层。小的如麦粒，大的比拳头还大。

如果我们解剖冰雹，就可以看到最里面是颗白色不透明的雪珠，称冰雹胚胎。胚胎外面紧裹着一层又一层透明和不透明交替的冰层。这个冰球是怎样形成的呢？

冰雹云一般由水滴、过冷水、冰晶组成。它们分别处在云系的不同层次上，底层为水滴（0~1.5℃），中间为过冷水（-20~0℃）是云中水量最丰富的地区，高层为冰晶（-20℃以下），云中强烈上升气流把中底部水滴送到云的上部，与冰晶、雪花等冰核碰在一起冻结，形成冰雹胚胎。由于水滴冻结时间很短（4~5分钟内由1毫米增长到20毫米以上），使得这层比较疏松，不透明，这块冰雹又下降到温度较高的低层，冰雹表面溶化一层，同时又有一部分过冷水滴黏上去，这层呈透明状，这时碰巧遇到强上升气流，又被带到温度低的高层，又形成一层不透明的冰壳。由于云中上升气流时强时弱变化无常，所以冰雹一次又一次上升下降，反复多次，一层一层地增大，使得冰雹不断长大，直到上升气流托不住时，便掉到地面。

由此可见，冰雹云形成冰雹必须具备以下几个条件：一是要求冰雹云发展特别旺盛，云顶高度超过7千米，云顶高度高，才能形成冰晶；二是要求冰雹云中有强大的上升气流，这个上升气流位于云的前方，从云体底部向云体中上部输送，上升气流速度大于15米/秒，这个上升气流能托住冰雹并使冰雹不断增大；三是有适当数量的冰雹胚胎；四是要求冰雹云中有足够的水汽。

第二节　人工防雹作业中如何识别冰雹云

除了借助于科学仪器观测外，有经验的农民在生产实践中积累了丰富的观测方法。正确识别冰雹云是防雹作业的关键环节。冰雹云是积状云的一种，由于大气不稳定而形成。可以凭感觉从形状、颜色、雷声、光电和风几个方面来判别。

第一，看云的形状。雹云的云底较低，云体高耸庞大，云顶很高，云顶有马鬃状丝络向四周扩散，像倒立的笤帚，底部常混乱翻滚，云底距地面只有几百米高。有农谚"云顶长头发，定有冰雹下""天有骆驼云，冰雹要临门"。有时四面的云向一处集中，一般是向经常产生冰雹的源地的上空集中，这是因为气流的辐合作用和地形地貌的影响，由于对流进一步加强，云体发展得更旺盛而出现"云打架，雹要下""乱搅云，雹成群"。

第二，看云的颜色。冰雹云的颜色与一般的雷雨云不同，冰雹云的颜色是云底灰黑，有时云呈黑中带黄或红，云顶白如羊毛。"黑云黄边子，必定有冰雹""人黄有病，天黄有雹""黄云翻，冰雹天""午后黑云滚成团，风雨冰雹一起来""红、黄、黑云胡乱跑，这场冰雹少不了""黑云尾，黄云头，雹子打死羊和牛"等谚语也都是从云的形态和颜色方面描述了冰雹来临的前兆。

第三，听雷声判断。积雨云中正电荷与负电荷之间，云下部负电荷与地面感应正电荷之间以及云与外围空气之间的放电，促使空气剧烈膨胀而产生雷声，人们根据雷声的不同来识别雹云，雷声很脆的称为炸雷，是云中负电荷与地面感应的正电荷之间放电形成的，一般不出现降雹。雷声连续不断且较沉闷的称为拉磨雷，这种雷声时强时弱，有时可维持几十分钟，一般会出现降雹。这种就是云中放电的现象有。有农谚"拉磨雷，雹一堆""不怕炸雷响破天，就怕闷雷慢慢磨""响雷没事，闷雷下雹"。

第四，看云中的闪电。由于积雨云中各种粒子带有正负电荷，云中形成了强电场，闪电就是积雨云中的电场放电通道形成的强光现象，闪电次数越多，横闪出现的次数越多，形成冰雹的概率就越大。冰雹云的闪电频数高，闪电持续时间长，谱宽有明显的凸峰，5分钟闪电次数达100次以上可能是冰雹云。

第五，看风向。冰雹云的特征是当时空气对流很强，云块发展很快，云头和云底上下翻滚，搅动剧烈，好似浓烟一股一股地朝上冒，气势迅猛。还可以看风的变化。冰雹云到来之前风速时大时小，风向不定，常吹旋涡风。风的来向就是冰雹的来向，在大风中伴有稀疏的大雨点。一般下冰雹前常刮东南风或东风，冰雹云一到突然变成西北风或西风，并且降雹前风速一般大于下雷雨前的风速，有时可达8~9级，随后连雨加雹一起下来。"恶云伴狂风，冰雹来的猛""恶云见风长，冰雹随风落""有雹无风，降雹稀松"这些农谚都说明了冰雹形成和风是有一定关系的。

第六，看云的动态。冰雹来临之前风从云的前部向云内吹，风力加大。冰雹云有4个发展阶段，即淡积云，个体不大，轮廓清晰，底部平坦，形状如馒头；浓积云，个体高，轮廓清晰，底部平而较暗，顶部像菜花；积雨云，云顶圆弧形重叠，轮廓模糊，云顶开始向外扩散；冰雹云，积雨云继续发展，高度升高，云顶白色马鬃向四周扩散明显、颜色变黑发黄并伴有闪电雷声。

一般来说，冰雹云的4个发展阶段与一天的气温变化相一致。一天中上午气温较低，淡积云开始出现，随着气温的上升，淡积云发展为浓积云，下午气温最高，冰雹云开始出现。到了夜间气温又下降，云减弱消散。

对炮点来说，炮手看到的冰雹云有两种情况。一种是"外来云"，即炮手视线以外的其他地方形成之后移入作业区的云，炮手看到的是一块已经成熟的冰雹云，如循化、化隆、尖扎地区的冰雹云是在青沙山北面形成后，越过青沙山南移到作业区；互助的冰雹云一般在大通县老爷山以北形成后东移过来，因此，循化、化隆、尖扎、互助炮点作业人员看到的时候，它已经是很强的冰雹云。这种情况在炮位较低的炮点常见。另一种情况是"本地云"。比如，某一天上午天空晴空万里，11:00左右，出现一块小碎云，当炮手连续不断观察时，这块云不断发展，越来越大，最后形成一个很强的冰雹云。这种云，炮手能观察到冰雹云发展的 4 个阶段的全过程，即淡积云→浓积云→积雨云→冰雹云。经过长期观察，冰雹云出现时间、产生"源地"、移动路径均有规律。大多数情况下冰雹云出现地点不变，年年出现在同一个地方，移动路线也不变，所以群众说"雹走老路"。气象变化万千，不容易掌握，识别雹云难度更大，根据湟中区冰雹云发源地路线，由 1983—2010 年上红炮点观测冰雹云积累的经验，正确判断冰雹云，而不是一看见云就能识别来的，而是从冰雹云的初始跟踪观察，结合炮手多年观云识天气的经验来判断。

结合天气系统来判断。炮点应注意收听、收看中央气象台的天气预报，如台风登陆或者高空槽过来时（冷空气南下）湟中区有降雨的可能，如果不降雨，就有强对流天气，降雹可能性大。如果有以上预报时，且有云发展，跟踪观察云的外观特征，根据闪电、雷声、云色、强弱坚决果断来判别下结论。

如果青海省气象台预报西宁或海东、海西局部地区有对流天气时，结合当地的天气变化，从淡积云发展到浓积云、浓积云发展到积雨云、积雨云发展到秃积雨云再发展到鬃积雨云，跟踪观察，从云的外观、颜色、闪电、雷声来判断是否有冰雹雨。

节气判断。节气的前 3 后 4 天降雹的可能性大，因为每到节气交换时常发生天气变化，冷暖空气活动比较频繁。注意时时跟踪观察在节气交换前后几天发展的云，从云的外观、闪电、雷声，坚决果断、及时做出判断，早申请，早作业。

根据物候观测来判断。夏天一般早晨比较凉，水汽也比较大，可是中午太阳一晒，就容易造成空气对流，产生雹云。谚语"早晨凉飕飕，下午雹子打破头""早晨露水大，后响冰蛋下""早晚两头凉，中午热得慌，先起断根云，冰雹不过响"就是说的这种现象。

另外，在夏季有时天气热得反常，闷热得使人感到像是在蒸笼里一样，这样的天气容易下冰雹。群众有"热过头，下冰蛋"的说法。

降雹前的地面湿度、温度、气压变化比较激烈，一些动物对此很敏感，是"活的气象仪"。例如，"柳叶翻，雹子天""草心出白珠，下午雹临头""鸿雁飞得低，要防下白雨""牛打喷嚏蛇过道，蚂蚁搬家有预兆""母猪拉窝羊打角，蚯蚓出土到处跑，不是阴雨就是冰雹""早晨天气分外凉，中午牛羊不卧梁，下午雹子要提防"，这些都说明了雹前的物象动态。从天气角度解释也就是由于对流旺盛，近地面层出现低气压的缘故。

第三节　人工影响天气

人工影响天气概念的提出是基于人类为了生产和生活的需要，希望通过人为干预，克服或减轻由恶劣天气引起的自然灾害，在适当条件下，促使天气向有利于人类需要的方向发展，包括人工防雹、人工增雨、人工防霜、人工消雾、人工消雨等科技型公益性事业。在这里只介绍人工防雹和人工增雨。这里需要说明的是，人的力量是有限的，要彻底改变天气、气候是不可能的，我们只能在适当时候、适当条件下影响天气。

人影探测手段有了较大发展，使用了新一代天气雷达指挥防雹、增雨作业，尽管有了现代设备，但受设备探测距离等诸多因素的影响，一些炮点不在雷达的最佳观测范围内，作业点需要有经验的防雹作业人员观云识别天气，实践证明作业点的看云识别天气是一件很重要的工作。

人工影响天气将在防灾减灾、水资源安全保障、生态建设和保护等方面发挥越来越重要的作用。

目前人工影响的雹云和降水的主要途径是向某些发展初期的冰雹云，或降水效率不高的降水云中，对云体的适当部位，抓住时机进行针对性的催化作业，达到人工影响天气的效果。如有了降水天气过程，通过人为催化使小雨变成中雨或大雨；有了降雹天气过程，通过催化使大雹变成小雹、软雹或雨滴，起到防御和减轻自然灾害的作用。

一、人工防雹原理和技术方法

所谓人工防雹，是采用人为的办法对一个地区上空可能产生冰雹的云层生冰雹的云层施加影响，使云中的冰雹胚胎不能发展成冰雹，或使小冰粒在变成大的冰雹之前就降落到地面。人工防雹原理，就是设法减少或切断给小雹胚的水分供应。要达到防御冰雹的效果，需向云中播散足够量的催化剂，以产生大量的冰晶，迅速形成水滴或冰粒。造成同雹胚竞争水分的优势，从而抑制雹块的增长。人工防雹是用高炮或火箭将装有碘化银的弹头发射到冰雹云的适当部位，以喷焰或爆炸的方式播散碘化银。具体的影响方式有以下两种。

一是过量播撒催化剂（又叫催化法原理，也叫引晶法）。观测结果表明，冰雹云的上部存在着过冷却水含量很大的累积带，为冰卷生长区。在累积带之上气流升速较小，温度又低，很容易产生雹胚，它们靠碰撞过冷却水滴而长大，在强烈上升气流的作用下，雹胚多次往返于液态水累积区而增大，生成冰雹。若在这个累积区大量引进人工冰雹胚胎，去争食云中有限水分，使冰雹不至于长得太大，就可能抑制冰雹的生长或雹灾的形成。

二是云中爆炸（又叫爆炸法原理）。由于炮弹在云中爆炸，爆炸产生的冲击波产生震动效应，可以直接干扰云中有组织的上升气流，进而阻止冰雹的继续增长，此时有组织的上升气流正是形成冰雹的最佳气流结构，同时也可使冰雹受到强烈震动后变软。另外，爆炸也可能使过冷却水滴冰晶化，因而减少云层中过冷却液态水的存在，也能起到抑制冰雹的生长或限制大冰雹形成的作用。

二、人工增雨基本原理和技术方法

人工增雨是采用人为的方法对一个地区上空可能下雨或正在下雨的云层施加影响，开发云中潜在的降水资源。通过人工在云中增加足够数量的冰晶，因为冰面上的饱和水汽压比水面要低，因此在云内的水滴中增加冰晶时，水滴中的水会自动蒸发并凝集到冰晶上去，使冰晶不断长大，大到空气的浮力不足以支持它们的时候，便会落到地面形成雨（或雪）。有人又把云中的水喻为一座水库中的水，闸门开启得小，流出的水量就少，当通过人工向云中播撒催化剂以后，就如同把这座"小水库"的闸门开大，水便会多流出来一些，增大云的降水效率，以达到人工增雨（雪）的目的。

目前，人工增雨使用的催化剂通常分为 3 类。第一类是可以大量产生凝结核或凝华核的碘化银等成核剂；第二类是可以使云中的水分形成大量冰晶的干冰等制冷剂；第三类是可以吸附云中水分变成较大水滴的盐粒等吸湿剂。碘化银、干冰等适用于温度低于 0 ℃冷云的催化剂，目前我国主要是对冷云实施人工增雨。

飞机、高炮和火箭是常用人工增雨作业工具。高炮和火箭是在弹头和弹体内装填适量碘化银，从地面发射到云中适当部位后爆炸播撒或沿火箭弹道喷撒，人工制造冰晶或大水滴，促使更多的云水转化为降水。

因此，人工防雹增雨（雪）是人工影响天气的重要内容，是人类有意识地对云发展变化进行人工干预，以达到防雹、增雨（雪）之目的。人工影响天气是防灾、抗灾、趋利避害、生态恢复治理、水资源开发总合利用、发展农业生产、振兴农村经济、恢复生态平衡的一种行动，是保护人民生命财产的重要途径和加大空中水资源开发力度的战略措施。

附录1 《拖拉机和联合收割机驾驶证管理规定》

第一章 总 则

第一条 为了规范拖拉机和联合收割机驾驶证（以下简称驾驶证）的申领和使用，根据《中华人民共和国农业机械化促进法》、《中华人民共和国道路交通安全法》和《农业机械安全监督管理条例》、《中华人民共和国道路交通安全法实施条例》等有关法律、行政法规，制定本规定。

第二条 本规定所称驾驶证是指驾驶拖拉机、联合收割机所需持有的证件。

第三条 县级人民政府农业机械化主管部门负责本行政区域内拖拉机和联合收割机驾驶证的管理，其所属的农机安全监理机构（以下简称农机监理机构）承担驾驶证申请受理、考试、发证等具体工作。

县级以上人民政府农业机械化主管部门及其所属的农机监理机构负责驾驶证业务工作的指导、检查和监督。

第四条 农机监理机构办理驾驶证业务，应当遵循公开、公正、便民、高效原则。

农机监理机构在办理驾驶证业务时，对材料齐全并符合规定的，应当按期办结。对材料不全或者不符合规定的，应当一次告知申请人需要补正的全部内容。对不予受理的，应当书面告知不予受理的理由。

第五条 农机监理机构应当在办理业务的场所公示驾驶证申领的条件、依据、程序、期限、收费标准、需要提交的全部资料的目录和申请表示范文本等内容，并在相关网站发布信息，便于群众查阅有关规定，下载、使用有关表格。

第六条 农机监理机构应当使用计算机管理系统办理业务，完整、准确记录和存储申请受理、科目考试、驾驶证核发等全过程以及经办人员等信息。计算机管理系统的数据库标准由农业农村部制定。

第二章 申 请

第七条 驾驶拖拉机、联合收割机，应当申请考取驾驶证。

第八条 拖拉机、联合收割机驾驶人员准予驾驶的机型分为：

（一）轮式拖拉机，代号为G1；

（二）手扶拖拉机，代号为K1；

（三）履带拖拉机，代号为 L；

（四）轮式拖拉机运输机组，代号为 G2（准予驾驶轮式拖拉机）；

（五）手扶拖拉机运输机组，代号为 K2（准予驾驶手扶拖拉机）；

（六）轮式联合收割机，代号为 R；

（七）履带式联合收割机，代号为 S。

第九条 申请驾驶证，应当符合下列条件：

（一）年龄：18 周岁以上，70 周岁以下；

（二）身高：不低于 150 厘米；

（三）视力：两眼裸视力或者矫正视力达到对数视力表 4.9 以上；

（四）辨色力：无红绿色盲；

（五）听力：两耳分别距音叉 50 厘米能辨别声源方向；

（六）上肢：双手拇指健全，每只手其他手指必须有 3 指健全，肢体和手指运动功能正常；

（七）下肢：运动功能正常，下肢不等长度不得大于 5 厘米；

（八）躯干、颈部：无运动功能障碍。

第十条 有下列情形之一的，不得申领驾驶证：

（一）有器质性心脏病、癫痫、美尼尔氏症、眩晕症、癔病、震颤麻痹、精神病、痴呆以及影响肢体活动的神经系统疾病等妨碍安全驾驶疾病的；

（二）3 年内有吸食、注射毒品行为或者解除强制隔离戒毒措施未满 3 年，或者长期服用依赖性精神药品成瘾尚未戒除的；

（三）吊销驾驶证未满 2 年的；

（四）驾驶许可依法被撤销未满 3 年的；

（五）醉酒驾驶依法被吊销驾驶证未满 5 年的；

（六）饮酒后或醉酒驾驶造成重大事故被吊销驾驶证的；

（七）造成事故后逃逸被吊销驾驶证的；

（八）法律、行政法规规定的其他情形。

第十一条 申领驾驶证，按照下列规定向农机监理机构提出申请：

（一）在户籍所在地居住的，应当在户籍所在地提出申请；

（二）在户籍所在地以外居住的，可以在居住地提出申请；

（三）境外人员，应当在居住地提出申请。

第十二条 初次申领驾驶证的，应当填写申请表，提交以下材料：

（一）申请人身份证明；

（二）身体条件证明。

第十三条 申请增加准驾机型的，应当向驾驶证核发地或居住地农机监理机构提出申请，填写申请表，提交驾驶证和本规定第十二条规定的材料。

第十四条 农机监理机构办理驾驶证业务，应当依法审核申请人提交的资料，对符合条件的，按照规定程序和期限办理驾驶证。

申领驾驶证的，应当向农机监理机构提交规定的有关资料，如实申告规定事项。

第三章　考　　试

第十五条　符合驾驶证申请条件的，农机监理机构应当受理并在 20 日内安排考试。农机监理机构应当提供网络或电话等预约考试的方式。

第十六条　驾驶考试科目分为：

（一）科目一：理论知识考试；

（二）科目二：场地驾驶技能考试；

（三）科目三：田间作业技能考试；

（四）科目四：道路驾驶技能考试。

考试内容与合格标准由农业农村部制定。

第十七条　申请人应当在科目一考试合格后 2 年内完成科目二、科目三、科目四考试。未在 2 年内完成考试的，已考试合格的科目成绩作废。

第十八条　每个科目考试 1 次，考试不合格的，可以当场补考 1 次。补考仍不合格的，申请人可以预约后再次补考，每次预约考试次数不超过 2 次。

第十九条　各科目考试结果应当场公布，并出示成绩单。成绩单由考试员和申请人共同签名。考试不合格的，应当说明不合格原因。

第二十条　申请人在考试过程中有舞弊行为的，取消本次考试资格，已经通过考试的其他科目成绩无效。

第二十一条　申请人全部科目考试合格后，应当在 2 个工作日内核发驾驶证。准予增加准驾机型的，应当收回原驾驶证。

第二十二条　从事考试工作的人员，应当持有省级农机监理机构核发的考试员证件，认真履行考试职责，严格遵守考试工作纪律。

第四章　使　　用

第二十三条　驾驶证记载和签注以下内容：

（一）驾驶人信息：姓名、性别、出生日期、国籍、住址、身份证明号码（驾驶证号码）、照片；

（二）农机监理机构签注内容：初次领证日期、准驾机型代号、有效期限、核发机关印章、档案编号、副页签注期满换证时间。

第二十四条　驾驶证有效期为 6 年。驾驶人驾驶拖拉机、联合收割机时，应当随身携带。

驾驶人应当于驾驶证有效期满前 3 个月内，向驾驶证核发地或居住地农机监理机构申请换证。申请换证时应当填写申请表，提交以下材料：

（一）驾驶人身份证明；

（二）驾驶证；

（三）身体条件证明。

第二十五条　驾驶人户籍迁出原农机监理机构管辖区的，应当向迁入地农机监理机构申请换证；驾驶人在驾驶证核发地农机监理机构管辖区以外居住的，可以向居住地农机监理机构申请换证。申请换证时应当填写申请表，提交驾驶人身份证明和驾驶证。

第二十六条　驾驶证记载的驾驶人信息发生变化的或驾驶证损毁无法辨认的，驾驶人应当及时到驾驶证核发地或居住地农机监理机构申请换证。申请换证时应当填写申请表，提交驾驶人身份证明和驾驶证。

第二十七条　符合本规定第二十四条、第二十五条、第二十六条换证条件的，农机监理机构应当在 2 个工作日内换发驾驶证，并收回原驾驶证。

第二十八条　驾驶证遗失的，驾驶人应当向驾驶证核发地或居住地农机监理机构申请补发。申请时应当填写申请表，提交驾驶人身份证明。

符合规定的，农机监理机构应当在 2 个工作日内补发驾驶证，原驾驶证作废。

驾驶证被依法扣押、扣留或者暂扣期间，驾驶人不得申请补证。

第二十九条　拖拉机运输机组驾驶人在一个记分周期内累计达到 12 分的，农机监理机构在接到公安部门通报后，应当通知驾驶人在 15 日内接受道路交通安全法律法规和相关知识的教育。驾驶人接受教育后，农机监理机构应当在 20 日内对其进行科目一考试。

驾驶人在一个记分周期内两次以上达到 12 分的，农机监理机构还应当在科目一考试合格后的 10 日内对其进行科目四考试。

第三十条　驾驶人具有下列情形之一的，其驾驶证失效，应当注销：

（一）申请注销的；

（二）身体条件或其他原因不适合继续驾驶的；

（三）丧失民事行为能力，监护人提出注销申请的；

（四）死亡的；

（五）超过驾驶证有效期 1 年以上未换证的；

（六）年龄在 70 周岁以上的；

（七）驾驶证依法被吊销或者驾驶许可依法被撤销的。

有前款情形之一，未收回驾驶证的，应当公告驾驶证作废。

有第一款第（五）项情形，被注销驾驶证未超过 2 年的，驾驶人参加科目一考试合格后，可以申请恢复驾驶资格，办理期满换证。

第五章　其他规定

第三十一条　驾驶人可以委托代理人办理换证、补证、注销业务。代理人办理相关业务时，除规定材料外，还应当提交代理人身份证明、经申请人签字的委托书。

第三十二条　驾驶证的式样、规格与中华人民共和国公共安全行业标准《中华人民共和国机动车驾驶证件》一致，按照农业行业标准《中华人民共和国拖拉机和联合收割机驾驶证》执行。相关表格式样由农业农村部制定。

第三十三条　申请人以隐瞒、欺骗等不正当手段取得驾驶证的，应当撤销驾驶许可，并收回驾驶证。

农机安全监理人员违反规定办理驾驶证申领和使用业务的，按照国家有关规定给予处分；构成犯罪的，依法追究刑事责任。

第六章 附 则

第三十四条 本规定下列用语的含义：

（一）身份证明是指：《居民身份证》或者《临时居民身份证》。在户籍地以外居住的，身份证明还包括公安部门核发的居住证明。

住址是指：申请人提交的身份证明上记载的住址。

现役军人、港澳台居民、华侨、外国人等的身份证明和住址，参照公安部门有关规定执行。

（二）身体条件证明是指：乡镇或社区以上医疗机构出具的包含本规定第九条指定项目的有关身体条件证明。身体条件证明自出具之日起 6 个月内有效。

第三十五条 本规定自 2018 年 6 月 1 日起施行。2004 年 9 月 21 日公布、2010 年 11 月 26 日修订的《拖拉机驾驶证申领和使用规定》和 2006 年 11 月 2 日公布、2010 年 11 月 26 日修订的《联合收割机及驾驶人安全监理规定》同时废止。

附录2 《青海省农业机械管理条例》

第一章 总 则

第一条 为了规范农业机械管理，维护农业机械生产者、经营者和使用者的合法权益，加快农业机械化进程，促进农村牧区经济发展，根据《中华人民共和国农业机械化促进法》等法律和行政法规的规定，结合本省实际，制定本条例。

第二条 在本省行政区域内从事农业机械监督管理工作和农业机械生产、销售、科研、推广、服务、使用的单位和个人，应当遵守本条例。

第三条 本条例所称农业机械，是指用于种植业、畜牧业、林业、渔业生产及其产品初加工等相关农事活动的机械、设备。

第四条 县级以上人民政府应当将农业机械化事业纳入国民经济和社会发展计划，按照因地制宜、经济有效、保障安全、保护环境的原则，支持农业机械科学技术的研究、开发和推广，鼓励、支持农业机械化服务体系建设，重视并支持少数民族地区和贫困地区开展农业机械技术教育培训和推广工作，促进农业机械化事业的发展。

第五条 县级以上人民政府农业机械管理部门负责本行政区域内的农业机械管理和农业机械化宣传教育、推广、促进工作。科技、公安、交通、质量技术监督、工商行政管理等部门按照各自的职责，依法进行农业机械管理和农业机械化促进的有关工作。

县级人民政府农业机械管理部门在乡镇设置的农业机械管理服务站，具体负责本地的农业机械管理和服务工作。

第六条 各级人民政府对在农业机械化工作中作出显著成绩的单位和个人，应当给予表彰或者奖励。

农业机械管理部门应当建立举报制度，接受社会监督。

第二章 质量监督

第七条 县级以上人民政府农业机械管理部门负责本行政区域内的农业机械产品质量监督工作。

县级以上人民政府工商行政管理部门依法加强对农业机械产品市场的监督管理工作。

第八条 省农业机械管理部门应当加强农业机械化标准体系建设，制定和完善农业机械产品质量、维修质量和作业质量等标准。对涉及人身安全、农产品质量安全和环境保护的农业机械产品，应当按照有关法律、行政法规的规定制定强制执行的技术规范。

第九条　省农业机械管理部门根据农业机械使用者的投诉和农牧业生产的实际需要，组织对涉及人身安全、农产品质量安全和环境保护的农业机械产品，进行适用性、安全性、可靠性和售后服务状况调查，并公布调查结果。

第十条　生产、销售农业机械产品应当符合人身安全、农产品质量安全和环境保护的要求。列入国家认证管理产品目录的农业机械产品，未经认证并标注认证标志，禁止生产、销售和进口。

禁止生产、销售不符合国家技术规范强制性要求的农业机械产品。

禁止利用残次零配件和报废机具的部件拼装农业机械产品。

禁止交易达到报废标准的农业机械。

第十一条　生产、销售农业机械产品的单位和个人，应当按照国家有关规定，承担包修、包换、包退和零配件供应等售后服务责任。

第三章　科研和推广

第十二条　县级以上人民政府应当制定本地区的农业机械化推广计划，安排资金，鼓励和支持科研机构和推广单位，开展农业机械新技术、新机具的研究、开发，引进适合本地区农牧业生产的农业机械化技术和产品，促进科技成果的转化和推广。

省级财政应当制定专项资金补贴办法，对农牧民和农牧业生产经营组织购买国家支持推广的先进适用的农业机械给予补贴。

第十三条　省农业机械管理部门会同财政、经济、发展改革和科技等部门，根据国家规定和推进农业机械化的实际需要，确定、公布并定期调整省人民政府支持推广的先进适用的农业机械产品目录。

第十四条　县级以上人民政府应当根据本行政区农牧业生产的实际情况，采取建立农业机械化示范基地等形式，推广具有先进性和适用性的农业机械，引导支持农牧民和农牧业生产经营组织采用先进适用的农业机械和技术。

任何单位和个人不得强迫农牧民和农牧业生产经营组织购买指定的农业机械产品。

第十五条　农业机械产品质量监督检验机构，可以根据生产、经营者的委托，进行农业机械产品适用性、安全性和可靠性检测，作出技术评价，并为农牧民和农牧业生产经营组织选购先进适用的农业机械提供可靠信息。

第四章　社会化服务

第十六条　县级以上人民政府应当采取措施加强基层农业机械技术推广工作。

基层农业机械管理服务站应当采取试验、示范等方式，宣传和推广先进适用的农业机械技术，为农牧民无偿提供农业机械化知识、信息和培训服务。

第十七条　各级人民政府应当采取措施，鼓励和发展多种形式的农业机械服务组织。

农业机械服务组织可以根据农牧民、农牧业生产经营组织的要求，有偿提供农业机械使用、示范推广、实用技术培训、维修、信息、中介等社会化服务。

任何组织和个人不得侵占或者无偿调拨农业机械服务组织的财产。

第十八条 县级以上人民政府及有关部门应当支持农业机械跨行政区域作业，提供便利和服务，维护作业秩序。

农业机械跨行政区域作业的，由作业地的农业机械管理机构负责协调和监督管理工作。

第十九条 农业机械有偿作业应当执行国家和本省规定的作业质量标准；没有作业质量标准的，按照双方当事人的约定执行。

第二十条 开办农业机械维修点，应当具备相应的维修场所、设备、检测仪器和具有农业机械维修技术资格证书的技术人员，并向县级以上人民政府农业机械管理部门申领《农业机械维修技术合格证》，再由工商行政管理部门核发营业执照。

第二十一条 从事农业机械维修的单位和个人，应当在核定的维修等级和范围内开展维修业务，严格执行国家和行业标准，不得使用质量不合格的零配件。经检测维修质量不合格的，应当免费重新修理。

第五章 安全监督管理

第二十二条 县级以上人民政府农业机械管理部门的安全监督管理机构，负责本行政区域农业机械牌证管理、技术检验、驾驶、操作人员的考试、考核、安全检查等安全监督管理工作，纠正违章和处理道路外作业发生的农业机械事故。

农业机械所使用的牌证、表册等，由省农业机械管理部门的安全监督管理机构监制。

第二十三条 农业机械安全监督管理人员必须经省农业机械管理部门培训考核，依法取得行政执法证件后，方可从事农业机械安全监督管理工作。

第二十四条 单位和个人购置的拖拉机、联合收割机等农用动力机械，应当经县级人民政府农业机械管理部门的安全监督管理机构注册登记、取得号牌、行驶证或者使用证后，方可使用。

第二十五条 驾驶、操作实行牌证管理的农业机械的人员，必须接受专业培训和安全教育，依法取得驾驶证或者操作证后，方可驾驶、操作。

实行牌证管理的农业机械的驾驶、操作、维修人员的培训学校、培训班，由省农业机械管理部门实行资格管理。

第二十六条 农业机械驾驶、操作人员应当严格执行农业机械安全操作规程，不得将农业机械交给无驾驶证、操作证的人员驾驶、操作。

拖拉机可以在允许其通行的道路上从事货运，但不得用于载人。

第二十七条 实行牌证管理的农业机械的检验、审验制度，由省农业机械管理部门制定。

县级以上人民政府农业机械管理部门的安全监督管理机构负责对本地区实行牌证管

理的农业机械及其驾驶、操作证的检验、审验。未经检验、审验或者检验、审验不合格的，不得使用或者驾驶、操作。

报废实行牌证管理的农业机械，按照国家或者行业标准执行，由县级以上人民政府农业机械管理部门的安全监督管理机构办理。

第二十八条 县级以上人民政府农业机械管理部门的安全监督管理机构除按照国家有关规定收取农业机械监理费外，不得增加收费项目，提高收费标准。

第二十九条 农业机械作业时发生事故，当事人及有关人员应当抢救伤者，保护现场，并及时报告当地农业机械安全监督管理机构或者公安机关交通管理部门，不得伪造、破坏现场或者逃逸。

第三十条 农业机械安全监督管理机构处理农业机械事故，应当组织救护，勘查现场，收集证据，认定事故责任，作出处理决定，根据当事人要求进行赔偿调解工作。属于交通事故的，及时通报当地公安机关交通管理部门。

农业机械安全监督管理机构应当按照规定统计上报农业机械事故。

第三十一条 农业机械安全监督管理机构处理农业机械事故时，因收集证据的需要可以暂扣农业机械。暂扣农业机械应当开具扣押凭证并妥善保管。事故责任认定后，必须立即归还暂扣的农业机械。暂扣的农业机械因保管不当造成损失的，依法承担赔偿责任。

农业机械安全监督管理机构处理事故时，对可能灭失或者以后难以取得的证据，可以依法先行登记保存。

第六章 法律责任

第三十二条 法律、法规对农业机械管理、生产、销售、科研、推广、使用等活动中的违法行为已作规定的，依照有关法律、法规的规定处理或者处罚。

第三十三条 因农业机械维修质量不合格或者农业机械事故造成人身伤害或者财产损失的，依法承担赔偿责任。

第三十四条 农业机械管理部门工作人员有下列行为之一的，依法给予行政处分；造成损失的，依法予以赔偿；构成犯罪的，依法追究刑事责任：

（一）未取得行政执法证件进行农业机械监督管理工作的；

（二）违反规定发放证件、牌照的；

（三）违反规定收费、罚款或者实施行政强制行为的；

（四）滥用职权、徇私舞弊或者索贿受贿的；

（五）玩忽职守、严重失职的。

第三十五条 违反本条例规定，有下列行为之一的，由农业机械安全监督管理机构责令其改正，处以五十元以上二百元以下的罚款；拒不改正的，可以暂扣或者吊销行驶证、使用证或者驾驶证、操作证：

（一）违章操作的；

（二）不按照规定进行农业机械及其驾驶、操作证检验、审验的；

（三）将实行牌证管理的农业机械交无驾驶证、操作证人员使用的；

（四）法律、法规规定的其他违法行为。

第三十六条　违反本条例规定，有下列行为之一的，由农业机械安全监督管理机构责令停止违法行为，限期办理有关证照，处以一百元以上五百元以下的罚款；拒不改正的，可以暂扣农业机械：

（一）未经考核或者考核不合格，从事农业机械驾驶、操作的；

（二）未办理农业机械注册登记或者过户手续，使用农业机械的；

（三）法律、法规规定的其他违法行为。

第三十七条　拒绝、阻碍农业机械管理人员依法执行公务的，由公安机关依照有关法律、行政法规的规定处罚；构成犯罪的，依法追究刑事责任。

第七章　附　　则

第三十八条　本条例应用中的具体问题，由省人民政府农牧行政管理部门负责解释。

第三十九条　本条例自 2005 年 1 月 1 日起施行。